CATALOGUE

RAISONNÉ

DES PLANTES

OBSERVÉES JUSQU'A CE JOUR

QUI CROISSENT NATURELLEMENT

DANS LE DÉPARTEMENT DE L'AUBE

PAR

M. BRIARD

MAJOR EN RETRAITE, OFFICIER DE LA LÉGION-D'HONNEUR
ET MEMBRE RÉSIDANT DE LA SOCIÉTÉ ACADÉMIQUE DE L'AUBE

TROYES

IMPRIMERIE ET LITHOGRAPHIE DUFOUR-BOUQUOT

RUE NOTRE-DAME, 43 ET 41

1881

CATALOGUE

RAISONNÉ

DES PLANTES

OBSERVÉES JUSQU'A CE JOUR

QUI CROISSENT NATURELLEMENT

DANS LE DÉPARTEMENT DE L'AUBE

PAR

M. BRIARD

MAJOR EN RETRAITE, OFFICIER DE LA LÉGION-D'HONNEUR
ET MEMBRE RÉSIDANT DE LA SOCIÉTÉ ACADÉMIQUE DE L'AUBE

TROYES

IMPRIMERIE ET LITHOGRAPHIE DUFOUR-BOUQUOT
RUE NOTRE-DAME, 43 ET 41

1881

CATALOGUE

RAISONNÉ

DES PLANTES

OBSERVÉES JUSQU'A CE JOUR

QUI CROISSENT NATURELLEMENT

DANS LE DÉPARTEMENT DE L'AUBE

Le Catalogue que je présente à la Société Académique contient l'énumération des plantes observées, jusqu'à ce jour, dans le département de l'Aube. Mon principal but, en les faisant connaître, est d'encourager l'étude si intéressante de la botanique, et de faciliter la découverte d'espèces et de localités nouvelles, à ajouter à celles que je signale. Il n'est pas douteux que les recherches, continuées avec soin, augmenteront le nombre des matériaux qui serviront un jour à compléter la flore du département.

On sait que le climat, l'exposition du sol, sa composition, son altitude ont une influence directe sur la végétation. La variété d'une flore dépend donc, non-seulement de la situation géographique et de l'étendue superficielle du pays dont on veut faire l'inventaire, mais encore du concours plus ou moins direct que chacun des éléments dont nous venons de parler apporte dans les productions naturelles de son territoire. Il convient donc de passer rapidement en revue ces divers objets.

1°. Situation, étendue du département.

Le département de l'Aube est formé d'une partie de l'ancienne province de Champagne et d'une petite portion de la Bourgogne. Il se trouve compris entre les 47° 55′ 25″ et 48° 43′ 5″ de latitude, d'une part, et d'autre part entre les 1° 2′ 48″ et 2° 31′ 70″ de longitude orientale, comptée à partir du méridien de Paris.

Ses limites sont : au nord, le département de la Marne; à l'est, celui de la Haute-Marne; au sud, celui de la Côte-d'Or, et à l'ouest les départements de l'Yonne et de Seine-et-Marne.

Sa longueur est d'environ 109 kilomètres et sa largeur de 72. Sa superficie totale est de 600,139 hectares.

2°. Constitution géologique.

M. Leymerie, dans sa Statistique géologique et minéralogique du département de l'Aube [1], dit que tous les terrains qui forment les éléments immédiats du sol appartiennent à la classe des terrains stratifiés sédimentaires et des terrains de transport. En les considérant dans leur ensemble, ils se divisent naturellement en trois parties principales.

La première est formée par la *craie* (terrain crétacé su-

---

[1] *Statistique géologique et minéralogique du département de l' Aube*, 1 vol. in-8°. Troyes, 1846.

périeur), occupant une vaste région dont la superficie égale à peu près la moitié de celle de tout le département, et qui s'étend indéfiniment au nord-ouest d'une ligne ondulée qui passerait par Chavanges, Piney, Saint-Parres-les-Tertres, Lirey et Racines, dans la direction du nord-est au sud-ouest.

La deuxième est formée par le terrain crétacé moyen et inférieur. Ainsi, entre cette limite et une autre ligne à peu près parallèle à la première, passant par Fresnay, Vendeuvre, Courtenot, Chaource et Marolles-sous-Lignières, se trouve une zone dans toute l'étendue de laquelle on rencontre principalement des argiles et des sables qui constituent les étages crétacés moyen (*greensand*) et inférieur (*terrain néocomien*).

La troisième section se compose presque entièrement de roches calcaires qui dépendent de la formation *jurassique* (étage supérieur et étage moyen). Elle forme toute la partie sud-est du département, et se trouve limitée, au nord-ouest, par la ligne que nous venons d'indiquer, et, dans le sens opposé, par les limites mêmes des départements de la Haute-Marne et de la Côte-d'Or.

Il y a encore, à l'extrémité nord-ouest du département, une très-petite pointe du plateau de la Brie qui nous offre, au-dessus de la craie, d'abord des argiles, sables et grès (*argile plastique*), puis un calcaire d'eau douce avec meulières, le tout surmonté par un dépôt de grès, correspondant à celui de Fontainebleau.

Autrefois, ce terrain, au moins les couches inférieures, s'étendait beaucoup plus au sud-est, sur le plateau crayeux ; mais il a été morcelé et dénudé à l'époque diluvienne, de telle manière qu'on n'en trouve plus, hors du gisement que nous venons de signaler, que quelques débris couronnant les collines les plus élevées. Cependant, la forêt d'Othe en présente un lambeau considérable constitué par des sables et des argiles recouverts par un limon argilo-ferrugineux rouge, avec silex, que l'on considère comme un terrain *tertiaire* de l'âge du grès de Fontainebleau.

Les eaux *diluviennes*, qui sont venues plus tard creuser et dénuder les terrains précédents, en ont entraîné les débris et les ont déposés ensuite, à mesure qu'elles perdaient de leur vitesse, dans les vallées et souvent aussi sur les bas plateaux adjacents. Quelques petits dépôts tourbeux viennent çà et là accidenter ces alluvions. De là les diversités d'aspect que présente le pays. Là, ce sont des plaines cultivées parsemées de bouquets de bois; ailleurs, des plateaux nus et peu boisés; plus loin, de vastes forêts. Tantôt le terrain est ondulé, tantôt il est plat. Le paysage est riant, triste ou sévère. Nous voyons, le long des cours d'eau, des vallées qui contrastent avec les terrains avoisinants, par la richesse de leur végétation. Ce sont là autant de faits qui sont étroitement liés à la constitution géologique du pays, et nous rencontrons à chaque pas des exemples frappants de l'influence que le sol exerce ainsi sur ce qu'on peut appeler sa parure extérieure.

3°. Topographie.

La région crayeuse se présente comme un vaste plateau mamelonné, dominé d'abord au nord-ouest par les talus rapides du terrain tertiaire de la Brie, dont la plus grande altitude est de 196 mètres, mais s'élevant bientôt, à mesure qu'il s'éloigne de cette limite, pour prendre une hauteur bien plus considérable, puisque déjà la cime dite le *Parc-de-Pont*, est cotée 209 mètres sur la carte de l'Etat-Major, et que, plus loin, sur le bord de la forêt d'Othe, on trouve, à Montgueux, 268 mètres; à La Perrière, près d'Auxon, 285 mètres; et enfin, au-dessus de Villery, 295 mètres (altitude maximum du plateau crayeux). Dans la partie nue du terrain de la craie, et particulièrement dans l'arrondissement d'Arcis, où la surface de ce terrain est d'ailleurs beaucoup plus bosselée et plus irrégulière, les collines arrondies qu'elle présente sont loin d'atteindre une aussi grande élévation, circonstance qui tient en grande partie à ce qu'elles ont été considérablement abaissées par la dénudation diluvienne, dont l'effet, sur le plateau qui supporte maintenant la forêt d'Othe, s'est borné à des découpures et à des entailles. Du côté des terrains plus anciens, la craie se termine par un long talus ou falaise d'autant plus élevée qu'on approche plus des grandes altitudes dont nous venons de parler, et qui traverse, sans interruption, tout le département, à peu près dans la direction du nord-est au sud-ouest, en passant par son centre. De là vient qu'il faut nécessairement descendre quand on veut passer, en un point quelconque, de cette région à la plaine constituée par le greensand.

La massif crayeux se trouve partagé en trois masses principales, par les vallées de la Seine et de l'Aube, auxquelles se rattachent un grand nombre de vallées et de vallons subordonnés. Ces vallées sont larges et médiocrement évasées; les coteaux qui les encaissent sont rarement rapides. Ce massif est également entaillé, en beaucoup de points, par des ravins quelquefois très-profonds et très-rapides, qui sont en partie l'ouvrage des eaux atmosphériques actuelles. L'altitude minimum du département se trouve dans la région crayeuse, au niveau de la Seine, au point où cette rivière entre dans le département de Seine-et-Marne : cette altitude est de 68 mètres.

En descendant le plateau crayeux par la falaise qui le termine, on rencontre une plaine basse relativement, qui est occupée par le plateau des *grès verts* et des *argiles tégulines,* et bordée, dans toute sa partie sud-est, par des collines néocomiennes qui présentent quelques cimes d'une assez grande élévation (246 mètres à Villiers-sous-Praslin), mais qui restent cependant au-dessous des grandes altitudes de la craie. La plaine elle-même est accidentée par quelques légers monticules, et s'élève assez quelquefois pour jouer, par rapport aux vallées qui l'entourent, le rôle de bas plateau. (Fôret d'Aumont.)

Les vallées, en quittant la craie pour occuper cette zone, s'élargissent d'une manière remarquable. C'est là notamment que se trouve le bassin de Troyes et la grande et belle plaine de Brienne.

Lorsqu'après avoir traversé la zone précédente on pénètre enfin dans la région jurassique, on voit, en général, les caractères topographiques et ceux qui peuvent s'en déduire se dessiner d'une manière plus nette et plus tranchée, en offrant d'ailleurs des modifications importantes. Ainsi, les vallées se resserrent considérablement, et les coteaux qui les encaissent deviennent rapides. L'ensemble du relief présente l'aspect d'un vaste massif, terminé supérieurement par un plateau beaucoup plus parfait que celui de la région crayeuse, considérée dans son ensemble, massif qui serait divisé en un grand nombre de parties par les vallées de la Seine, de l'Aube, de l'Ource, de l'Arce, de la Laignes..... et par une multitude de vallons ordinairement profonds et rapides.

Les sites les plus pittoresques du département, les eaux les plus vives et les points les plus élevés se trouvent dans cette région. Les deux cotes d'altitude maxima sont 349 mètres et 350 mètres. La première appartient au signal de Sainte-Germaine, près de Bar-sur-Aube, et la seconde au signal de Fôret-Villers, près et au nord-est de Viviers.

Ce dernier point est donc le plus élevé du département. Si de son altitude 350 mètres on déduit 68 mètres, cote minimum que nous avons trouvée ci-dessus, au niveau de la Seine, au dessous de Nogent, nous obtiendrons 282 mètres, chiffre qui donne la mesure du relief maximum du département de l'Aube.

4°. Climat.

Le climat est une résultante de plusieurs causes combinées. La température est la principale de ces causes, mais non la seule. La sécheresse, l'humidité apportent leur contingent d'influence sur le climat et agissent directement sur le développement des formes végétales. L'exposition joue aussi un rôle important dans la question. Le climat de l'Aube participe en même temps de celui de Paris et de ceux des Vosges et de la Franche-Comté. Il n'a peut-être pas l'âpreté de ceux-ci, ni la douceur de celui-là; mais il est très-favorable au développement des productions limitrophes, et donne à notre flore une plus grande diversité.

PRÉCIS HISTORIQUE DES TRAVAUX BOTANIQUES DE NOS DEVANCIERS

Nous rappellerons brièvement, dans un court chapitre, les travaux de nos devanciers relatifs à la botanique, qui se trouvent à la Bibliothèque, au Musée et dans les collections de la Société Académique.

C'est de la fin du siècle dernier que datent les premiers travaux de ce genre. La Bibliothèque possède un recueil manuscrit, en quatre volumes, comprenant environ 400 plantes, pour la plupart dessinées et coloriées d'après nature. L'auteur, Jacques Rondot, descendait d'une ancienne famille de Troyes qui, depuis le xve siècle, eut l'honneur de donner au corps de métier des orfèvres ses gardes-jurés, et, à la Monnaie, ses graveurs-essayeurs.

Né à Troyes en 1730, il fut, comme ses pères, *maistre-orfèvre du Roy,* garde-graveur-essayeur à la Monnaie, et devint professeur honoraire à l'Ecole royale de dessin.

Il travailla à ce recueil vers 1775, et mourut, à Charmont, en 1808 [1].

Ce recueil est précédé d'une introduction qui a pour but de faire connaître les termes de la botanique, les caractères généraux des fleurs, ceux des fruits et les termes de médecine relatifs à leur emploi.

Les caractères particuliers de chaque plante, les vertus qu'on lui accordait alors, ainsi que son usage, sont indiqués dans la page qui suit le dessin de chacune d'elles.

Après examen, si l'on considère les erreurs qu'on y rencontre, on reconnait bien vite que ce travail important et fort intéressant d'ailleurs, est le fait d'un habile artiste qui aimait les fleurs, et non d'un botaniste. Ainsi, le *Lathyrus aphaca,* page 151 du 3e volume, dont le dessin est correct et exprime une idée exacte de la plante, est donné pour un *Aristoloche.* Mais les erreurs de ce genre ne sont pas très-nombreuses et le recueil n'en mérite pas moins toute notre admiration. L'auteur n'avait aucun plan arrêté. Il dessinait également les plantes des jardins et des champs, telles que la nature les lui présentait.

On trouve également à la Biblioihèque un herbier formé de plantes naturelles, au nombre de 434, récoltées et préparées vers la même époque, par un amateur du nom de Pomet, et non *Poiret*, ainsi que l'ont indiqué à tort MM. Hariot, dans la florule du canton de Méry. Ces plantes, dont la récolte laisse à désirer, mais qui sont assez bien préparées, sont placées sans méthode dans l'herbier, qui est précédé d'un répertoire ou catalogue chiffré, allant de l'unité au nombre 434, égal à celui des plantes. Deux ou trois espèces, le plus souvent incomplètes et appartenant à des familles et à des genres différents, sont collées sur la même feuille, sans indication de nom ni de localité, mais

---

[1] Note certifiée par le petit-fils et l'arrière-petit-fils de l'auteur, et datée du 14 septembre 1842.

accompagnées d'un numéro chacune; de telle sorte que pour avoir le nom d'une plante, il suffit de se reporter au chiffre correspondant du répertoire, en regard duquel il est inscrit.

Ce document, qui n'a qu'une valeur toute relative, est apprécié de la manière suivante, par un botaniste de l'époque, à l'examen duquel l'auteur l'avait soumis, et qui est probablement l'auteur du catalogue :

« Les noms adoptés dans ce catalogue sont ceux des » *species plantarum* de Linnæus. On a préféré cette no- » menclature, qui est la plus expéditive et la plus géné- » ralement adoptée. Il serait à souhaiter que M. Pomet » put se procurer cet ouvrage qui est indispensable pour » ceux qui veulent étudier les plantes. L'examen de cet » herbier a été fait un peu à la hâte. Plusieurs plantes ne » sont pas nommées parce qu'elles ne sont pas en assez » bon état; d'autres sont douteuses, on les a marquées » d'un ?. En général, il serait à souhaiter que ces échan- » tillons, qui sont bien desséchés, eussent été mieux choi- » sis et qu'on les eut pris avec toutes leurs parties. » Si M. Pomet prenait cette précaution et qu'il donnât à » son herbier un format plus grand, tel que le petit in- » folio, il pourrait faire une collection intéressante. »

Il est vivement regrettable de ne pas connaître, avec certitude, l'auteur de cette note qui, bien certainement a été rédigée par un botaniste [1].

Il serait téméraire d'affirmer que ce document avait pour but de faire connaître la flore du département de l'Aube, puisqu'aucune indication de localité n'accompagne les plan-

---

[1] On présume que cette note a été rédigée par M. l'abbé Tremet, chanoine du diocèse de Troyes, qui vivait à la fin du siècle dernier. Cette présomption vient de ce que l'écriture de la note paraît être la même que celle du manuscrit de cet abbé, que possède la Bibliothèque.

tes qui en font l'objet. On ne peut faire que des conjectures sur ce sujet.

C'est encore vers la fin du siècle dernier, que l'abbé Maydieu, chanoine de Troyes, formait un herbier général qui renferme environ mille plantes, dont beaucoup proviennent des jardins d'agrément de l'époque. D'autres appartiennent à la flore de l'Aube. Mais nous ne pouvons affirmer qu'elles aient été récoltées dans notre département, parce que M. l'abbé Maydieu n'a indiqué aucune localité à l'appui des exemplaires que nous avons examinés. Cependant, pour beaucoup d'entre elles, il est dit qu'on les rencontre dans les environs de Troyes et dans des lieux déterminés. Mais ces renseignements sont formulés par d'autres mains que celles de l'auteur. Par exemple, on rencontre assez souvent l'écriture de M. des Etangs.

Quoi qu'il en soit, à la mort de l'abbé Maydieu, l'herbier devint la propriété de M. le docteur Pigeotte, qui en a fait don au Musée, où il se trouve aujourd'hui.

Un peu plus tard, M. l'abbé Leduc, bibliothécaire de la ville de Troyes, herborisait dans nos environs. Son herbier est devenu la propriété de M. Delaporte [1], pharmacien et membre de la Société Académique. La trace n'en a pas été conservée.

Il faut encore ajouter à la liste des botanistes du siècle dernier et du commencement de celui-ci le nom de M. le docteur Serqueil, dont l'herbier a été vendu à la livre, avec de vieux papiers, à la mort du pharmacien Gentil [2]. M. le docteur Pigeotte, dans un rapport fait à la Société Académique, le 18 mars 1831, dit que « l'amour passionné du docteur Serqueil pour les sciences naturelles; » sa singulière aptitude à ce genre d'études; son zèle pour

---

[1] Note de M. Corrard de Breban. *Mémoires de la Société Académique*, 1829, page 43.

[2] Idem.

» en inspirer le goût à la jeunesse, et les succès qu'il avait » obtenus sous ce rapport; ses relations, aussi honorables » pour lui qu'elles furent profitables à son pays, avec les » Lacépède, les de Jussieu, les Desfontaines, et les autres » célèbres naturalistes de l'époque; ses soins, ses démar- » ches, ses sacrifices de tout genre, soit pour obtenir les » collections nécessaires aux élèves de l'Ecole centrale [1], » soit pour édifier un jardin botanique, qui fut trois fois » presque achevé, et trois fois détruit, eussent pu, ce » semble, fournir quelques pages d'un éloge historique » d'autant plus susceptible d'être entendu avec intérêt » que ces faits honorables peuvent encore être attestés par » un très-grand nombre de citoyens qui en ont été té- » moins. »

Le jardin botanique, dont il est ici question, avait été établi dans le jardin de l'ancienne abbaye de Saint-Loup, dont les bâtiments sont aujourd'hui occupés par le Musée. On trouve encore, chaque année, dans ce jardin, le *Corydalis solida* et *Tulipa sylvestris,* introduits autrefois par le docteur Serqueil, et qui s'y reproduisent naturellement depuis cette époque.

C'est à partir du docteur Serqueil que la nuit se fait sur la botanique dans le département de l'Aube, jusqu'en 1826. Cette année, la Société Académique, sur la demande qui lui en est faite par M. Corrard de Breban, propose un prix qui sera décerné dans sa séance publique du mois de novembre 1827, d'une médaille d'or de la valeur de 200 fr., à l'auteur du meilleur mémoire contenant un essai de flore ou description des plantes qui croissent *naturellement* dans le département de l'Aube.

« Les plantes devront être distribuées d'après un des

---

[1] M. le docteur Serqueil était professeur à l'Ecole centrale en 1799. MM. Hariot, *Florule du canton de Méry*, page 8.

» systèmes de botanique le plus généralement suivis, avec » indication de leur lieu natal. »

« La Société accueillera et mentionnera avec intérêt, s'il » y a lieu, le résultat des recherches moins étendues, qui » ne s'appliqueraient qu'à un canton, ou même au territoire d'une seule commune. »

En 1829, cet appel n'ayant pas été entendu, M. Corrard de Breban jette un cri d'alarme qui fait le sujet des observations pour servir à la flore du département de l'Aube, lues dans la séance du 23 janvier.

« Pour juger, dit-il, à quel point l'observation des » plantes qui croissent naturellement dans notre pays a été » de tous temps négligée, il suffit de jeter un coup d'œil » sur la carte que MM. Lamarck et de Candolle ont placée » à la tête de leur flore française. On sait que le rédacteur » de cette carte, ne tenant aucun compte de l'importance » politique des localités, n'a compris, dans son travail, que » les communes connues par les travaux de quelque botaniste. Aux autres, il refuse impitoyablement l'existence » jusqu'au jour où, visitées par quelque maître de la » science, elles pourront se produire sous son patronage. » Faut-il le dire? la Champagne, du moins celle que nous » habitons, traitée par ce procédé, est devenue presqu'un » désert. Au centre des populations pressées qui couvrent » les terres classiques de la Bourgogne et de l'Isle-de-» France, elle forme contraste par sa vaste blancheur. » Blancheur trop significative! Blancheur aussi fâcheuse » dans cette circonstance, que l'étaient ces teintes noires » ou rembrunies, dont se défendaient naguère certaines » provinces, contre l'auteur d'une statistique intellectuelle. » C'est en vain que nous avons cherché quels titres on » pourrait faire valoir pour réclamer un meilleur partage. »

C'est pour essayer de combler en partie cette lacune, et pour nous réhabiliter dans le monde botanique, que

M. Corrard de Breban a publié, à la suite de ces observations, une liste de 550 plantes, toutes récoltées dans le département. Elles sont classées selon le système de Linné. Il indique, pour les moins communes, l'habitat qu'elles affectent en général, l'endroit où l'exemplaire publié a été récolté, et quelquefois le nom vulgaire quand il l'a connu.

Malgré toutes les informations que nous avons prises sur son herbier, nous n'avons pu savoir ce qu'il était devenu.

En 1832, M. Astruc, président de la Société Académique, dit, dans son discours prononcé le 23 août, en séance publique, qu'une demande formelle a été adressée au ministère pour obtenir, entre autres objets, des établissements publics de Paris, des collections botaniques aussi complètes que possible; et il ajoute que tout porte à croire que cette réclamation sera accueillie. Dans le même discours, il demande aussi l'établissement d'un jardin botanique.

Cette même année 1832, M. des Etangs se fait connaître, comme botaniste, par la publication, dans les mémoires de notre Société dont il était membre résidant, d'une note ayant pour titre : *Recherches des principales plantes qui croissent spontanément dans le département de l'Aube, et principalement aux environs de Troyes, faites pendant l'année* 1832, *pour servir à la statistique de ce département.* C'est une relation des excursions diverses, faites par M. des Etangs aux environs de la ville de Troyes, à Saint-André, Saint-Julien, Villepart, Rosières, Viélaines, Laines-aux-Bois, Montgueux, Mesnil-Sellières, Bouranton, Villechétif et ses marais; enfin, sur les limites de l'Aube et de la Haute-Marne, entre Brienne, Montier-en-Der et Anglus.

Faisant la récapitulation des plantes déjà connues dans le département, M. des Etangs trouve 190 plantes à ajouter aux 550 publiées par M. Corrard de Breban; ce qui élève le nombre des végétaux déjà signalés à 740, dont 670 phanérogames et 70 cryptogames.

Six seulement des plantes recueillies sont tout à fait étrangères à la flore de Paris ; vingt y sont indiquées, mais ne s'y trouvent que difficilement ou point du tout ; cent environ sont considérées comme rares.

En 1836, M. Corrard de Breban publie une deuxième liste *des plantes observées dans le département de l'Aube*, pour faire suite à celle dont nous avons déjà parlé. Ce nouveau document énumère environ 140 nouveaux végétaux, dont 61 cryptogames.

Ici nous n'avons plus, comme en 1829, une simple nomenclature ; la plupart des plantes sont accompagnées d'observations intéressantes, et les champignons surtout sont décrits avec une élégance de style et une clarté qui ferait envie à plus d'un phytographe. Il constate que MM. des Etangs et Cartereau s'occupent avec succès de la reconnaissance de nos plantes indigènes, et se félicite de les avoir pour auxiliaires.

La même année, M. des Etangs adresse une demande à l'autorité municipale de la ville de Troyes, pour la fondation d'un jardin botanique pour servir aux démonstrations d'un professeur. La Société Académique appuie cette demande et considère que le jardin de l'ancien couvent de Saint-Loup, désigné par M. des Etangs, est très-convenable à cette destination.

En 1837, M. le docteur Cartereau, de Bar-sur-Seine, membre correspondant de la Société Académique de l'Aube, lui adresse une collection de 357 cryptogames, récoltés dans les environs de Bar-sur-Seine, et classés suivant l'ordre naturel adopté dans le *Botanicon-Gallicum* de Duby et de Candolle. Ces plantes ont toutes été revues par M. le docteur *Mougeot*, dont la réputation comme cryptogamiste est une sûre garantie de l'exactitude de leur détermination.

Dans cette intéressante collection, les familles suivantes

sont représentées par un plus ou moins grand nombre d'espèces, savoir :

Mousses	44	espèces [1].
Hépatiques	8	
Lichens	84	
Hypoxylons	61	
Champignons	71	
Lycoperdacées	29	
Urédinées	48	
Mucédinées	7	
Algues	5	
Ensemble	357	

Nous devons être d'autant plus reconnaissants à M. le docteur Cartereau d'avoir bien voulu faire hommage de cette précieuse collection à la Société Académique, qu'il est le seul, à l'exception de M. Corrard de Breban, qui se soit occupé de cryptogamie dans le département.

En 1841, M. des Etangs publie diverses observations sur les caractères organiques de quelques plantes, appartenant à des genres différents, au nombre de 13. (N°s 77 et 78 des Mémoires de la Société Académique, 1841, page 80.)

En 1844, M. des Etangs a encore publié, dans les Mémoires de la Société Académique, la liste des noms populaires des plantes de l'Aube et des environs de Provins, contenant l'indication des lieux où ils sont usités, celle de la station des espèces qu'ils concernent, les noms botaniques français et latins qui s'y rapportent, enfin, les observations auxquelles ils ont donné lieu.

Un travail de cette nature ne peut avoir d'utilité pratique que dans un rayon très-circonscrit, parce que chaque canton, et quelquefois chaque village, a sa nomenclature po-

[1] Les additions faites depuis deux ans ont élevé le nombre des mousses à 128 espèces récoltées dans le département.

pulaire. Les noms vulgaires, plus généralement répandus, ont une importance relativement plus grande, et sont, pour cela, placés dans les flores par plusieurs auteurs. Ce renseignement peut quelquefois permettre aux personnes étrangères à la botanique de se familiariser avec le nom scientifique des plantes qu'ils rencontrent.

Dans un rapport sur le Catalogue raisonné des plantes vasculaires qui croissent spontanément dans le département de la Marne, par M. Léonce de Lambertye [1], M. des Etangs s'étonnait encore, ainsi que M. Corrard de Breban l'avait fait en 1829, du complet mutisme des ouvrages spéciaux à l'égard de la flore de l'Aube. Il attribuait ce silence à deux causes principales :

La première viendrait de l'uniformité du sol qui ne semble pas offrir aux explorateurs étrangers une végétation assez variée pour les y attirer.

La seconde tiendrait à l'absence de botanistes sédentaires qui aient pu explorer à loisir le lieu qu'ils habitaient.

Mais M. des Etangs lui-même, qui explorait le département depuis vingt ans déjà, était précisément l'un de ces botanistes. Aussi, il termine son rapport en disant à la Société Académique :

« Si vous pensez qu'un catalogue fait à l'instar de celui » de la Marne, qui comprendrait les plantes que j'ai re- » cueillies dans notre département, dans celui de la Haute- » Marne et dans l'arrondissement de Provins, fût de quel- » que utilité dans le pays, je pourrais être en mesure de » vous le présenter vers la fin de cette année, si rien n'y » porte obstacle. Il contiendrait les éléments d'une flore » de la Champagne méridionale. »

La Société prit acte de la promesse faite par le rapporteur; mais, pour une cause ou pour une autre, le billet

---

[1] Rapport lu à la Société Académique de l'Aube, dans sa séance du 21 janvier 1848.

souscrit par M. des Etangs ne fut jamais acquitté. C'est ce catalogue, toujours promis et jamais rédigé, que je présente aujourd'hui à la Société Académique. Je sens vivement toute mon insuffisance pour mener à bien une telle entreprise, qui aurait beaucoup gagné si M. des Etangs avait mis son projet à exécution. Mais je n'ai pas consulté mes forces; aussi je compte sur toute votre indulgence pour accueillir favorablement ce travail, qui n'a pas été accompli sans difficultés.

Les résultats numériques constatés par M. des Etangs, dans le rapport, font ressortir que sur les 1,040 espèces signalées dans la Marne, 72 ne l'ont pas été dans l'Aube. Le nombre des plantes de notre circonscription qui n'ont pas été signalées dans la Marne, s'élève à 100 espèces. Le département de l'Aube en possédait alors 1,076.

Tous ces chiffres doivent aujourd'hui être singulièrement modifiés, par suite des découvertes nouvelles qui ont été faites depuis cette époque, puisque les mêmes familles sont actuellement représentées dans l'Aube par plus de 1,300 espèces. Il convient, toutefois, de déduire de ce nombre quelques espèces douteuses, dont je parlerai à la place qui leur est assignée dans le catalogue.

Les plantes de la Haute-Marne et de l'arrondissement de Provins ont été rigoureusement rejetées de ce travail, qui ne comprend exclusivement que le département de l'Aube.

En 1856, M. J.-R. Bourguignat a publié la première partie d'un catalogue des plantes vasculaires du département de l'Aube. Si, dans notre travail, nous avons été sobre de citations à l'égard de ce document, dont la forme et la rédaction méritent une approbation sans réserve, c'est qu'il contient beaucoup d'indications fautives. Cela vient, sans nul doute, des renseignements inexacts qui ont été fournis à l'auteur pour la rédaction de son livre. La deuxième partie, croyons-nous, n'a pas été imprimée.

En 1859, M. Ant. Le Grand fait une étude sur la géographie botanique de l'Aube, dans le but de fournir, sur ce sujet, de nouveaux matériaux à ajouter aux faits déjà connus, lesquels lui paraissent encore insuffisants pour qu'on en puisse déduire des lois certaines sur la distribution des végétaux. Il traite surtout la question au point de vue spécial de l'influence des formations géologiques sur les productions végétales naturelles du sol, abstraction faite de son altitude. Il désirerait que des travaux semblables fussent entrepris partout, pour servir de base à un travail d'ensemble.

Après avoir, dans un premier paragraphe, indiqué la situation géographique de l'Aube et ses formations géologiques, il énumère, dans les paragraphes suivants, les productions propres à chacune de ces formations, et termine par cette conclusion : que le grès vert et le terrain tertiaire d'une part, la craie et le terrain jurassique de l'autre, ont une végétation tout-à-fait distincte. En d'autres termes, que les terrains calcaires et les terrains siliceux ont chacun leur flore spéciale.

Plus récemment encore, en 1874, MM. Hariot, membres associés, ont publié, dans les Mémoires de la Société Académique, la florule du canton de Méry. C'est un travail méthodique, consciencieux, rédigé avec le plus grand soin, et qui fait honneur à ses auteurs.

Au moment de sa publication, MM. Hariot avaient constaté la présence de 651 espèces et 76 variétés dans le canton. Aujourd'hui, grâce au savoir profond et à l'infatigable activité de M. Paul Hariot qui met si bien à profit les courts instants que ses études lui permettent de passer à Méry, de nouvelles et importantes découvertes sont venues ajouter encore à ces richesses déjà considérables. Il a eu l'obligeance de nous les faire connaître assez à temps pour nous permettre de les comprendre dans notre travail. Nous saisissons cette occasion pour lui en témoigner toute notre reconnaissance.

A la séance de la Société horticole, vigneronne et forestière de l'Aube, du 28 octobre 1877 [1], M. Paul Hariot a fait une conférence des plus intéressantes sur la flore de l'Aube. Passant en revue les diverses formations géologiques du département, il étudie les espèces qui caractérisent chaque terrain, en commençant par le terrain tertiaire qui, dit-il, est de beaucoup le moins considérable sous le rapport de la superficie, mais qui présente un certain nombre d'espèces intéressantes à considérer. Il cite entre autres l'*Iris fœtidissima*, une de nos insignes raretés, comme plante spéciale au bois de Pont-sur-Seine. Mais nous l'avons rencontrée cette année, dans un petit bois, sur la rive gauche de l'Hozain, près du château de Villebertin. Ce qui prouve que les plantes se jouent quelquefois du cantonnement forcé que nous voulons leur assigner. Loin de nous la pensée de nier l'influence de la composition des terrains sur la végétation; mais nous pensons que la règle comporte de nombreuses exceptions. Aussi de Candolle a dit quelque part, en parlant de la disposition générale des plantes sur le sol de la France, que cet objet était très-important; mais il ajoute qu'il n'est pas susceptible d'une grande précision. Quoi qu'il en soit, la causerie botanique de M. Paul Hariot, que l'on peut considérer comme un complément à l'étude sur la géographie botanique de M. Ant. Le Grand, est aussi instructive qu'intéressante.

M. Paul Hariot a encore fait récemment un travail sur la flore de Pont-sur-Seine, qui a été primé par la Société Académique de l'Aube. Ce document, qui n'a pas encore reçu les honneurs de l'impression au moment où nous écrivons, est un catalogue méthodique des plantes observées, jusqu'à ce jour, dans cette localité.

---

[1] Annales de la Société horticole, vigneronne et forestière, nº 59, année 1877, page 510.

Herbiers.

1° Avant le legs de M. des Etangs, dont il sera parlé plus loin, notre Musée possédait déjà un herbier des plantes de France, comprenant 1,632 espèces, réparties dans 32 fascicules et classées d'après l'ordre adopté par MM. Grenier et Godron, dans la *Flore de France*. Le nombre des familles est le même dans les deux documents, à l'exception des characées qui se trouvent dans l'herbier et qui sont exclues de la Flore.

On ne connaît pas bien l'origine des plantes qui ont servi de fondement ou de première mise à cet intéressant document, car on ne rencontre que des indications vagues et générales sur les localités où elles ont été récoltées.

Parmi les personnes qui ont contribué le plus par leurs soins, leurs démarches, et par leurs dons à augmenter ces premières richesses, nous citerons d'abord notre collègue, M. Jules Ray, qui a su obtenir de différents botanistes des collections précieuses; M. Corrard de Breban qui, en 1859, a rapporté d'un voyage à Bagnères-de-Luchon, une belle collection de plantes des Pyrénées, et dénommées par un botaniste du pays; M. Ant. Le Grand qui, par ses herborisations dans le département et par ses envois de différentes contrées de la France, a contribué aussi, dans une large mesure, à élever le nombre de nos espèces. On rencontre souvent aussi le nom de M. Paul Hariot, et quelquefois, mais trop rarement dans l'intérêt de cette collection, celui de notre collègue M. l'abbé d'Antessanty. Nous avons nous-mêmes contribué, dans la mesure de nos forces, à l'édification de ce recueil. Mais la personne qui a fourni le plus grand nombre de matériaux à l'édifice, c'est notre regretté collègue M. des Etangs. Indépendamment des espèces nombreuses qu'il avait données avant sa mort, nous avons pu prendre dans une partie de son herbier où elles n'étaient pas classées, 1,082 espèces à ajouter à celles qui existaient déjà, et qui élèvent aujourd'hui leur nombre à 2,714 et 153 variétés.

2° Le Musée possédait aussi un herbier des plantes de l'Aube, au nombre de 888 espèces, réparties dans 16 fascicules, et classées d'après l'ordre adopté par MM. Duby et de Candolle, dans le *Botanicon Gallicum*. Cet herbier a été créé par M. des Etangs, qui a travaillé à sa formation de 1835 à 1845. MM. Ray, Ant. Le Grand, Paul Hariot, l'abbé d'Antessanty et nous-mêmes avons contribué par nos dons, à augmenter le nombre des espèces. Mais le créateur de ce document a plus fait à lui seul que tous les autres ensemble. Depuis sa mort, nous avons pu prendre encore, dans son propre herbier, sans en altérer la valeur, 388 espèces pour compléter celui du Musée, qui comprend aujourd'hui toutes les plantes de l'Aube, à l'exception des espèces douteuses dont nous parlerons à la place qui leur est réservée dans le catalogue.

3° L'herbier des cryptogames de M. le docteur Cartereau, déjà mentionné.

4° Un herbier général, en dix fascicules, classé d'après la méthode de Jussieu, et formé par M. Berge, cultivateur de Coclois. Ce document a été donné au Musée par M. Gustave Gayot. Selon MM. Hariot (Florule du canton de Méry, page 13), cette collection comprendrait des plantes de l'Aube et du département de la Seine, ainsi que des plantes étrangères provenant du Jardin du Museum d'histoire naturelle de Paris. Comme aucune localité n'est indiquée sur les étiquettes à l'appui des plantes, on ne peut faire que des conjectures sur ce sujet. Les plantes sont nombreuses et le recueil est intéressant.

5° L'herbier de M. l'abbé Maydieu, dont nous avons déjà parlé.

6° Un herbier général, dont l'auteur est inconnu, classé

d'après le système de Desfontaines, en trois volumes. On trouve collées sur la même feuille jusqu'à 25, 30 plantes ou portions de plantes. L'auteur de cet herbier, a apporté un soin tout particulier dans la préparation des sujets ; mais ils sont, en général, mal choisis, et ne sont représentés que par une portion beaucoup trop réduite de la plante.

7° Un herbier contenu dans un volume relié, in-folio, fait en 1692, par Charles Plumier, botaniste de Louis XIV, et offert, par lui, au père Rollet, religieux minime.

« Cet herbier, donné au Musée de Troyes par M. Hariot, » pharmacien à Méry, contient plusieurs plantes collées » sur la même feuille. Les plantes sont classées d'après la » méthode de Bauhin et de Charles de l'Ecluse. » [1].

8° Un herbier composé de 82 cahiers, renfermant chacun deux à trois plantes, provenant de M. Thiérion père, qui en a fait don à M. des Etangs. M. Thiérion l'avait reçu de M. le docteur Houillier qui, selon M. Clément Mullet, avait été chargé de préparer un herbier pour les impératrices Joséphine et Marie-Louise [2].

9° Un paquet de plantes des Pyrénées, donné à M. des Etangs, par M. Tassin.

10° Une centurie de plantes des Alpes suisses.

11° Un carton d'excicata, renfermant des cryptogames appartenant aux Hyménomycètes, Discomycètes, Pyrénomycètes et Gastéromycètes.

12° Enfin l'herbier légué au Musée par M. des Etangs. C'est un riche et précieux document qui renferme les matériaux accumulés par le donateur pendant les cinquante années de sa laborieuse carrière de botaniste. Malheureusement il ne s'est jamais occupé de cryptogamie, et, à l'exception de quelques algues marines, l'herbier ne renferme aucun spécimen des autres familles.

---

[1] *Florule du canton de Méry*, page 13.

[2] Note de M. des Etangs, mise à l'appui de l'herbier.

Cette intéressante collection se divise naturellement en trois parties, savoir :

1° Un herbier des plantes de France, au nombre de 2,674 espèces et 134 variétés, formant ensemble 27 fascicules, et classées d'après la *Flore de France* de MM. Grenier et Godron. Ces plantes proviennent des propres récoltes de M. des Etangs, et des échanges avec nos botanistes les plus éminents. Nous citerons entre autres MM. Boreau, Grenier, Cosson, etc., etc.

2° Un herbier des plantes de l'Aube, comprenant 58 fascicules. C'est dans cette collection que sont concentrés les résultats des études et des travaux de toute la vie du donateur. Ce précieux document nous a permis d'indiquer, avec certitude, la plupart des localités où on rencontre les espèces dont nous avons fait la nomenclature.

3° Enfin, 56 fascicules de plantes non classées, provenant des récoltes de M. des Etangs, sur divers points du territoire français, pendant les sessions et avec les membres de la Société Botanique de France, et, en outre, d'échanges avec divers botanistes.

A la nomenclature qui précède, nous devons ajouter deux collections en voie de formation, par M. Jules Ray.

1° Un herbier général des cryptogames, en 20 fascicules, classés d'après le *Botanicon-Gallicum*.

2° Un herbier des plantes exotiques, d'après le *Prodomus* de de Candolle.

Telles sont, en résumé, les richesses botaniques qui font partie de notre Musée. Grâce à l'activité, à l'intelligence et à la puissance d'organisation de M. Jules Ray, ces richesses sont dans un état de conservation qui ne laisse rien à désirer, et placées de manière à en rendre l'étude facile aux personnes qui voudraient les consulter.

AVANT-PROPOS

L'utilité des catalogues locaux a été souvent signalée. Ces documents fournissent aux auteurs des flores générales les renseignements qui leur sont nécessaires pour indiquer les localités où croissent les plantes dont ils font la description. On ne saurait donc apporter trop de soins et de sincérité dans la rédaction d'un travail de cette nature. Mais pour faire utilement l'inventaire d'une contrée, il faut qu'elle ait été explorée dans toutes ses parties et dans toutes les saisons, pendant des années nombreuses; autrement les matériaux réunis seraient incomplets, et l'autorité nécessaire pour mener à bien une pareille entreprise ferait absolument défaut.

Ces conditions se rencontrent rarement, à moins que le périmètre de la contrée dont il s'agit, ne soit très-restreint. L'étendue d'un département est déjà trop considérable pour être complètement visitée dans toutes ses parties, par un seul homme. C'est pour cela que chaque jour amène de nouvelles découvertes qui viennent augmenter les matériaux, déjà nombreux, réunis par nos devanciers. Combien de localités dans l'Aube n'ont été visitées que superficiellement? et combien ne l'ont pas été du tout? Aussi, malgré toutes les recherches passées, il nous restera toujours à trouver dans l'avenir.

Si M. des Etangs, qui avait plusieurs fois manifesté le désir de publier le résultat de ses nombreuses observations, avait ajourné l'exécution de son projet, c'est qu'il voulait probablement encore s'entourer de renseignements plus complets. Cependant il avait herborisé pendant cinquante ans, dans le département, et les nombreux matériaux qu'il avait réunis le rendaient plus apte que tout autre à faire ce catalogue. Malheureusement la mort est venu le surprendre au moment où, dégagé de ses fonctions de magistrat, il aurait pu se livrer sans réserve à l'accomplissement de cette œuvre, qui avait été une des préoccupations de sa longue carrière. Mais s'il a été enlevé avant le temps à notre sympathie, il nous a légué son herbier, dans lequel j'ai trouvé des renseignements précieux, qui m'ont permis d'essayer de le suppléer dans cette difficile entreprise. De fréquentes herborisations m'ont aussi mis à même de recueillir d'utiles indications et d'augmenter le nombre des espèces connues de notre flore. C'est le résultat des études de plusieurs années que je soumets à l'approbation de la Société. Je m'estimerai heureux, si cet essai peut mériter son approbation.

J'ai pris pour règle de n'admettre que les plantes que j'ai récoltées moi-même, ou lorsque j'en ai vu les échantillons dans l'herbier des plantes de l'Aube, qui est au Musée, ou dans celui de M. des Etangs. Quand je me suis écarté de cette règle, j'en ai fait connaître les motifs par des observations mises à l'appui de l'inscription de chaque plante.

J'ai exactement suivi la *Flore de France* de MM. Grenier et Godron, pour le classement de la partie phanérogamique. La famille des *Characées* n'étant pas comprise dans cet ouvrage, j'ai dû avoir recours à la *Flore du Centre de la France*, par Boreau, pour la distribution de cette famille, qui est largement représentée dans notre département. Pour la partie bryologique, j'ai suivi l'ouvrage de M. l'abbé Boulay [1]. J'ai pris pour guide le récent ouvrage de M. Gillet, pour la partie relative aux champignons (*Hyménomycètes*) [2]. Enfin, pour le reste de la partie cryptogamique, j'ai suivi

---

[1] *Flore cryptogamique de l'Est*, *Muscinées*, par l'abbé Boulay, 1 vol. 1872.

[2] *Les Champignons qui croissent en France*, par C. C. Gillet, 1 vol. 1877-78.

le classement du *Botanicon Gallicum* de Duby et de de Candolle.

J'ai eu recours aux lumières de MM. Antoine Le Grand, l'abbé Boulay et Husnot, pour plusieurs espèces de mousses dont la détermination présentait des difficultés. J'ai aussi réclamé le concours bienveillant et empressé de M. Gillet, pour la détermination d'un bon nombre de champignons.

Je saisis cette occasion pour adresser de nouveau, à ces Messieurs, le témoignage de ma vive reconnaissance.

Troyes, le 7 août 1879.

SIGNES CONVENTIONNELS

C. C. Très-commun.
C. Commun.
A. C. Assez commun.
A. R. Assez rare.
R. Rare.
R. R. Très-rare.
? Signe de doute.
! Signe de certitude; à la suite d'un nom de localité indique que j'ai vu la plante récoltée dans cette localité.
!! A la suite d'un nom de localité indique que j'ai récolté moi-même la plante à cette localité.
† Indique que l'existence de la plante est douteuse dans notre circonscription.

PLANTES VASCULAIRES

EMBRANCHEMENT 1

PHANÉROGAMES

EXOGÈNES ou DICOTYLÉDONÉES

CLASSE 1. — THALAMIFLORES

« Pétales distincts, indépendants du calice, insérés, ainsi que les étamines, sur le réceptacle. Ovaire libre (supère). » *Flore de France*, page 1.

I. RENONCULACÉES

1. CLEMATIS Linné (*Clématite*).

1. Clematis vitalba L., Grenier Godron, *Flore de France*, tome 1er, page 4. (*Clématite des haies.*)

Juillet, Août. C. Haies, broussailles, dans tous les terrains; bois de Fouchy! La Chapelle-Saint-Luc! Bar-sur-Aube! *des Etangs;* Méry! *MM. Hariot;* Troyes!! Montgueux!! etc.

2. THALICTRUM L. (*Pigamon*).

2. Thalictrum minus L., Gren. Godr. 1. 6. (*Pigamon mineur.*)

Syn : *Thalictrum montanum* Wallroth.

Juin, juillet. R. R. A été observé dans un vallon, sur le chemin de Mesnil-Sellières à Bouranton! au bois de Pont-sur-Seine! Riceys! Auxon! Villenauxe! Bouilly! *des Etangs.*

Obs. Quoique signalée dans ces diverses localités, cette plante est néanmoins très-rare dans le département, et quand on la rencontre c'est toujours en petite quantité. Il en est de même de l'espèce suivante.

3. Thalictrum saxatile D. C., G. G. 1. 7. (*Pigamon des rochers.*)

Syn : *Thalictrum collinum* Wallroth.

Juillet, août. R. R. Proverville! côte de Troyes, près de Bar-sur-Aube! *des Etangs;* friches herbues, entre les Grandes-Chapelles et Chapelle-Vallon! *Paul Hariot.*

4. Thalictrum sylvaticum Koch, G. G. 1. 8. (*Pigamon des bois.*)

Juin, juillet. R. R. Sur les talus du fossé qui joint le pré Dillon à la route de Paris, aux Marots, à Troyes!! *des Etangs;* bois de Pont-sur-Seine! *Paul Hariot.*

5. Thalictrum angustifolium L., G. G. 1. 8. (*Pigamon à feuilles étroites.*)

Syn : *Thalictrum Bauhini* Crantz. *Th. bauhinianum* Wallroth.

Juillet, août. R. R. Rennepont, sur les bords de la Renne, en amont du village, situé sur les limites du département! *des Etangs.*

Une note intéressante, de M. Grenier, accompagne la plante dans l'herbier de M. des Etangs.

6. Thalictrum flavum L., G. G. 1. 9. (*Pigamon jaune.*)

Juin, juillet. C. C. Dans les terrains marécageux et les prairies humides de tout le département.

3. ANEMONE L. (*Anémone.*)

7. Anemone pulsatilla L., G. G. 1. 11. (*Anémone pulsatille.*)

Mars, avril. A. C. Coteaux secs de nos terrains calcaires et siliceux, pelouses découvertes des bois; Fontvannes!! Bouilly! Bar-sur-Seine! Riceys! Bar-sur-Aube! *des Etangs;* ancien château de Montaigu; *Corrard de Breban;* Brienne! Pont-sur-Seine! Dienville! *Paul Hariot;* elle est commune sur les friches de Gyé!! de Plaines!! Cette jolie plante a aussi été signalée à la garenne de la Perthe, près de l'Abbaye-sous-Plancy! Florule du canton de Méry, *MM. Hariot;* mais elle est rare sur les terraius purement crayeux.

8. Anemone sylvestris L., G. G. 1. 12. (*Anémone sauvage.*)

Mai, juin. R. R. Garenne de la Perthe, près de Plancy! *Paul Hariot.* C'est la seule localité du département où cette plante ait été signalée jusqu'à ce jour.

9. ANEMONE NEMOROSA L., G. G. 1. 13. (*Anémone Sylvie.*)

Mars, avril. C. Haies, bois, où elle couvre souvent de grands espaces; Fouchy!! les Tauxelles!! Lusigny!! Montgueux!! etc.

10. ANEMONE RANUNCULOIDES L., G. G. 1. 13. (*Anémone renoncule.*)

Mars, avril. R. R. Saint-Usage, vallon du Fays-Bas, près de Saint-Abdon, ou le Haut-Fays! bois entre Bayel et le moulin de Pontot! Villenauxe, vallon de Nesle! *des Etangs.*

4. ADONIS L. (*Adonide.*)

11. ADONIS AUTUMNALIS L., G. G. 1. 15. (*Adonide d'automne.*)

Mai, septembre. A. R. Dans les moissons de presque tout le département, mais toujours en petite quantité; Bar-sur-Aube! Bossancourt! Arsonval! Jessains! Brienne! etc., *des Etangs;* Méry! Droupt-Saint-Bâle! Boulages! *Paul Hariot.* Fontvannes!! Verrières!! Saint-Parres-les-Vaudes!! etc.

12. ADONIS ÆSTIVALIS L., G. G. 1. 16. (*Adonide d'été.*)

Mai, juillet. C. Moissons de presque tout le département. Elle orne de ses belles fleurs, à la fin de mai et au commencement de juin, les champs des environs de Troyes! Saint-Parres-les-Tertres!! Montgueux!! les Noës!! etc., *des Etangs.*

V. b. *flava. Adonis flava* Vill.; *A. Citrina* Hoffm.

A. R. Se trouve dans les mêmes lieux que le type; je l'ai rencontrée dans les moissons à Montgueux!! Moussey!! M. Paul Hariot l'a signalée dans les environs de Méry! et M. des Etangs à la Belle-Etoile! etc.

13. ADONIS FLAMMEA Jaq., G. G. 1. 16. (*Adonide enflammée.*)

Juin, août. A. C. Se rencontre, comme les précédents, dans les moissons de presque tout le département, Saint-Parres-les-Tertres! les Marots! Payns! Riceys! Montgueux! Fontvannes!! Arsonval! *des Etangs.*

Obs. MM. Hariot ne signalent pas cette plante dans leur florule du canton de Méry. Cette lacune sera sans doute comblée par de nouvelles découvertes, dans ce canton, si bien exploré déjà par M. Paul Hariot.

5. MYOSURUS L. (*Ratoncule.*)

14. Myosorus minimus L., G. G. 1. 17. (*Ratoncule naine.*)

Avril, juin. A. R. Champs humides, argileux ou sablonneux, ensemencés avant l'hiver; Lusigny!! *Corrard de Breban;* Montiéramey!! plaine de Foolz!! etc.

6. CERATOCEPHALUS Mœnch. (*Cératocéphale.*)

15. Ceratocephalus falcatus Pers., G. G. 1. 18. (*C. en faux.*)

Syn : *Ranunculus falcatus* L.

Mars, avril. C. C. Aux environs de Troyes, dans les champs cultivés, les vignes, où il était concentré autrefois. Aujourd'hui, son aire de dispersion s'étend au loin. On le rencontre à Torvilliers!! Saint-Germain!! Fontvannes!! Montgueux!! Charmont!! Montsuzain!! et jusque dans la Marne.

7. RANUNCULUS L. (*Renoncule.*)

16. Ranunculus hederaceus L., G. G. 1. 19. (*R. à feuilles de lierre.*)

Mai, juillet. R. R. Cette plante habite les marais, les étangs; Eclance! Dienville! Magnant! forêt d'Orient! *des Etangs;* M. Bourguignat l'a recueillie aux environs de Thieffrain et de Vendeuvre. *Catalogue raisonné des plantes vasculaires du département de l'Aube,* pages 8 et 9.

17. Ranunculus confusus Godron, G. G. 1. 22. (*R. confondue.*)

Juin. R. R. Cette plante n'a encore été signalée, dans notre circonscription qu'à l'étang de Bligny! *des Etangs,* et à Arelles dans un fossé, par M. *Guyot.*

18. Ranunculus aquatilis L., G. G. 1. 22. (*R. aquatique.*)

Mai, septembre. R. M. des Etangs n'a signalé cette plante que dans trois localités : Eclance! Magnant! et dans les mares de la plaine de Foolz! J'ai souvent exploré cette dernière station sans la rencontrer. Je l'ai recueillie une fois à la ferme de Chaussepierre, près de Rumilly-les-Vaudes!! Je l'ai vue, une autre fois, dans un fossé plein d'eau, près de Lusigny!! MM. Hariot ne l'ont pas trouvée dans le canton de Méry. Cependant M. Bourguignat dit que « cette renoncule est très-abondante dans les fossés, les ruisseaux, les mares, les marais de presque tout le département; elle est surtout très-commune aux environs de Troyes. » *Catalogue raisonné*, etc., page 9. Malgré cette affirmation, et jusqu'à plus ample informé, nous donnons cette plante comme rare dans le département.

19. Ranunculus trichophyllus Chaix in Vill., G. G. 1. 23. (*R. capillaire.*)

Mai, septembre. C. C. Habite les marais, les mares, les ruisseaux et les étangs; on la trouve dans les fossés du bois de Fouchy!! dans ceux qui avoisinent le canal!! dans les marais de Villechétif!! etc.

V. b. *terrestris* Godron. Syn : *R. cæspitosus* Thuillier.

Les stations de cette plante n'ont rien de fixe. Il lui faut des conditions particulières pour se développer. Elle croît sur la terre inondée et laissée à sec par le retrait des eaux; sur la terre provenant du curage des fossés. C'est dans ces conditions que je l'ai récoltée entre Rosières et Sainte-Scolastique. Je l'ai trouvée une autre fois, à Châtres, avec M. Paul Hariot, sur un terrain humide, ordinairement inondé.

20. Ranunculus Drouetii Schultz, G. G. 1. 24. (*R. de Drouet.*)

Mars, juin. R. Mares et ruisseaux; Montier-en-l'Isle! étang de Bligny! mares de Guignes-Véron! Val-Perdu! Pont-Boudelin! près de Bar-sur-Aube; *des Etangs;* Villechétif! *Ant. Le Grand;* marais de Droupt-Saint-Bâle! *P. Hariot.* J'ai trouvé cette plante à Montier-la-Celle, dans un fossé aquatique aujourd'hui desséché.

21. Ranunculus divaricatus Schrank, G. G. 1. 25. (*R. divariquée.*)

Syn : *Ranunculus circinatus* Sibthorp; *R. stagnalis* Wallr.

Juin, août. A. C. Fossés, eaux tranquilles, rivières; dans l'Aube, à Bar-sur-Aube! fossés du mail de la Tannerie, à Troyes! cours de la Seine, au-dessous de Nogent! au Paraclet, dans le fossé qui sépare le jardin de la prairie! *des Etangs;* Villechétif! *Ant. Le Grand;* elle est commune dans le canton de Méry! *MM. Hariot.* Je l'ai récoltée dans le cours de la Seine, à Saint-Mesmin! à Troyes, au Labourat!! etc.

22. Ranunculus fluitans Lamarck, G. G. 1. 25. (*R. flottante.*)

Syn : *Ranunculus aquatilis;* V. *peucedanifolius* D. C. fl. fr. 4. p. 894.

Juin. C. C. Très-répandue dans tous nos cours d'eau, les bras de la Seine!! le Canal!! etc., etc.

23. Ranunculus flammula L., G. G. 1. 29. (*R. flammette.*)

Juin, octobre. C. C. Marais, fossés, lieux humides de tout le département.

V. b. *reptans.* Syn : *Ranunculus reptans* L.

R. R. Châtres! *MM. Hariot,* florule du canton de Méry.

24. Ranunculus lingua L., G. G. 1. 30. (*Renoncule langue.*)

Juin, juillet. R. Cette plante se trouve dans les marais; Montier-la-Celle! Saint-Lyé! Nogent-sur-Seine! Moulin de Pontot, près de Bayel! Villechétif!! *des Etangs;* marais de Pars, près de Romilly! Bessy! Rhèges! où elle est abondante, *P. Hariot;* Pont-sur-Seine!! Barberey-aux-Moines!!

25. Ranunculus auricomus L., G. G. 1. 30. (*R. à tête d'or.*)

Avril, mai. C. Lieux ombragés, haies, bois; Fouchy!! Lusigny!! Moulin de Pontot, près de Bayel! etc., etc.; *des Etangs.*

26. Ranunculus acris L., G. G. 1. 32. (*Renoncule âcre.*)

Mai, juin. C. C. Dans les prairies et les lieux frais de tout le département.

V. b. *Steveni* Andrz. Syn : *R. lanuginosus* D. C. fl. fr. 4. 899.

Moins commune que le type. Se trouve dans les prairies qui bordent la Seine!! chaussée des Tauxelles! prairies de Saint-Parres-les-Tertres!! bois de Vaux! Bouranton! Riceys! etc., *des Etangs.*

27. Ranunculus sylvaticus Thuillier, G. G. 1. 33. (*R. des bois.*)

Syn : *Ranunculus nemorosus* D. C.

Mai, juin. A. R. Se trouve dans quelques-uns de nos bois; Sacey! Fiel! Riceys! Bar-sur-Aube! *des Etangs;* garenne de la

Perthe, près de Plancy! *P. Hariot;* forêt de Rumilly-les-Vaudes!! bois de Thouan, près de Neuville-sur-Seine!!

28. Ranunculus repens L., G. G. 1. 34. (*R. rampante.*)

Mai, septembre. C. C. Cette plante est très-abondante dans toutes les localités du département; dans les vignes, les champs, les prés, les jardins, où elle infeste souvent les cultures. Connue à Troyes sous le nom populaire de *Pourpier.*

29. Ranunculus bulbosus L., G. G. 1. 34. (*R. bulbeuse.*)

Avril, juin. C. C. Prés, pâturages, haies, bois de tout le département.

30. Ranunculus philonotis Retz, G. G. 1. 36. (*R. des mares.*)

Syn : *Ranunculus parvulus* L., Mant. 79.

Mai, septembre. A. C. Habite les champs humides, le bord des fossés; Gérosdot! Larrivour!! Lusigny!! Montiéramey!! Bailly!! les environs de la plaine de Foolz!! etc.

31. Ranunculus parviflorus L., G. G. 1. 37. (*R. à petites fleurs.*)

Mai, juin. R. R. Signalée par M. des Etangs, dans un jardin, à Villenauxe!

32. Ranunculus arvensis L., G. G. 1. 38. (*R. des champs.*)

Mai, juin. C. C. Moissons et terrains cultivés, dans tout le département.

33. Ranunculus sceleratus L., G. G. 1. 38. (*R. scélérate.*)

Mai, septembre. A. R. Fossés, lieux humides et fangeux, bords des flaques d'eau; Montier-la-Celle!! Eclance! Bar-sur-Aube! *des Etangs;* Villemereuil!! grande ligne de la forêt d'Orient!! etc.

Cette plante ne figure pas dans la florule du canton de Méry.

8. FICARIA Dill. (*Ficaire.*)

34. Ficaria ranunculoides Mœnch., G. G. 1. 39. (*F. fausse renoncule.*)

Syn : *Ranunculus ficaria* L.

Avril, mai. C. C. Champs, haies et bois humides de tout le département.

9. CALTHA L. (*Populage.*)

35. Caltha palustris L., G. G. 1. 39. (*Populage des marais.*)

Mars, mai. C. C. Prés très-humides, lieux inondés, bords des ruisseaux, dans tout le département.

10. ERANTHIS Salisbury. (*Eranthis.*)

36. Eranthis hiemalis Salisb., G. G. 1. 40. (*Eranthis d'hiver.*)

Février, mars. Plante naturalisée dans le jardin du Musée, à Troyes, où elle se reproduit naturellement chaque année. Elle a été introduite dans ce jardin, au commencement du siècle, par M. le docteur *Serqueil,* alors professeur à l'Ecole centrale.

11. HELLEBORUS L. (*Hellebore.*)

37. Helleborus viridis L., G. G. 1. 41. (*Hellebore vert.*)

Mars, avril. R. R. Villenauxe, le long de la Nesle! *des Etangs,* seule localité connue, jusqu'à ce jour, dans le département. C'est à tort que M. Bourguignat, dans son Catalogue des plantes du département de l'Aube, a assigné les stations de *Montgueux, Bouilly, La Grange-aux-Rez, Fontvannes,* à l'Helleborus viridis. Malgré les recherches les plus minutieuses, la présence de cette plante n'a pu être constatée dans ces diverses localités.

38. Helleborus foetidus L., G. G., 1. 41. (*Hellebore fétide.*)

Février, avril. C. Lieux pierreux, bords des chemins; Montgueux!! Bouilly!! Bar-sur-Seine! Riceys! Bar-sur-Aube!! *des Etangs;* garenne de la Perthe, près de Plancy! *Paul Hariot;* Gyé-sur-Seine!! etc.

Obs. L'*Isopyrum thalictroides* L. a été récolté sur les limites du département, à Colombey-les-deux-Eglises, par M. des Etangs, en 1866.

12. NIGELLA L. (*Nigelle.*)

39. Nigella arvensis L., G. G. 1. 43. (*Nigelle des champs.*)

Juillet, août. C. Habite les champs cultivés, les chaumes, les moissons, dans toute l'étendue du département.

Obs. J'ai trouvé, à Verrières, le 6 septembre 1874, sur une section abandonnée de l'ancien chemin de Saint-Aventin, *Nigella damascena* L., à l'état subspontané. Par suite des remblais faits postérieurement pour améliorer ce chemin, la plante a disparu. Je l'ai aussi trouvée près du château de Villemereuil, où elle existe encore aujourd'hui.

13. AQUILEGIA L. (*Ancolie.*)

40. Aquilegia vulgaris L., G. G. 1. 44. (*Ancolie commune.*)

Juin, juillet. A. R. Prés, haies, bois, coteaux buissonneux des terrains calcaires et siliceux ; Fontvannes !! Vauchassis !! Bouilly ! Bar-sur-Seine ! Gyé !! Riceys ! Bar-sur-Aube ! Clairvaux ! etc., *des Etangs;* fossés de l'ancien château de Montaigu, *Corrard de Breban.* Cette plante manque dans les terrains crayeux.

14. DELPHINIUM L. (*Dauphinelle.*

41. Delphinium consolida L., G. G, 1. 45. (*D. consoude.*)

Juin, août. C. C. Dans tous les champs, parmi les moissons.

Obs. On rencontre assez souvent le *Delphinium ajacis* L., à l'état subspontané, échappé des jardins, où il est cultivé sous le nom vulgaire de *Pied d'Alouette.*

15. ACONITUM L. (*Aconit.*)

42. Aconitum napellus L., G. G. 1. 51. (*Aconit napel.*)

Juin, juillet. R. R. Garenne de Belroy, près de Bar-sur-Aube !! *des Etangs;* bords de la Seine, rive gauche, entre Courteron et Plaines !!

16. ACTÆA L. (*Actée.*)

43. Actæa spicata L., G. G. 1. 51. (*Actée en épi.*)

Mai, juin. R. R. Ricey-Bas ! bois de Devois ! Jaucourt ! *des Etangs.*

II. BERBÉRIDÉES

17. BERBERIS L. (*Vinettier.*)

44. Berberis vulgaris L., G. G. 1. 54. (*Vinettier commun.*)

Mai, juin. R. R. Se rencontre dans les haies, les buissons et sur les bords des bois des coteaux incultes; Belroy! moulin de Pontôt! *des Etangs;* Clérey! *Corrard de Breban;* dans une haie, près du village de Rosières!! M. l'abbé d'Antessanty l'a signalé aussi dans les garennes de Villechétif.

III. NYMPHÉACÉES

18. NYMPHÆA Neck. (*Nénuphar.*)

45. Nymphæa alba L., G. G. 1. 56. (*Nénuphar blanc.*)

Juin, août. R. Habite les étangs, les eaux profondes et stagnantes; étang de Bligny! marais de Villechétif!! *des Etangs;* Saint-Oulph! Méry! *MM. Hariot.*

19. NUPHAR Smith. (*Nuphar.*)

46. Nuphar luteum Smith, G. G. 1. 56. (*Nuphar jaune.*)

Syn : *Nymphœa lutea* L.

Juin, août. C. C. Rivières, étangs, eaux profondes et tranquilles, dans tout le département.

IV. PAPAVÉRACÉES

20. PAPAVER L. (*Pavot.*)

47. Papaver somniferum L., G. G. 1. 57. (*Pavot somnifère.*)

Juin, juillet. Dans les vignes des Hauts-Clos et dans tous les lieux cultivés, *Corrard de Breban.* Mémoires de la Société Académique de l'Aube, 1829, p. 66. On retrouve aujourd'hui, comme alors, cette plante naturalisée aux environs de la ville de Troyes.

Obs. Le *Papaver hortense* Huss, cultivé comme plante d'ornement, se rencontre souvent à l'état subspontané, aux environs de la ville de Troyes, le long des voies ferrées.

48. Papaver rhæas L., G. G. 1, 58. (*Pavot coquelicot.*)

Juin, juillet. C. C. Dans les moissons et les champs cultivés de tout le département.

V. C. *vestitum. Papaver Roubiæi* Vig. Se rencontre assez communément; Bar-sur-Aube! *des Etangs;* Méry! *Paul Hariot;* Saint-Mesmin!! etc.

49. Papaver dubium L., G. G. 1. 59. (*Pavot douteux.*)

Avril, juin. A. C. Moissons et champs cultivés; Bar-sur-Aube! Bar-sur-Seine! *des Etangs;* près du Pont-Brûlé, *Corrard de Breban;* Mesgrigny! *P. Hariot;* commun près du bois de Fouchy!!

50. Papaver Lecoqii Lamot., Flore du Centre, Boreau nº 102. (*P. de Lecoq.*)

Syn : *Papaver dubium* Lecoq et Lamotte.

Mai, juillet. R. R. Pont-sur-Seine! *P. Hariot.*

51. Papaver argemone L., G. G. 1. 59. (*Pavot argemone.*)

Mai, septembre. C. Se rencontre dans les moissons, les champs cultivés, les lieux arides et incultes de presque tout le département.

52. Papaver hybridum L., G. G. 1. 59. (*Pavot hybride.*)

Mai, juillet. A. C. Blés, champs des terrains secs et pierreux; Montgueux! Saint-Parres-les-Vaudes! etc., *des Etangs;* Méry! *MM. Hariot;* commun sur les voies ferrées, aux environs de la ville de Troyes!!

Obs. Le *Glaucium luteum* Scop, *Chelidonium glaucium* L., a été signalé sur les murs de l'abbaye de Molesme, sur les limites, mais en dehors du département, par MM. des Etangs, Ant. Le Grand et l'abbé d'Antessanty.

21. CHELIDONIUM Tournef. (*Chélidoine.*)

53. Chelidonium majus L., G. G. 1. 62. (*Chélidoine éclaire.*)

Avril, septembre. C. Haies, décombres, vieux murs, dans tout le département.

V. FUMARIACÉES

22. CORYDALIS D. C. (*Corydale.*)

54. Corydalis solida Smith, G. G. 1. 64. (*Corydale bulbeuse.*)

Syn : *Corydalis bulbosa* D. C.

Mars, avril. R. R. Cette plante se trouve dans un bois situé entre Saulcy et Thors! où M. des Etangs en a fait une récolte abondante. Il l'a aussi trouvée dans une haie, en sortant de Saulcy, sur le chemin de Thors! Elle est parfaitement naturalisée dans le jardin du Musée, à Troyes, où elle a été introduite autrefois par M. Serqueil.

55. Corydalis lutea D.C., G.G. 1. 65. (*Corydale jaune.*)

Syn : Fumaria lutea L.

Mai, juillet. R. R. Sur les vieilles murailles; murs de l'ancien couvent des Capucins, au faubourg Croncels, à Troyes! *Jules Ray;* sur les murs du jardin de M. Ferdinand Tassin, à Bar-sur-Aube! *des Etangs;* sur le mur d'encaissement du cours d'eau qui traverse le jardin de M. Paillot, en face la caserne d'infanterie, à Troyes!!

23. FUMARIA L. (*Fumeterre.*)

56. Fumaria capreolata L., G. G. 1. 66. (*Fumeterre grimpante.*)

Juin, août. R. R. Jardin potager du château d'Ailleville, près de Bar-sur-Aube! *des Etangs.*

M. Bourguignat donne pour station à cette plante, les vignes de Saint-Julien, de Rosières où elle n'a pas été rencontrée.

57. Fumaria officinalis L., G. G. 1. 68. (*Fumeterre officinale.*)

Mai, septembre. C. C. Les champs, les vignes et les jardins, dans tout le département.

58. Fumaria densiflora D. C., G. G. 1. 68. (*F. à fleurs serrées.*)

Syn : *Fumaria micrantha* Lag.

Mai, septembre. A. R. Champs du faubourg de Preize!! de Saint-Martin!! la Rivière-de-Corps! la Saulsotte! les Riceys! *des Etangs;* jardins de Méry! Pont-sur-Seine! abondant dans quelques jardins, à Arcis-sur-Aube! *P. Hariot.*

59. Fumaria Vaillantii Lois., G. G. 1. 69. (*F. de Vaillant.*)

Mai, juin. C. Champs cultivés, vignes; Saint-Martin!! Preize!! Barberey! Montgueux!! Saint-André! Bar-sur-Aube! Eguilly! Chassenay! *des Etangs;* Méry! Les Chapelles! Vallant! etc., *MM. Hariot;* Gyé-sur-Seine!! etc.

60. Fumaria parviflora Lam., G. G. 1. 69. (*F. à petites fleurs.*)

Juin, août. A. R. Cette espèce, comme les précédentes, habite les champs cultivés, les vignes; Creney! Saint-Parres-les-Vaudes! *des Etangs;* Méry! Droupt-Sainte-Marie! *MM. Hariot;* champs entre Montgueux et les Noës!! Fontvannes!! etc.

VI. CRUCIFÈRES

24. RAPHANUS L. (*Radis.*)

61. Raphanus sativus L., G. G. 1. 71. (*Radis cultivé.*)
Mai, juin. Cultivé et subspontané autour des habitations.

62. Rhaphanus raphanistrum L., G. G. 1. 72. (*R. ravenelle.*)
Juin, juillet. C. Se rencontre partout dans les terrains cultivés, et surtout dans les moissons.

25. SINAPIS L. (*Moutarde.*)

63. Sinapis arvensis L., G. G., 1. 73. (*Moutarde des champs.*)
Juin, octobre. C. C. Champs, vignes, cultures, sur tous les terrains.

64. Sinapis alba L., G. G. 1. 74. (*Moutarde blanche.*)
Juin, juillet. C. Dans les moissons et les terrains cultivés.
Obs. Le *Sinapis cheirantus* Koch, signalé à Brienne-la-Vieille, Brienne-le-Château et Saint-Léger, par M. Bourguignat, dans son Catalogue des plantes de l'Aube, page 53 (*Brassica cheirantus* Villars), ainsi que l'*Eruca sativa* Lamk., n'ont pas été retrouvés aux lieux indiqués. M. P. Hariot a fait de fréquentes herborisations à Brienne et aux environs sans les rencontrer. Ces plantes ne se trouvent pas non plus dans l'Herbier de l'Aube, de M. des Etangs. Il convient donc de ne pas les admettre dans notre flore, jusqu'à plus ample informé.

26. BRASSICA L. (*Chou.*)

65. Brassica oleracea L., G. G. 1. 75. (*Chou potager.*)
Mai, juin. Cultivé sousune foule de variétés.

66. Brassica napus L., G. G. 1. 76. (*Chou navet.*)
Avril, mai. C. Cultivé sous le nom de colza et souvent subspon-

tané; très-commun dans les terrains cultivés des environs de Troyes. Cette espèce a les feuilles glabres.

67. Brassica asperifolia Lamk., G. G. 1. 75. (*Chou rude.*)

Syn : *Brassica rapa* Koch.

Avril, mai. Cultivé et subspontané. Cette espèce présente deux variétés :

1° V. A. *oleifera* D. C. *Brassica campestris* L., à racine grêle et non charnue (Navette), cultivée pour ses graines.

2° V. B. *esculenta* Godron, à racine épaissie, fusiforme ou en toupie (Navet), qui est alimentaire. Cette espèce a les feuilles hérissées.

68. Brassica nigra Koch, G. G. 1. 77. (*Chou noir.*)

Syn : *Sinapis nigra* L.

Juin, août. A. C. Champs, lieux pierreux, décombres; Bar-sur-Aube! Les Ormes! garennes de Villechétif! Saint-André! *des Etangs;* Méry! Droupt-Sainte-Marie! *MM. Hariot;* sur des décombres, près des Hauts-Clos, à Troyes!! près du village de Villemereuil où il est commun!!

27. DIPLOTAXIS D. C. (*Diplotaxe.*)

69. Diplotaxis tenuifolia D. C., G. G. 1. 80. (*D. à feuilles menues.*)

Syn : *Sisymbrium tenuifolium* L.

Mai, octobre. A. R. On rencontre cette plante aux bords des chemins, sur les décombres et sur les murs. Elle est assez commune aux environs de la ville de Troyes, aux Marots!! à Sainte-Savine, sur le chemin des Noës!! et dans quelques autres endroits; mais elle est rare partout ailleurs.

70. Diplotaxis muralis D. C., G. G. 1. 80. (*D. des murailles.*)

Syn : *Sisymbrium murale* L.

Mai, octobre. R. R. Lieux pierreux ou sablonneux, murs. C'est le 22 septembre 1876, sur la voie ferrée, à Pont-sur-Seine!! en compagnie de M. P. Hariot, que nous avons, pour la première fois, signalé cette plante dans le département. Nous l'avons retrouvée ensuite tout le long de la ligne, notamment à la gare de Mesgrigny!! à celle de la Chapelle-Saint-Luc!! et à Verrières!! où nous l'avons récoltée l'année suivante.

71. Diplotaxis viminea D. C., G. G. 1. 80. (*D. des vignes.*)
Syn : *Sisymbrium vimineum* L.

Juin, juillet. R. Vignes et champs sablonneux ; vignes de Longueville! Javernant! Brienne-la-Vieille! Brienne-Napoléon! Baroville! *des Etangs ;* vignes de Dienville! *P. Hariot.*

72. Diplotaxis bracteata Godron, G. G. 1. 81. (*D. à bractées.*)

Syn : *Sisymbrium eruscastrum* Poll. *Erucastrum Pollichii* Spenn. *Brassica ochroleuca* Soyer. Willm.

Avril, juin et en automne. A. C. Terrain crayeux et sablonneux, décombres ; Nogent-sur-Seine! Saint-Parres-les-Vaudes! Baroville! Bétignicourt! Amance! *des Etangs ;* Méry! Châtres! Viâpres-le-Petit! etc., *MM. Hariot ;* la Chapelle-Saint-Luc!! les Tauxelles!! Villechétif!! commun sur les lignes ferrées!!

Obs. Le *Diplotaxis erucastrum* Godron, ou *Erucastrum obtusangulum* Reich, signalé par M. des Etangs, en 1832, dans les Mémoires de la Société Académique, page 193, n'existe pas dans l'Aube. La plante trouvée à la Belle-Epine était le *Diplotaxis bracteata*. La publication n'a été alors que le résultat d'une erreur, commise déjà par M. Corrard de Breban, en 1829, et qui s'est propagée dans les publications postérieures, notamment dans le Catalogue de M. Bourguignat, page 54.

28. HESPERIS L. (*Julienne.*)

73. Hesperis matronalis L., G. G. 1. 82. (*Julienne des Dames.*)

Mai, juin. R. Habite les haies, les bois, les buissons et surtout les prairies artificielles ; Bar-sur-Seine! Clérey! Cunfin! Proverville! Jaucourt! *des Etangs ;* parc de Pont-sur-Seine!! Saint-Parres-les-Vaudes!! Maisons-Blanches!!

29. CHEIRANTHUS R. Brown. (*Giroflée.*)

74. Cheiranthus Cheiri L., G. G. 1. 86. (*Giroflée Violier.*)

Avril, juin. R. Sur les vieux murs ; Bar-sur-Aube! *des Etangs ;* sur quelques murs de la ville de Troyes et surtout sur ceux de l'Evêché !! sur les talus en pierres du chemin de fer, près de la gare de l'Est !!

30. ERYSIMUM L. (*Vélar.*)

75. Erysimum cheiranthoides L., G. G. 1. 87. (*Vélar giroflée.*)

Juin, octobre. A. C. Habite les décombres, les lieux frais, les cultures humides ; Balnot, route des Riceys ! *des Etangs ;* Méry ! *MM. Hariot;* Saint-André, à Montier-la-Celle !! où il est commun ; les Tauxelles !! etc.

76. Erysimum cheiriflorum Wallr., G. G. 1. 88. (*V. à fleurs de Violier.*)

Syn : *Cheiranthus erysimoides* L.

Juin, juillet. R. Habite les bois et les lieux incultes, secs et pierreux des terrains calcaires ; Bar-sur-Aube ! côte de Couvignon ! Courceroy ! Villenauxe ! Riceys ! *des Etangs ;* commun à Saint-Parres-les-Vaudes, dans les environs du Canal !! M. Bourguignat le signale à Troyes, Villechétif, Belley, Creney, Torvilliers, Montgueux, etc., où nous n'avons pu le rencontrer.

77. Erysimum perfoliatum Crantz, G. G. 1. 90. (*Vélar perfolié.*)

Syn : *Brassica orientalis* L.

Mai, juillet. R. Habite les champs secs et pierreux des terrains calcaires et argileux ; Bar-sur-Aube ! Sainte-Germaine ! côte de Couvignon ! Colombé-la-Fosse ! Ricey-Bas ! *des Etangs ;* Méry ! un seul exemplaire, *P. Hariot ;* champs de Saint-Parres-les-Vaudes !! Fouchères !! où il est assez commun.

31. BARBAREA R. Brown. (*Barbarée.*)

78. Barbarea vulgaris R. Brown, G. G. 1. 90. (*Barbarée commune.*)

Syn : *Erysimum barbarea* L.

Mai, juin. A. C. Habite les lieux frais, aux bords des fossés et des eaux ; Viélaines ! les Tauxelles ! Bouilly ! le Pré-Dillon ! Ailleville ! *des Etangs ;* Méry ! *MM. Hariot ;* Lusigny !! Rumilly-les-Vaudes !! etc.

Obs. M. P. Hariot indique, comme abondant, dans le canton de

Méry, le *Barbarea stricta* Andrz. MM. Grenier et Godron, dans la *Flore de France*, tome Ier, page 157, l'excluent de la flore française, et affirment qu'il n'a été indiqué en France que par confusion avec le *Barbarea vulgaris*. MM. Cosson et Germain n'en font pas mention dans la Flore des environs de Paris. M. Grenier n'en parle pas dans sa Flore jurassique. Boreau lui donne asile dans sa Flore du centre de la France, sans lui assigner de localité précise. En raison de ces divergences d'opinion, nous n'avons pas cru devoir l'admettre comme espèce distincte.

79. Barrarea arcuata Reich., G. G. 1. 91. (*Barbarée arquée.*)

Mai, juin. R. Habite les bois et les lieux humides; forêt d'Orient! la Ville-aux-Bois! les Tauxelles! le Pré-Dillon! *des Etangs*; Méry! *P. Hariot;* Rumilly-les-Vaudes!!

80. Barbarea patula Fries., G. G. 1. 92. (*Barbarée étalée.*)

Syn : *Barbarea præcox* R. Brown. *Erysimum præcox* D. C.

Mai, juin. R. R. subspontané; Bar-sur-Aube! *des Etangs;* Méry! *Paul Hariot;* la Vacherie, près de Troyes!!

32. SISYMBRIUM L. (*Sisymbre.*

81. Sisymbriun officinale Scop., G. G. 1. 93. (*S. officinal.*)

Syn : *Erysimum officinale* L.

Juin, septembre. C. Murs, décombres, lieux incultes, bords des chemins, partout.

82. Sisymbrium supinum L., G. G. 1. 93. (*Sisymbre couché.*)

Syn : *Braya supina* Koch.

Juin, août. A. C. Lieux sablonneux et humides, bords des rivières; Auxon! Saint-Nicolas! Blignicourt! Brienne, dans la plaine du Jars! *des Etangs;* marais de Saint-Germain! *Corrard de Breban;* Méry! Droupt-Saint-Bâle! Châtres! Saint-Oulph! Boulages! *MM. Hariot;* Torvilliers!! Montgueux!! Villechétif!!

83. Sisymbrium asperum L., G. G. 1. 94. (*Sisymbre rude.*)

Mai, juillet. R. Sable des rivières, marais desséchés, lieux inondés pendant l'hiver et habituellement humides; Eclance! Ailleville!

Villenauxe! étang de Fontaine! Barberey! champs entre Moussey et Villemereuil! *des Etangs;* Méry!! Châtres! Brienne-le-Château! *P. Hariot;* Pont-sur-Seine!!

Obs. M. Corrard de Breban, dans sa liste des plantes de l'Aube, page 72, a signalé, sur les bords de la Seine, près du pont de Saint-Parres-les-Tertres, le *Sisymbrium Lœselii* Thuillier, ou *Sisymbrium Columnœ* Jacq. Il doit y avoir ici une erreur. Malgré les recherches les plus sérieuses faites par moi et M. des Etangs, sur les lieux indiqués, nous n'avons pu constater que la présence du *Diplotaxis bracteata*, avec lequel M. Corrard de Breban a dû confondre le *Sisymbrium lœseli,* qui n'a pas encore été rencontré dans le département.

84. Sisymbrium alliara Scop., G. G. 1. 95. (*Sisymbre alliaire.*)

Syn : *Erysimum alliaria* L.

Avril, mai. C. C. Habite les lieux frais et couverts, les haies, le bord des chemins, dans toutes les localités du département.

Obs. Le *Sisymbrium irio,* indiqué par M. Bourguignat (*Cat.* p. 47), sur la chaussée du chemin conduisant de Saint-Parres-les-Tertres au bois de Ber, — Villechétif, près de la ferme, — Forêt d'Orient, n'a pu être retrouvé dans ces localités. Il convient donc de le rejeter de notre flore jusqu'à plus ample informé.

85. Sisymbrium sophia L., G. G. 1. 96. (*Sisymbre sagesse.*)

Avril, octobre. R. R. Bords des chemins et des rivières, vieux murs, décombres; Tremblay, commune d'Avant, entre Nogent et Marcilly-le-Hayer! *des Etangs;* Aix-en-Othe, dans le cimetière! *Corrard de Breban;* Villemaur, le long d'un mur près de l'église! Payns! *l'abbé d'Antessanty;* rues d'Origny-le-Sec! *MM. Hariot.*

33. NASTURTIUM. R. Brown. (*Cresson.*)

86. Nasturtium officinale R. Brown, G. G. 1. 98. (*Cresson officinal.*)

Syn : *Sisymbrium nasturtium* L.

Juin, septembre. C. C. Dans les ruisseaux.

V. b. *siifolium* Stend. Mêmes lieux que le type; signalé à Vendeuvre en 1864, et à Troyes en 1847, par M. des Etangs.

87. Nasturtium sylvestre R. Brown, G. G. 1. 98. (*C. sauvage.*)

Syn : *Sisymbrium sylvestre* L.

Juin, août. C. Lieux humides; Lusigny! Sainte-Maure! Belroy! Bar-sur-Aube! *des Etangs;* place des Grandes-Prisons, à Troyes! *Corrard de Breban;* Clérey!! les Marots!! Barberey!! pont de Saint-Parres-les-Tertres!! etc.

88. Nasturtium anceps D. C., G. G. 1. 98. (*C. à deux faces.*)

Juin, août. R. Habite les mêmes lieux que le précédent, mais on le rencontre très-rarement. Prairies des marais de Villechétif! de Saint-Parres-les-Tertres! Bar-sur-Aube! Belroy! moulin de Pontot! Ruvigny! prairies de la Barse! *des Etangs;* signalé au pont de Saint-Parres-les-Tertres, par M. Ant. Le Grand. Nous l'avons vainement cherché à cet endroit où le *Nasturtium sylvestre* est abondant. M. Bourguignat l'indique aussi aux environs de Troyes, à Foicy, Montier-la-Celle, etc., où nous n'avons pu constater sa présence.

34. ARABIS L. (*Arabette.*)

89. Arabis brassicæformis Vallr., G. G. 1. 99. (*Arabette faux-chou.*)

Syn : *Brassica alpina* L.

Mai, juin. R. Habite les bois montagneux du calcaire jurassique; Val-Verrières, près de Bar-sur-Seine! Riceys! moulin de Pontot! Clairvaux! *des Etangs.* Cette plante est commune au bois de Thouan, près de Neuville-sur-Seine!!

90. Arabis ciliata V. B. hirsuta Koch., G. G. 1. 101. (*Arabette velue.*)

Syn : *Arabis hirsuta* D. C.

Juin, juillet. R. R. Moulin de Pontot, près de Bayel! *des Etangs.*

91. Arabis sagittata D. C., G. G. 1. 102. (*Arabette sagittée.*)

Mai, juin. C. Bois, prairies, etc.; marais de Riancey! Sainte-Scolastique, près de Rosières! Riceys! Eclance! moulin de Pontot! Sainte-Germaine, près de Bar-sur-Aube! *des Etangs;* Méry! Droupt-Sainte-Marie! *MM. Hariot;* commune aux marais de Villechétif!!

92. Arabis perfoliata Lamk., G. G. 1. 103. (*Arabette perfoliée.*)

Syn : *Turritis glabra* L.

Juin, juillet. R. R. J'ai récolté cette plante le 9 juin 1875, dans les bois de Laperrière, commune de Maraye-en-Othe!! M. des Etangs ne l'a jamais rencontrée dans le département; du moins, tous les échantillons de son herbier viennent de la Haute-Marne. M. Bourguignat lui assigne les localités suivantes : bois de Villy-en-Trodes, du Fort-Brochot, près de Vendeuvre; de Notre-Dame, près de Bar-sur-Seine. J'ai exploré le bois de Villy-en-Trodes sans avoir eu la bonne fortune de la rencontrer. Quoi qu'il en soit, cette plante doit être considérée comme extrêmement rare dans l'Aube.

93. Arabis Thaliana L., G. G. 1. 103. (*Arabette de Thalius.*)

Mars, mai. R. Champs sablonneux; Eclance! Valsuzenay! Saint-Parres-les-Vaudes! *des Etangs;* dans les champs qui longent les forêts d'Aumont et de Rumilly-les-Vaudes!! J'ai récolté cette plante en 1873, à Saint-André, dans une oseraie, près de Montier-la-Celle où je ne l'ai plus rencontrée depuis. M. l'abbé d'Antessanty l'a récoltée à Montceaux!

94. Arabis arenosa Scop., G. G. 1. 104. (*Arabette des sables.*)

Syn : *Sisymbrium arenosum* L.

Mai, septembre. A. C. Dans les vignes des terrains calcaires; Proverville! Couvignon! Bar-sur-Seine! champs tourbeux avoisinant les marais de Boulages! *des Etangs;* Brienne-le-Château! *P. Hariot;* commune dans les vignes de Gys-sur-Seine!! de Longueville!! Verpillières!! etc.

35. CARDAMINE L. (*Cardamine.*)

95. Cardamine pratensis L., G. G. 1. 108. (*Cardamine des prés.*)

Mai, juin. C. C. Prairies et bois humides, bords des eaux; dans tout le département. On rencontre à la Loge-aux-Chèvres, dans les environs de Vendeuvre, et à Montiéramey, une variété de cette plante, à fleurs blanches.

96. Cardamine amara L., G. G. 1. 108. (*Cardamine amère.*)

Avril, mai. R. R. Lieux humides, bords des ruisseaux; Villenauxe! moulin de la Rue! Bossancourt, au bois du Moulin, ancien parc des Moines! Ville-sous-Laferté! canal de dérivation de l'Aube, à Clairvaux! *des Etangs;* M. Bourguignat l'indique à Fouchy, à Chicherey, aux environs de Troyes, où elle n'existe pas.

97. CARDAMINE IMPATIENS L., G. G. 1. 109. (*C. impatiente.*

Mai, juin. R. R. Bois frais, ombragés, bords des eaux; Champignol, près du bois de Gravilliers! Forêt Lambert, près de Cunfin! *des Etangs.*

98. CARDAMINE HIRSUTA L., G. G. 1. 109. (*C. velue.*)

Mars, juin. A. C. Lieux humides et cultivés, vieilles murailles; La Loge-aux-Chèvres! étang de l'Arlais, près de Vendeuvre! *des Etangs;* aux Gayettes!! Dans les pépinières de MM. Baltet, où elle est abondante!! Montier-la-Celle!! murs du château de Villemereuil!! Jardin du musée, à Troyes, au pied des murs!! etc.

99. CARDAMINE SYLVATICA Link., G. G. 1. 109. (*Cardamine des bois.*)

Avril, juin. R. R. Forêt d'Orient aux bords du ruisseau et près de l'ancien canal, en amont de la route des comtes de Champagne! La Loge-aux-Chèvres! *des Etangs.*

Obs. M. Ant. Le Grand a indiqué cette plante aux Gayettes, il a dû prendre le *Cardamine hirsuta* pour le *Cardamine sylvatica*, qui n'existe pas dans cette localité. Nous ne l'avons pas rencontrée non plus à Saint-André, où elle est indiquée par M. Bourguignat.

36. DENTARIA L. (*Dentaire.*)

100. DENTARIA PINNATA Lamk., G. G. 1. 111. (*Dentaire pinnée.*)

Avril, mai. R. R. Bois montueux, rochers; Clairvaux, au Val-Jacquet! Riceys! *des Etangs.*

37. LUNARIA L. (*Lunaire.*)

101. LUNARIA BIENNIS Mœnch. G. G. 1. 113. (*Lunaire bisannuelle.*)

Avril, mai. R. R. Naturalisée dans les jardins des n°s 49 et 51 de la rue Saint-Martin, à Troyes!!

38. ALYSSUM L. (*Alysson.*)

102. Alyssum calycinum L., G. G. 1. 115 (*Alysson calicinal*).

Mai, juin. C. Lieux secs et pierreux; Saint-Germain! champs des Noës! *des Etangs;* Vignes des Hauts-Clos, *Corrard de Breban;* commun dans le canton de Méry! *MM. Hariot;* champs de Saint-Parres-les-Tertres!! etc.

39. DRABA L. (*Drave.*)

103. Draba verna L., G. G. 1. 125. (*Drave printannière.*)

Syn : *Erophila vulgaris* D. C.

Mars, avril. C. C. Champs, prés secs, prairies artificielles, partout.

MM. Grenier et Godron, dans la *Flore de France*, tome 1er, page 125, 1848, ne font qu'une seule espèce des *draba Verna* L. et *draba præcox* de Stewenson. Nous suivrons leur exemple, en ne divisant pas ce qu'ils ont réuni.

40. RORIPA Besser. (*Roripe.*)

104. Roripa nasturtioides Spach. G. G. 1. 126. (*Roripe faux-cresson.*)

Syn : *Sisymbrium palustre* Leys.

Mai, septembre. A. R. Lieux humides, bords des eaux; étang de Fontaine près de Villenauxe! Spoy! étang desséché de Saint-Martin, à Montiéramey! La Ville-aux-Bois! parc de Gérosdot! Village de Saint-Christophe, au bord d'une mare! *des Etangs;* bords du Livon, à Etrelles! *P. Hariot;* Montier-la-Celle!! Grande ligne de la forêt d'Orient, aux bords des flaques d'eau!!

105. Roripa amphibia Bess. G. G. 1. 126. (*R. amphibie.*)

Syn : *Sisymbrium amphibium* L.

Juin, juillet. C. C. Bords des fossés, des ruisseattx et des rivières, à peu près partout.

† 106. Roripa rusticana Godron, G. G. 1. 127. (*R. rustique.*)

Syn : *Cochlearia armoracia* L.

Mai, juin. Indiqué à Basse-Fontaine, près de Brienne-le-Château.

(Berge.) *Cat. des plantes de l'Aube*, page 71, M. Bourguignat. Cette plante, qui n'est pas dans l'*Herbier de l'Aube* de M. des Etangs et que M. Paul Hariot n'a pas rencontrée dans ses herborisations, à Brienne, doit être considérée comme douteuse, à l'état naturel.

41. CAMELINA Crantz. (*Cameline.*)

107. CAMELINA SYLVESTRIS Wallr., G. G. 1. 130. *Cameline sauvage.*

Syn : *Myagrum sylvestris* C. Bauhin.

Juin, juillet. A. C. Dans les moissons semées avant l'hiver, sur les vieux murs. Cette plante est placée, dans l'herbier de M. des Etangs, sous le nom de *Camelina sativa ;* il la signale sur un vieux mur, Croix du Petit-Pavé, au faubourg Croncels, à Troyes ! où elle existe encore aujourd'hui ; à Bar-sur-Aube ! Villenauxe ! Quincey ! au Val-Perdu sur un toit de chaume ! *M. M. Hariot* l'ont signalée à Méry ! elle est commune dans les environs de Fontvannes ! ! etc.

108. CAMELINA SATIVA Fries., G. G. 1. 130 (*C. cultivée.*)

Syn : *Myagrum sativum* C. Bauh.

Juin, juillet. Cultivée et souvent subspontanée ; champs entre Belroy et Bayel ! Ville-sous-Laferté ! Chappe ! *des Etangs ;* je l'ai récoltée à Gyé-sur-Seine ! ! où elle est cultivée.

109. CAMELINA FÆTIDA Fries., G. G. 1. 131. (*Cameline fétide.*)

Syn : *Myagrum fœtidum* C. Bauh.

Juin, juillet. R. R. Habite les champs de lin et les moissons ; signalé à Eclance, dans un champ de lin ! à Fontaine, près de Bar-sur-Aube ! également dans un champ de lin ! *des Etangs.*

Obs. M. Corrard de Breban a signalé, dans les moissons et sur les toits de chaume, le *Myagrum sativum* L. Il a confondu cette plante avec le *Camelina sylvestris.*

42. NESLIA Desv. (*Neslié.*)

110. NESLIA PANICULATA Desv., G. G. 1. 132. (*Neslie paniculée.*)

Syn : *Myagrum paniculatum* L.

Mai, juillet. A. C. Dans les moissons des terrains calcaires et crayeux ; Champignol ! Arsonval ! Argentolle ! *des Etangs ;* Méry ! Droupt-Sainte-Marie ! Vallant ! Chapelle-Vallon ! *MM. Hariot ;* elle est commune dans les champs de Saint-Parres-les-Tertres ! ! etc.

43. CALEPINA Adans. (*Calepine.*)

111. Calepina Corvini Desv., G. G. 1. 132. (*Calepine de Corvinus.*)

Syn. : *Myagrum bursifolium* Thuillier.

Mai, juin. A. C. Dans les terrains crayeux cultivés, et dans les terrains calcaires ; Arsonval ! Montier-en-l'Isle ! Riceys ! Montgueux ! *des Etangs ;* Saint-Germain, *Corrard de Breban ;* champs arides du canton de Méry ! *MM. Hariot ;* champs près de la ferme de Villechétif ! ! Creney ! ! Montsuzain où il est commun ! ! etc. Très-rare aux environs de la ville de Troyes, où nous ne l'avons pas encore rencontré.

44. ISATIS L. (*Pastel.*)

112. Isatis tinctoria L., G. G. 1. 133. (*Pastel des teinturiers.*)

Avril, juin. C. C. Champs des terrains secs et pierreux ; abondant aux environs de Troyes.

V. b. *hirsuta,* D. C., *Isatis alepina* Villars ; Froid-Paroy, près de Nogent-sur-Seine ! *des Etangs ;* Pont-sur-Seine ! ! *P. Hariot.*

45. IBERIS L. (*Ibéride.*)

113. Iberis pinnata Gouan, G. G. 1. 137. (*Ibéride pinnatifide.*)

Mai, août. R. R. Champs et rochers du terrain calcaire ; Eclance ! *des Etangs,* qui l'a souvent récoltée dans la Haute-Marne.

† 114. Iberis intermedia Guers., G. G. 1. 139. (*I. intermédiaire.*)

Syn : *Iberis Durandii* Lorey et Duret.

M. Bourguignat indique cette plante à Longpré, sur la côte, en allant de ce village à Beurey. *Cat.* p. 67. Elle n'existe pas dans l'*Herbier de l'Aube* de M. des Etangs.

115. Iberis amara L. G. G. 1. 140. (*Ibéride amère.*)
Juin, octobre. C. C. Moissons, champs pierreux; Troyes ! ! Saint-Martin ! ! Torvilliers ! ! Creney ! ! Villechétif ! ! etc., etc.

46. TEESDALIA R. Brown. (*Téesdalie.*)

† 116. Teesdalia nudicaulis R. Brown., G. G. 1. 141. (*T. à tige nue.*)
Syn : *Iberis nudicaulis* L. ; *Teesdalia iberis* D. C.
Indiqué par M. Bourguignat dans les bruyères d'Amance, le long d'un chemin conduisant à la Lignerie ; à la Loge-aux-Chèvres, sur le bord des fossés. *Cat. des plantes de l'Aube,* p. 67.

47. THLASPI Dillen. (*Tabouret.*

117. Thlaspi arvense L., G. G. 1. 143. (*Tabouret des champs.*)
Avril, octobre. R. R. Dans les vignes, les champs argileux ! Bar-sur-Aube ! Larrivour ! *des Etangs ;* port du canal, à Méry ! *P. Hariot ;* indiqué par M. Bourguignat dans plusieurs localités des environs de Troyes, où sa présence n'a pu être constatée ; notamment à Troyes, aux Noës, à Saint-André, Villechétif, etc.

118. Thlaspi montanum L., G. G. 1. 143. (*T. de montagne.*)
Avril-juin. R. R. Pelouses pierreuses et rochers des terrains calcaires ; Arconville ! Vallon de Clairvaux ! Côte de Sainte-Maure, au-dessus du moulin de Pontot ! ! *des Etangs.*

119. Thlaspi perfoliatum L., G. G. 1. 143. (*T. perfolié.*)
Mars, mai, C. C. Dans les vignes et dans les champs, sur tous les terrains.

† 120. Thlaspi alpestre L., G. G. 1. 145 (*T. alpestre*).
M. Bourguignat signale sa présence à Bligny, dans la forêt de Bossican, dans les bois, entre Couvignon et Spoix. Nous n'avons trouvé aucune trace de cette plante, dans les différents herbiers de l'Aube que nous avons consultés.

121. Thlaspi bursa-pastoris L., G. G. 1. 147. (*T. bourse à pasteur.*)
Syn : *Capsella bursa-pastoris* Mœnch.

Mars, décembre. C. C. Plante polymorphe extrêmement commune dans tous les lieux et sur tous les terrains.

48. HUTCHINSIA R. Brown. (*Hutchinsie.*)

† 122. HUTCHINSIA PETRÆA R. Brown., G. G. 1. 148. (*H. des rocailles.*)

Mars, mai. R. R. Lieux pierreux des terrains calcaires, les murs, les vignes. Chemin du Puits à Longpré, dans les rochers de la côte; vignes du Puits. M. Bourguignat, *Cat.* p. 63. Cette plante ne se trouve pas encore au nombre de celles que renferment nos différents herbiers de l'Aube.

49. LEPIDIUM L. *Passerage.*)

123. LEPIDIUM SATIVUM L., G. G. 1. 149 (*Passerage cultivé.*)

Juin, juillet. Cultivé et souvent subspontané; ruelles de Saint-Martin, à Troyes! *Ant. Le Grand;* Méry! *P. Hariot;* la Vacherie!!

124. LEPIDIUM CAMPESTRE R. Brown. G. G. 1. 149. (*P. champêtre.*)

Mai, juillet. C. C. Les chemins, les champs, les décombres, partout.

125. LEPIDIUM RUDERALE L. G. G. 1. 151. (*P. des décombres.*)

Juin, août. R. R. Lieux stériles, décombres; sur la voie ferrée, près de la gare de Clairvaux!! *des Etangs.*

† 126. LEPIDIUM GRAMINIFOLIUM L., G. G. 1. 152. (*P. à feuilles de gramin.*

Juin, octobre. R. R. Bords des chemins, murs, décombres; Chanteloup, sur une muraille, Villechétif, le long d'un chemin, près de la ferme, Verrières. M. Bourguignat, *Cat.* p. 64. Malgré toutes mes recherches, je ne l'ai pas encore rencontrée dans mes excursions botaniques, sur notre domaine. Les échantillons de l'herbier de l'Aube, de M. des Etangs, proviennent tous de la Haute-Marne.

127. LEPIDIUM LATIFOLIUM L., G. G. 1. 152. (*P. à larges feuilles.*)

Juin, juillet. R. Lieux frais, terrains gras, bords des rivières;

rues de Jully-sur-Sarce! Villemorien, près du moulin! bords du fossé de la ferme de Fontaine, près de Bar-sur-Aube! *des Etangs;* port du canal, à Méry!! *Paul Hariot;* dans un fossé, sur la route de Sens, au-delà du faubourg Sainte-Savine!! aux Marots!!

128. LEPIDIUM DRABA L. G. G. 1. 153. (*P. drave.*)

Mai, juin. R. Champs, bords des routes, murs; talus du pont-viaduc à Bar-sur-Aube! sur la route de Colombé-la-Fosse et de Voigny! Voie de fer entre Maranville et Vaudrémont! *des Etangs;* sur le talus du chemin de fer, près des Gayettes, à Troyes!! talus du chemin qui conduit de Bréviandes à Rosières, près de la route de Bar-sur-Seine!! Parois du mur bordant le bras de la Seine, en face le manége, près des Charmilles!!

50. SENEBIERA Pers. (*Sénebière.*)

129. SENEBIERA CORONOPUS Poir., G. G. 1. 153. (*S. Corne de cerf.*)

Syn : *Cochlearia coronopus* L.

Juin, septembre. A. C. Fossés, décombres, bords des chemins; Couvignon! *des Etangs;* Laines-aux-Bois, *Corrard de Breban;* Méry! *MM. Hariot;* le long du canal, sur la place à l'extrémité du mail des Tanneries, à Troyes!! à la Vacherie!! etc.

VII. CISTINÉES

51. HELIANTHEMUM Tournef. (*Hélianthème.*)

130. HELIANTHEMUM VULGARE Gærtn. G. G. 1. 169. (*H. commun.*)

Syn : *Cistus helianthemum* L.

Mai, septembre. C. Bords des chemins, pelouses sèches, coteaux et bois des terrains crayeux ou calcaires; Spoix, côte de Bar-sur-Aube! la Grange-au-Rez! bords du bois de Macey!! Fontvannes!! Riceys! Auxon! Montgueux!! garenne de Courson! etc. *des Etangs;* garenne de la Perthe! de Droupt-Saint-Bâle! *MM. Hariot;* bois de Laperrière!! de Thouan!! de Pont-sur-Seine!!, etc., etc.

V. a. *tomentosum. Helianthemum vulgare* Dun. et D. C. Longchamps! sur les pelouses, près de la ferme de Tinte-Fontaine! Riceys! *des Etangs.*

131. HELIANTHEMUM CANUM Dun. et D. C., G. G. 1. 171. (*H. blanchâtre.*)

Juin, juillet. R. R. Lisière du bois de Devois, près des Riceys! *M. Guyot.*

52. FUMANA Spach. (*Fumana.*)

132. FUMANA PROCUMBENS G. G. 1. 173. (*Fumana tombant.*)

Mai, juillet. R. R. Friches arides et découvertes des terrains du calcaire jurassique; Bar-sur-Aube, à droite et à gauche de la route de Soulaines! Arrentières! Ailleville! Riceys! *des Etangs;* friches de Gyé-sur-Seine!! bois de Thouan!!

VIII. VIOLARIÉES

53. VIOLA L. (*Violette.*)

133. VIOLA HIRTA L., G. G. 1. 176. (*Violette hérissée.*)

Mars, mai. C. Haies, bois; Fouchy!! Foicy! Villechétif!! garenne de Coursan, près d'Ervy! Bar-sur-Aube! Pontot! Belroy! etc., *des Etangs.*

134. VIOLA ODORATA L., G. G. 1. 177. (*Violette odorante.*)

Mars, avril. A. R. Dans les haies, les prés, les lieux frais; entre Fuligny et Ville-sur-Terre! Engente! Foicy!! la Vacherie! *des Etangs.* Méry! une seule localité, *MM. Hariot;* les Marots!! etc. Cette violette est rare dans le terrain crayeux.

135. VIOLA SYLVATICA Fries., G. G. 1. 178. (*Violette des bois.*)

Mars, avril. C. C. Les bois, les haies; Larrivour! Gérosdot! Vaux!! les Croûtes, près d'Ervy! Bouilly! Clairvaux! Villenauxe! Fouchy!! les Tauxelles! Foicy! etc., *des Etangs;* très-commune à Montgueux!! au bois de Macey!! etc.

V. b. *Grandiflora* Grenier Godron. *Viola riviniana* Reich.

Se trouve dans les mêmes lieux que le type; bois de Pont-sur-Seine! forêt d'Orient! la Ville-aux-Bois! Amance! Eclance! Auxon! *des Etangs;* bois de Lusigny!! de Macey!! etc.

136. VIOLA CANINA L., G. G. 1. 180. (*Violette de chien.*)

Avril, juin. A. R. Lieux sablonneux et tourbeux; Villenauxe!

château de l'Arlais, près de Vendeuvre! Vauchonvilliers! Bouilly! Unienville! Dienville! Eclance! Auxon! Gérosdot! les Croûtes, près d'Ervy! *des Etangs ;* commune dans la plaine de Foolz!!

137. Viola stricta Hornemann, G. G. 1. 180. (*Violette roide.*)

Mai, juin. R. R. Rouilly-Sacey! ferme de l'Apostole! entre Piney et Gerosdot! *des Etangs.*

138. Viola elatior Fries, G. C. 1. 181. (*Violette élevée.*)

Syn : *Viola persicifolia* Reich. ; *Viola montana* D. C.

Mai, juin. A. C. Dans nos terrains humides, marécageux et tourbeux ; Lavau! Payns!! Villechetif!! Argentolle! Courterange! Nogent! Belroy! Boulages! *des Etangs ;* Méry! Droupt! Chatres! Saint-Oulph! *MM. Hariot.*

139. Viola tricolor L., G. G. 1. 182. (*Violette tricolore.*)

Mai, octobre. C. C, Champs, moissons, partout.

V. d. *agrestis* G. G 1. 183 ; *Viola agrestis* Jordan ; Bar-sur-Aube! Eclance, près de l'étang de la Borde! Jaucourt! Sainte-Germaine! *des Etangs ;* Méry, *Paul Hariot.*

V. e. *segetalis* G. G. 1. 183 ; *Viola segetalis* Jordan ; dans les moissons ; Bar-sur-Aube! Rouvre! Sainte-Germaine! Radonvilliers! Eclance! Ailleville! *des Etangs.* Méry! *P. Hariot ;* plaine de Foolz!! etc.

IX. RÉSÉDACÉES

54. RESEDA L. (*Réséda.*)

140. Reseda phyteuma L., G. G. 1. 187. (*Réséda raponcule.*)

Juin, août. Cette plante est cantonnée au nord-ouest du département, et fait complétement défaut partout ailleurs. Elle a été signalée à Romilly! Orvilliers! et à Quincey! *des Etangs ;* Vallant! La Perthe!! les Grandes-Chapelles! Premierfait! Boulages! Arcis! *MM. Hariot.* Nous n'avons pu constater sa présence aux environs de Troyes, ni dans aucune des parties Sud-Est du département.

141. Reseda odorata L., G. G. 1. 188. (*Réséda odorant.*)

Cultivé partout et quelquefois subspontané autour des habitations.

142. Reseda lutea L., G. G. 1. 188. (*Réséda jaune.*)

Mai, septembre. C. C. Lieux incultes, champs sablonneux ou pierreux, murs ; carrières de Saint-Parres-les-Tertres ! ! Barberey ! Bar-sur-Aube ! etc., *des Etangs*. Très-commun aux environs de Troyes et généralement dans toutes les localités de notre circonscription.

143. Reseda luteola L., G. G. 1. 190. (*Réséda gaude.*)

Mai, septembre. C. C. Bords des chemins, lieux incultes, murs, partout. M. Corrard de Breban (Mémoires de la Société académique de l'Aube, 1829, p. 64) dit que les paysans le recueillent, et le vendent aux teinturiers.

X. DROSÉRACÉES

55. DROSERA L. (*Rossolis.*)

144. Drosera rotundifolia L., G. G. 1. 191. (*Rossolis à feuilles rondes.*)

Juin, août. R. R. Terrain sablonneux et humide, à l'entrée de la plaine de Foolz, à droite de la route qui conduit à Lantages, en partant de Fouchères !! C'est la seule localité connue jusqu'à ce jour. Je l'ai signalé pour la première fois le 30 août 1875. Il est abondant, sur un petit espace, dans la direction de Rumilly-les-Vaudes.

56. PARNASSIA Tournef. (*Parnassie.*)

145. Parnassia palustris L., G. G. 1. 193. (*Parnassie des marais.*)

Juillet, octobre. R. R. Prairies marécageuses ou tourbeuses ; Villechétif ! ! Saint-Germain ! Boulages ! *des Etangs ;* Payns ! !

Cette plante existait autrefois dans les marais de Droupt-Sainte-Marie, d'où elle a disparu. (Florule du canton de Méry, p. 22. *MM. Hariot.*)

XI. POLYGALÉES

57. POLYGALA L. (*Polygala.*)

146. Polygala comosa Schk., G. G. 1. 195. (*Polygala chevelu.*)

Mai, juillet. A. C. Prés secs, pelouses ; bois de Pont-sur-Seine ! Bar-sur-Aube ! parc de Rosières ! bois de Fouchy ! ! prairies de

Saint-Parres-les-Vaudes ! Sainte-Maure ! Lavau ! etc., *des Etangs ;* Méry ! *P. Hariot;* dans une ancienne carrière de sable, à Rosières !!

147. Polygala vulgaris L., G. G. 1. 195. (*Polygala commun.*)

Avril, juin. C. Prés, bois, pelouses, dans tout le département.

148. Polygala oxyptera Reich., Boreau n° 318. (*Polygala à ailes aiguës.*)

Avril, septembre. A. C. Prés, pelouses, bois, bruyères ; forêt de Clairvaux, grande ligne d'Arconville ! Jessains ! Petit Morvilliers ! (Celui-ci déterminé par *Grenier*) ; ligne qui sépare la forêt d'Orient de celle du Der ! forêt de Chaource ! Montiéramey ! plaine de Foolz !! *des Etangs.* Les échantillons de cette dernière localité, qui se trouvent dans l'herbier de M. des Etangs, ont été déterminés par *Godron.*

149. Polygala calcarea Schultz, G. G. 1. 196. (*Polygala du calcaire.*)

Avril, juin. C. Coteaux, prés montueux, bois ; Arrentières ! Bar-sur-Aube ! Belroy ! *des Etangs.* Montgueux !! Macey !! bois Lorgne, près de Fontvannes, où il est très-commun !! Montsuzain !! etc.

150. Polygala depressa Wenderoth, G. G. 1. 196. (*Polygala couché.*)

Avril, juin. R. R. Plaine de Foolz [1] !! M. Bourguignat, dans son Catalogue, page 82, lui assigne pour localités : Villechétif, Rosières, Dosches, Brienne, etc., où, malgré toutes nos recherches, nous n'avons pu constater sa présence.

151. Polygala austriaca Crantz., G. G. 1. 197. (*Polygala d'Autriche.*)

Mai, juin. A. R. Pelouses couvertes, prairies humides ; Arrentières, près du ruisseau venant de Colombé-le-Sec ! et dans un pré en aval du village; Belroy ! garennes de Villechétif !! Viélaines !! Creney ! Riceys ! garenne de Coursan ! Saint-Parres-les-Tertres, dans les Carrières ! Notre-Dame-des-Prés ! Rouilly ! bois de Pont-sur-Seine !! *des Etangs.*

V. b. *uliginosa* G. G. 1. 198. *Polygala uliginosa* Reich.

---

[1] Selon M. Antoine Le Grand, ce serait la forme appelée pyxophylla.

Clairvaux ! Val Saint-Bernard ! marais de Viélaines ! marais de Saint-Germain ! parc de Rosières ! Ce dernier déterminé par M. Godron, *des Etangs.*

XII. SILÉNÉES

58. CUCUBALUS L. (*Cucubale.*)

152. Cucubalus bacciferus L., G. G. 1. 201 (*Cucubale porte-baie.*)

Juillet, septembre. R. R. Aux Croûtes, près d'Ervy ! *des Etangs;* seule localité connue.

59. SILENE L. (*Silèné.*)

153. Silene inflata Smith, G. G. 1. 202. (*Silèné enflé.*)

Juin, septembre. A. C. Champs, lieux pierreux ; Ailleville ! Bar-sur-Aube ! *des Etangs;* bords du canal, à Troyes !! Commun sur les lignes ferrées !! etc.

V. b. *minor* Moris. Unienville ! *des Etangs;* commun dans les vignes de Gyé et de Neuville-sur-Seine !!

154. Silene conica L., G. G. 1. 204. (*Silèné conique.*)

Mai, juillet. R. R. Je l'ai signalé, pour la première fois, le 24 juin 1876, à Pont-sur-Seine !! sur la voie ferrée. C'est la seule localité certaine, où il se rencontre. M. Bourguignat l'indique à la Ville-aux-Bois, dans les moissons et dans les haies, où nous l'avons vainement cherché. *Cat.*, page 88.

155. Silene noctiflora L., G. G. 1. 216. (*Silèné de nuit.*)

Juillet, septembre. R. R. Lieux cultivés, moissons ; Vaudes ! Champs de Saint-Julien ! *des Etangs;* champs de Saint-Parres-les-Tertres ! de Bar-sur-Aube ! *Ant. Le Grand.* Méry ! *P. Hariot.*

156. Silene pratensis Godron, G. G. 1. 216. (*Silèné des prés.*)

Syn : *Lychnis dioica* D. C. 4. 762.

Mai, août. C. Lieux incultes, haies, champs, bords des routes, à peu près partout.

157. Silene nutans. L., G. G. 1. 217. (*Silèné penché.*)

Mai, août. R. Lieux secs et montueux, rochers des terrains calcaires ; Bar-sur-Seine, dans les bois de Notre-Dame ! bois de Devois, près des Riceys ! Bouilly ! bois de Sainte-Maure, au-dessus du moulin de Pontot! *des Etangs;* il est commun au bois de Thouan, près de Neuville-sur-Seine!!

† 158. SILENE OTITES Smith, G. G. 1. 219. (*Silené dioique.*) Mai, septembre. Signalé à Doches, au-dessus du village, et sur les collines crayeuses de Luyères, par M. Bourguignat; *Cat. des plantes de l'Aube,* page 87. Nous n'avons point encore rencontré cette plante dans nos excursions. Les exemplaires de l'*herbier de l'Aube,* de M. des Etangs, proviennent de Montereau (Seine-et-Marne.)

60. LYCHNIS L. (*Lychnide.*)

159. LYCHNIS FLOS-CUCULLI L., G. G. 1. 223. (*L. fleur de coucou.*)

Mai, juillet. C. Prés, bois humides; Fouchy!! Montier-la-Celle!! Saint-André!! etc., etc., *des Etangs.* MM. Hariot le disent rare dans le canton de Méry.

† 160. LYCHNIS CORONARIA Lam., G. G. 1. 224. (*Lychnide coquelourde.*)

M. Bourguignat dit que cette plante est parfaitement naturalisée dans le bois du Fort-Brochot, près de Vendeuvre-sur-Barse. *Cat.* p. 91.

61. AGROSTEMMA L. (*Agrostême.*)

161. AGROSTEMMA GITHAGO L., G. G. 1. 224. (*A. des moissons.*)

Juin, juillet. C. C. se rencontre partout dans les moissons! Connue sous le nom vulgaire de *Nielle des blés.*

62. SAPONARIA L. (*Saponaire.*)

162. SAPONARIA OFFICINALIS L., G. G. 1. 225. (*Saponaire officinale.*)

Juillet, septembre. A. C. Lieux frais, fossés, haies; Villenauxe! Spoix! Rosières! *des Etangs;* Petit-Pavé, ruelle des Noës, pont de Saint-Parres-les-Tertres; *Corrard de Breban;* Saint-Oulph! Mesgrigny! Rhèges! Saint-Mesmin! *MM. Hariot;* Montgueux!! talus du chemin de fer à Croncels!! Chaussée-des-Blanchisseurs!! etc.

63. GYPSOPHILA L. (*Gypsophile.*)

163. Gypsophila vaccaria Sibth. et Sm., G. G. 1. 227. (*G. des vaches.*)

Syn : *Saponaria vaccaria* L.

Juin, juillet. R. Moissons des terrains calcaires et argileux ; Ville-sous-Laferté ! Jessains ! Lusigny ! pré Dillon ! La Grange-au-Rez ! Creney ! Luyères ! *des Etangs;* dans les blés, à Saint-Martin, *Corrard de Breban*; Droupt-Sainte-Marie ! Mesgrigny ! Méry ! *MM. Hariot.* Villemereuil !! Saint-Julien !!

164. Gypsophila muralis L., G. G. 1. 228. (*G. des murs.*)

Juin, octobre. R. Champs sablonneux, mouillés pendant l'hiver; Bossancourt ! Eclance ! bois de Lusigny ! Gérosdot ! Chauffour ! Soulaines ! *des Etangs;* forêt d'Orient, sur la grande ligne !! bois de Bailly !! environs de la station de Montiéramey, sur la côte Saint-Martin !! Croix du Caron des ventes, dans la forêt de Rumilly !!

64. DIANTHUS L. (*Œillet.*)

165. Dianthus prolifer L., G. G. 1. 229. (*Œillet prolifère.*)

Juin, septembre. A. C. Lieux arides; il est très-commun sur les voies ferrées, aux environs de Troyes !!

166. Dianthus armeria. L., G. G. 1. 230. (*Œillet velu.*)

Mai , octobre. A. C. Lieux arides, bords des routes et des bois; Riceys ! Buxières ! Montigny ! bois entre Arsonval et Eclance ! forêt d'Orient ! *des Etangs;* Bouilly, *Corrard de Breban*; Montiéramey !! Larivour !! etc.

167. Dianthus carthusianorum. L., G. G. 1. 231. (*O. des Chartreux.*)

Juin, septembre. A. C. Lieux secs, bois, pelouses montueuses; Sainte-Germaine, près de Bar-sur-Aube ! Belroy ! Blignicourt ! Verpillières ! Cunfin ! bois de Devois, près des Riceys, *des Etangs;* bois de Fontvannes !! *Corrard de Breban.*

XIII. ALSINÉES

65. SAGINA L. (*Sagine.*)

168. Sagina procumbens L., G. G., 1. 245. (*Sagine couchée.*)

Avril, octobre. C. Lieux humides, sablonneux; Bayel! Eclance! Cormost! Lusigny! Fuligny! plaine de Foolz!! *des Etangs;* cette plante se rencontre souvent dans les cours humides de la ville de Troyes!! etc., etc.

169. Sagina apetala L., G. G. 1. 245. (*Sagine apétale.*)
Mai, septembre. A. R. Champs, lieux sablonneux et humides; Montiéramey! Eclance! Soulaines! Fuligny! bois de Bailly! Gérosdot! Arsonval! Amance! *des Etangs*; Méry! *P. Hariot;* cour du Musée, à Troyes!! etc.

170. Sacina nodosa Fenzl., G. G. 1. 248. (*Sagine noueuse.*)
Syn : *Spergula nodosa* L.
Juin, septembre. R. R. Marais de Villechétif! Boulages! étang de Saint-Léger! *des Etangs.*

66. BUFFONIA Sauvage. (*Buffonie.*)

171. Buffonia macrosperma Gay, G. G. 1. 248. (*B. à gros fruits.*
Syn : *Buffonia tenuifolia* Vill. Boreau, *Fl. du Centre,* p. 90.
Juillet, août. R. R. Près des Riceys, sur le chemin de Molesme! *Ant. Le Grand.*

67. ALSINE Wahl. (*Alsine.*)

172. Alsine tenuifolia. Crantz, G. G. 1. 250. (*Alsine à feuilles menues.*)
Syn : *Arenaria tunuifolia.* L.
Mai, septembre. C. C. Champs secs ou sablonneux, murs, partout.

68. MŒHRINGIA L. (*Mœhringie.*)

173. Moehringia trinervia Clairv., G. G. 1. 257. (*M. à trois nervures.*)
Syn : *Arenaria trinervia* L.

Mai, septembre. A. C. Lieux humides, haies et buissons; Lusigny! Larrivour! *des Etangs;* bois de Bailly!! Chicherey, à Troyes!! etc.

69. ARENARIA L. (*Sabline.*)

174. Arenaria leptoclados Guss., Boreau, n° 414. (*Sabline à tige grêle.*)

Mai, septembre. A. C. Lieux pierreux, murs; Belroy! Bar-sur-Aube! Jessains! *des Etangs;* très-commune dans le canton de Méry! *MM. Hariot.*

175. Arenaria serpyllifolia L., G. G. 1. 259. (*S. à feuilles de serpolet.*)

Mai, septembre. C. C. Lieux pierreux, murs; Bligny! Bar-sur-Aube! Jessains! etc., etc,, *des Etangs;* se rencontre partout.

70. STELLARIA L. (*Stellaire.*)

176. Stellaria media Vill., G. G. 1. 263. (*S. moyenne.*)

Syn: *Alsine media* L. (connu sous le nom vulg. de mouron des oiseaux.) Fleurit du printemps à l'automne. C. C. Partout, sur tous les terrains.

177. Stellaria holostea L., G. G. 1. 264 (*Stellaire holostée.*)

Avril, juin. A. C. Haies, buissons, bois taillis; forêt d'Orient! Rumilly-les-Vaudes!! forêt de Chaource! etc., *des Etangs;* Lusigny!! Larrivour!! plaine de Foolz!! etc. MM. Hariot ne signalent pas cette plante dans le canton de Méry; M. l'abbé d'Antessanty l'indique dans les haies, à Chaumesnil!

178. Stellaria glauca With., G. G. 1. 264. (*Stellaire glauque.*)

Juin, juillet. R. Lieux marécageux, bords des étangs, prairies humides; Lusigny! bords de l'étang de la ferme de la Noue! étang de la Morge, près du Mesnil-Saint-Père! Gérosdot! Nogent-sur-Seine! *des Etangs.*

179. Stellaria graminea L., G. G. 1. 264. (*Stellaire graminée.*)

Mai, septembre. C. Bois, haies, buissons; Eclance! Gérosdot! forêt d'Aumont! Saint-Parres-les-Vaudes! etc., *des Etangs;* plaine de Foolz!! forêt de Rumilly-les-Vaudes!! etc.

180. STELLARIA ULIGINOSA Murr., G. G. 1. 265. (*S. des fanges.*)

Syn : *Stellaria aquatica* D. C. 4. 795; *Larbrœa aquatica,* Saint-Hill.

Juin, juillet. R. Lieux humides; Forêt d'Orient! Chauffour! forêt de Chaource! Rumilly-les-Vaudes!! *des Etangs;* bois de Baillly!!

71. HOLOSTEUM L. (*Holostée.*)

181. HOLOSTEUM UMBELLATUM L., G. G. 1. 265. (*Holostée en ombelle.*)

Syn ; *Alsine umbellata* D. C. 4. 770.

Mars, juin. C. Champs sablonneux, murs, toits de chaume, partout.

72. CERASTIUM L. (*Céraiste.*)

182. CERASTIUM GLAUCUM G. G. 1. 267. (*Céraiste glauque.*)

V. c. *quaternellum* Godron.

Syn : *Sagina erecta* L., D. C. 4. 769. *Mœnchia erecta* Boreau, nº 419.

Avril, mai. R. Pelouses sablonneuses ; Lusigny! Montiéramey! la Ville-au-bois-les-Soulaines ! Bailly ! Gérosdot! *des Etangs.*

183. CERASTIUM VISCOSUM L., G. G. 1. 267. (*Céraiste visqueuse.*)

Syn : *Cerastium glomeratum* Thuillier.

Avril, juin et automne. A. C. Champs, lieux cultivés, bords des fossés, etc.; Larrivour! Lusigny!! forêt d'Orient!! Troyes!! *des Etangs,* Commun sur la côte de Saint-Martin, près de la station de Montiéramey!! etc.

184. CERASTIUM BRACHYPETALUM Desp., G. G. 1. 267 (*C. à courts pétales.*)

Avril, juin. A. C. Collines pierreuses, champs incultes, bords des chemins; Jessains! Bossancourt! Vaudes! Montier-en-l'Isle! Clérey! Bucey-en-Othe! Verrières! Pont-sur-Seine! Ruvigny! Troyes! *des Etangs.*

185. CERASTIUM SEMIDECANDRUM L., G. G. 1. 268. (*C. à cinq anthères.*)

Avril, mai. R. R. Collines et pelouses sablonneuses de la côte

Saint-Martin, près de Montiéramey !! M. Bourguignat le signale à Dosches et à Vauchonvilliers.

186. CERASTIUM GLUTINOSUM Fries, G. G. 1. 268. (*Céraiste glutineuse.*)

Syn : *Cerastium obscurum* Chaub. *Fl. Agen*, p, 180.

Avril, juin. A. R. Pelouses sèches, sablonneuses ou calcaires; Soulaines ! Arsonval ! Rosières ! *des Etangs :* bois de Pont-sur-Seine !! pelouses sèches de Gyé-sur-Seine !!

187. CERASTIUM VULGATUM L., G. G. 1. 270. *Céraiste vulgaire.*

Syn : *Cerastium viscosum* D. C. 4. 776. *Cerastium triviale* Link.

Du printemps à l'automne. C. C. Champs, prés secs, murs, partout.

188. CERASTIUM ARVENSE L., G. G. 1. 271. *Céraiste des champs.*)

Avril, juin. C. Champs pierreux, bords des chemins, partout.

73. MALACHIUM Fries. (*Malachie.*)

189. MALACHIUM AQUATICUM Fries, G. G. 1. 273. (*Malachie aquatique.*)

Syn : *Cerastium aquaticum* L.

Juin, septembre. C. Lieux fangeux ou humides et couverts, bords des eaux ; Foicy ! Montier-la-Celle ! Saint-Julien ! *des Etangs ;* Troyes, chaussées des Blanchisseurs !! Mesnil-Saint-Père !! Chaource ! *Corrard de Breban;* commun dans le canton de Méry ! *MM. Hariot.*

74. SPERGULA L. (*Spargoute.*)

190. SPERGULA ARVENSIS L., G.G. 1. 274. (*Spargoute des champs.*)

Mai, octobre. A. C. dans les terrains sablonneux ; très-rare sur les autres terrains. Signalé à Eclance ! Montiéramey !! Amance ! La Ville-au-Bois ! Gérosdot ! Bailly !! Plaine de Foolz !! Villenauxe ! *des Etangs ;* très-commun dans les champs sablonneux de Chaource, *Corrard de Breban ;* M. M. Hariot en ont trouvé quelques pieds dans un champ, aux Grandes-Chapelles !

75. SPERGULARIA Persoon. (*Spergulaire.*)

191. Spergularia segetalis Fenzl., G. G. 1. 275. (*Spergulaire des moissons.*)

Syn : *Alsine segetalis* L.

Mai, juin. R. Moissons des terrains sablonneux ; Bailly ! Chauffour ! Soulaines ! Rumilly-les-Vaudes ! Chaource ! *des Etangs ;* plaine de Foolz !!

192. Spergularia rubra Pers., G. G. 1. 275. (*Spergulaire rouge.*)

Syn : *Arenaria rubra* L.

Mai, septembre. R. Champs et moissons des terrains sablonneux ; Amance ! la Ville-au-bois-les-Soulaines ! Villy-en-Trodes ! Ervy ! forêt d'Aumont ! *des Etangs* ; plaine de Foolz !! Rumilly-les-Vaudes !!

XIV. ÉLATINÉES

76. ELATINE L. (*Elatine.*)

† 193. Elatine alsinastrum L., G. G. 1. 278. (*Elatine fausse-alsine.*

Juin, septembre. M. Bourguignat indique cette plante dans la forêt d'Orient et dans les étangs du Fort-Brochot et d'Amance ; *Cat. des plantes de l'Aube*, p. 104. Nous ne l'avons pas encore rencontrée dans nos excursions botaniques, et elle n'est pas représentée dans les différents herbiers de l'Aube, que nous avons minutieusement visités.

M. P. Hariot dit avoir, en herbier, une *Elatine alsinastrum*, recueillie par M. Berge. Il croit que cette plante appartient à la flore de l'Aube, bien que la localité où elle a été récoltée ne soit pas indiquée. Mais M. Bourguignat qui a eu des relations botaniques avec M. Berge, et qui cite souvent son nom dans son catalogue, n'en parle pas. L'herbier de M. Berge renferme d'ailleurs des plantes de toutes les parties de la France et qui ne sont appuyées d'aucune indication de localité.

XV. LINÉES

77. LINUM L. (*Lin.*)

194. Linum gallicum. L., G. G. 1. 280. (*Lin de France.*)

Juin, septembre. R. Champs, coteaux, bois argileux, bords des chemins; Amance! les Croûtes! Gérosdot! *des Etangs;* bords du bois de Bailly, près de Fouchères!!

195. Linum tenuifolium L., G. G. 1. 282. (*Lin à feuilles menues.*)

Juin, septembre. A. C. Coteaux secs et pierreux des terrains calcaires et crayeux; Beaulieu! Bar-sur-Aube! Riceys! Luyères! *des Etangs;* Saint-Benoist-sur-Seine! *Corrard de Breban;* Méry! Droupt-Saint-Bâle! les Chapelles! *MM. Hariot;* Gyé-sur-Seine!! Montsuzain!!

196. Linum usitatissimum L., G. G. 1. 283. (*Lin cultivé.*)

Mai, août. Cultivé et subspontané; Montiéramey! *Corrard de Breban;* Bailly! forêt de Chource! Champs du Gàty, près de Gérosdot! Creney! *des Etangs;* talus du chemin de fer, près de la gare de Troyes!!

† 197. Linum alpinum L., G. G. 1. 283-284. (*Lin des Alpes.*)

Syn : *Linum montanum* Schleicher.

Mai-septembre. Auxon, sur la côte de Genevreux, *des Etangs.*

Obs. Cette plante a été placée dans l'*Herbier de l'Aube,* du Musée, par M. des Etangs, mais la plante d'Auxon, dont il s'agit, n'existe plus, dans son propre herbier, sous le nom de *linum alpinum.* On la trouvera avec le *linum austriacum* L., auquel elle appartient comme espèce. Cette mutation fait suffisamment connaître que la détermination première était inexacte, et que le changement n'est que le résultat d'une rectification opérée par M. des Etangs, lui-même, dans son propre herbier. Il en est de même de la V. b. *collinum* G. G. 1. 284, récoltée sur les bords de la route de Brienne, sous le nom de *Linum leonii* Schultz. Elle est aujourd'hui placée, dans l'herbier, avec le *linum austriacum.* Jusqu'à plus ample informé, il convient donc de considérer, comme très-douteuse, la présence du *linum montanum* dans le département de l'Aube.

198. Linum austriacum L., G. G. 1, 284. (*Lin d'Autriche.*)

Mai, juillet. A. C. Pelouses sèches, friches; Riceys! Luyères! Torvilliers! Fontvannes! Bricon! Brienne! Bar-sur-Aube, côte de Troyes! Jessains! *des Etangs.*

199. Linum Loreyi Jord. Boreau nº 444, page 116, 1857. (*Lin de Lorey.*)

Mai, juillet. R. Coteaux incultes, calcaires et crayeux, plantations d'arbres verts; Méry! Droupt-Saint-Bâle!! les Grandes-Chapelles! *MM. Hariot*; Gyé-sur-Seine, sur la voie ferrée!! Montsuzain!!

200. Linum catharticum L., G. G. 1. 284. (*Lin purgatif.*)

Mai à septembre. C. C. Prés, bois, champs et sur les pelouses, dans tout le département.

78. RADIOLA Gmel. (*Radiole.*)

201. Radiola linoides Gmel., G. G. 1. 284. (*Radiole faux-lin.*)

Juin, octobre. R. Pelouses des bois, lieux sablonneux, humides ou mouillés pendant l'hiver: Eclance! Unienville! bords du bois de Villers, route d'Ervy! *des Etangs*; plaine de Foolz!!

XVI. TILIACÉES

79. TILIA L. (*Tilleul.*)

202. tilia platyphylla Scop., G. G. 1. 285. (*Tillèul à grandes feuilles.*)

Syn: *Tilia grandiflora* Ehrhart. Boreau, nº 463.

Juin, juillet. Cultivé partout, sur les promenades, dans les parcs et quelquefois spontané dans nos bois. Champignol! Bar-sur-Aube, à Sainte-Germaine! *des Etangs.*

203. Tilia sylvestris Desf., G. G. 1. 286. (*Tilleul sauvage.*)

Syn: *Tilia parvifolia* Ehrhart.

Juillet. Se rencontre dans les bois montueux, et çà et là dans les plantations et les avenues; Sainte-Germaine, près de Bar-sur-Aube! Lusigny! forêt de Chaource! bois d'Eclance! Beaulieu! *des Etangs.*

204. Tilia intermedia D. C., G. G. 1. 286. (*Tilleul intermédiaire.*)

Juillet. Se rencontre également dans les bois et les plantations;

Amance, dans le petit bois près de la Sablonnière, contre la forêt! bois de Valsuzenay ! Sainte-Germaine, à Bar-sur-Aube ! *des Etangs.*

XVII. MALVACÉES

80. MALVA L. (*Mauve.*)

205. MALVA ALCEA L., G. G. 1, 288. (*Mauve alcée.*)

Juin, août. R. Bois et coteaux des terrains calcaires ; Nogent-sur-Seine ! Ferrières, près de Villenauxe ! Bayel ! Thouan, près de Neuville-sur-Seine, où elle est commune !! *des Etangs ;* Lusigny, *Corrard de Breban;* garenne de la Perthe ! *MM. Hariot ;* bois de Pont-sur-Seine !!

V. c. *fastigiata* Koch. Piney, près de la ferme de l'hospice de Troyes ! Clairvaux, au-dessus de la forge du Haut ! *des Etangs ;* bois de Thouan !!

206. MALVA MOSCHATA L., G. G. 1. 288. (*Mauve musquée.*)

Mai, septembre. R. R. Lieux secs, bords des bois, haies, prés; talus du chemin de fer, entre Montiéramey et Vendeuvre ! chemin près de Vaudes ! aux Crottières, près de Bar-sur-Aube ! Sainte-Maure, au-dessus du moulin de Pontot ! *des Etangs.*

V. b. *intermedia* G. G. 1. 289. Faubourg Saint-Victor, à Bar-sur-Aube, sur le talus du chemin de fer ! *des Etangs;* talus du chemin de fer, à hauteur du bois de Lusigny !!

207. MALVA SYLVESTRIS L., G.G. 1. 289. (*Mauve sauvage.*)

Mai, octobre. C. C. Champs, haies, décombres, lieux incultes, partout.

208. MALVA ROTUNDIFOLIA L., G. G. 1. 290. (*Mauve à feuilles arrondies.*)

Mai, octobre. C. C. Jardins, lieux incultes, bords des chemins et autour des habitations dans tout le département.

Obs. Malva crispa. L. M. Bourguignat dit, au sujet de cette mauve, page 108 de son catalogue : « Nous indiquons cette plante, qui, bien qu'originaire de Syrie, se trouve parfaitement naturalisée dans l'Aube. On la rencontre dans les jardins, les enclos, les lieux cultivés, où elle se sème d'elle-même. Nous la connaissons de plusieurs vergers et jardins de Troyes, de Vendeuvre-sur-Barse, de Brienne-le-Château. — Elle est très-abondante dans quelques jardins de la Ville-aux-Bois, où on a beaucoup de peine à la détruire.

Nous ne l'avons pas rencontrée dans ces conditions, et elle n'est pas représentée dans l'*Herbier de l'Aube*, de M. des Etangs. Dans la *Flore de France*, MM. Grenier et Godron ne l'ont pas mentionnée. M. Boreau ne lui consacre qu'une simple observation dans sa *Flore du centre de la France*, édition de 1857. Elle paraît donc rejetée de la Flore française.

81. ALTHÆA L. (*Guimauve.*)

209. ALTHÆA OFFICINALIS. L., G. G. 1. 294. (*Guimauve officinale.*)

Juin, septembre. A. R. Prés, fossés, lieux humides; Pont-Barse! Bétignicourt! bords de la Voire! Pont-Sainte-Marie! *des Etangs;* bords de la Seine, à Méry! *MM. Hariot;* Clérey!! bords des fossés, près du Mesnil-Saint-Père!! etc.

† 210. ALTHÆA CANNABINA L., G. G. 1. 294. (*Althœa à feuilles de chanvre.*)

Juin, septembre. M. Bourguignat dit avoir rencontré une seule fois cette espèce, le long d'un petit ruisseau qui coule des pâtures de Dosches à celles de Rouilly-Sacey, près du bois du *Buisson-Rond.* Il l'a dit commune dans cette localité. *Cat. dcs plantes de l'Aube,* page 110. Nous ne l'avons pas trouvée dans l'*Herbier des plantes de l'Aube* de M. des Etangs.

211. ALTHÆA HIRSUTA L., G. G. 1. 295. (*Guimauve hérissée.*)

Mai, septembre. R. Haies, champs incultes, surtout des terrains calcaires; Villenauxe! Sainte-Maure! au-dessus du moulin de Pontot, près de Bayel! Larrivour! Arsonval! Bar-sur-Seine, dans les vignes de la Côte-Notre-Dame! *des Etangs.* Terrains cultivés, à Méry! *MM. Hariot.*

XVIII. GÉRANIÉES

82. GERANIUM L. (*Géranion.*)

212. GERANIUM SANGUINEUM L., G. G. 1. 302. (*Geranion sanguin.*

Mai, septembre. R. R. Bois secs, prés montueux; Souligny,

Corrard de Breban; Bouilly ! *Ant. Le Grand;* garennes de Droupt-Saint-Bâle !! de la Perthe, près de l'Abbaye-sous-Plancy !! *MM. Hariot.*

213. GERANIUM COLUMBINUM L., G. G. 1. 302. (*Géranion colombin.*)

Mai, septembre. C. Champs, haies, buissons, bords des chemins; bords du canal, à Troyes ! Pont-Hubert ! enclos des Chartreux, à Croncels ! garennes de Villechétif ! Auxon ! *des Etangs;* Saint-Julien !! Rosières !! etc., etc.

214. GERANIUM DISSECTUM L., G. G. 1. 303. (*Géranion découpé.*)

Mai, octobre. C. Champs, haies, prés, bois ; Montgueux ! parc de Rosières ! bords de la forêt de Chaource ! bords du canal, à Troyes ! les Tauxelles ! *des Etangs;* Méry ! *MM. Hariot;* bois de Fouchy !! Rumilly-les-Vaudes !! etc., etc.

215. GERANIUM PYRENAICUM L., G. G. 1. 303. (*Géranion des Pyrénées.*)

Mai, septembre. R. Lieux frais, haies, bords des murs; la Chapelle Saint-Luc ! environs de Rosières !! *des Etangs.*

216. GERANIUM MOLLE. L., G. G. 1. 304. (*Géranion mollet.*

Mai, octobre. C. C. Bords des chemius, haies, champs, prés, vignes, partout.

217. GERANIUM PUSILLUM L., G. G. 1. 304. (*Géranion fluet.*)

Mai, octobre. A. R. Lieux secs, au pied des murs, sur les décombres ; la Loge-aux-Chèvres ! les Hauts-Clos, près de Troyes ! *des Étangs;* Méry ! *MM. Hariot;* village de Bréviandes, au pied des murs !! etc.

218. GERANIUM ROTUNDIFOLIUM L., G. G. 1. 305. (*Géranion à feuilles rondes.*)

Mai, octobre. A. C. Lieux secs, coteaux stériles, champs, bords des chemins, au pied des murs ; Montgueux ! Villenauxe ! *des Etangs;* Méry ! *MM. Hariot;* environs de Troyes ; notamment sur la ligne ferrée, près de la gare !! et dans tout le département.

219. GERANIUM ROBERTIANUM L., G. G. 1. 306. (*Géranion herbe à Robert.*)

Avril, septembre. C. C. Haies, bois, vieux murs, lieux frais, crevasses des vieux saules, partout.

83. ERODIUM L'Hérit. (*Erodion.*)

220. Erodium cicutarium L'Hérit., G. G. 1. 311. (*E. à feuilles de ciguë.*)

Avril, octobre. C. C. Champs, bords des chemins, lieux secs, pelouses arides, partout. Plante polymorphe, présentant des variations nombreuses ; tantôt elle est peu développée (*Erodium præcox*), tantôt elle atteint de grandes dimensions (*Erodium triviale.*) On rencontre des sujets dont les pétales supérieurs sont munis, au-dessus de l'onglet, d'une tache jaune marquée de linéoles noires; les découpures des feuilles sont courtes, spatulées, presque obtuses (*Erodium pimpinellæfolium* D. C.), etc.

XIX. HYPÉRICINÉES

84. HYPERICUM L. (*Millepertuis.*)

221. Hypericum perforatum L., G. G. 1. 314. *Millepertuis perforé.*)

Mai, août. C. C. Lieux secs et incultes, haies, bois, pâturages, partout.

Obs. M. Paul Hariot signale, à Méry, l'*Hypericum lineolatum* Jord., qui n'est admis, au rang d'espèce, que par un très-petit nombre de botanistes; on le considère, généralement, comme une simple forme de l'*H. perforatum.*

L'*Hypericum quadrangulum* L. signalé par M. Bourguignat, à Troyes, et dans tous ses environs — Lusigny — forêt d'Orient, etc., (*Cat.* p. 113), doit être rejeté de la flore de l'Aube, parce qu'on a fait confusion avec *l'Hypericum Desetangsii* Lamotte. Les sépales de l'*H. quadrangulum* L. sont ovales, obtus, entiers, munis de quelques points noirs en dessous ; tandis que ceux de la plante de l'Aube sont lancéolés, étroits, aigus, entiers, ou subdentés au sommet, glabres et *dépourvus de points noirs.*

222. Hypericum Desetangsii Lamotte (Voir les Mémoires de la Soc. d'Agr. de l'Aube, 1841). (*Millepertuis de des Etangs.*)

Juillet, août. A. C. Lieux humides, bords des ruisseaux; la Chapelle-Saint-Luc ! marais et garennes de Villechétif!! Foicy! Sainte-Scolastique, près de Rosières!! bois de Rosières près du château! Bailly! etc., *des Etangs;* Châtres! Droupt-Sainte-Marie! Bessy! *Paul Hariot.*

223. Hypericum tetrapterum Fries, G. G. 1. 314. (*Millepertuis à quatre ailes.*)

Syn : *Hypericum quadrangulum* D. C. 4. 862.

Juin, septembre. A. C. Prairies et bois humides, bords des eaux; la Chapelle-Saint-Luc! Dolancourt! marais et garennes de Villechétif!! *des Etangs.* Méry! Droupt-Saint-Bâle! Châtres! Boulages! *MM. Hariot;* Montier-la-Celle, près de Saint-André!! marais de Saint-Germain!! de Barberey!! etc.

224. Hypericum humifusum L., G. G. 1. 315. (*Millepertuis couché.*)

Juin, octobre. A. C. Lieux sablonneux et humides; Amance! champs entre Vendeuvre et la Loge-aux-Chèvres! garennes entre Bailly et Chauffour!! plaine de Foolz!! *des Etangs;* forêt de Larrivour!! etc.

225. Hypericum pulchrum L., G. G 1. 317. (*Millepertuis élégant.*)

Juin, août. A. C. Bois sablonneux; Montgueux! *des Etangs;* Pont-sur-Seine! *Paul Hariot;* forêt de Larrivour!! bois de Villy-en-Trodes!! de Fontvannes!! etc.

226. Hypericum hirsutum L., G. G. 1. 318. (*Millepertuis velu.*)

Juin, août. C. Bois, haies, buissons; Bar-sur-Aube! garennes de Villechétif!! *des Etangs;* Méry! Mesgrigny! Châtres! *MM. Hariot:* Fontvannes!! Larrivour!! bois de Thouan!! etc.

227. Hypericum montanum L., G. G. 1. 318. (*Millepertuis de montagne.*)

Juin, août. A. R. Bois des terrains sablonneux ou calcaires; Saint-Nicolas, près de Nogent-sur-Seine! Quincey! Macey!! Bar-sur-Aube! *des Etangs.* Fontvannes!!

XX. ACÉRINÉES

85. ACER L. (*Erable.*)

228. Acer pseudoplatanus L., G. G. 1. 321. (*Erable sycomore.*)

Mai. Rare à l'état spontané; bois de Pontot, près de Bayel! forêt de Clairvaux! *des Etangs*; Méry! *MM. Hariot.* Cet arbre est cultivé et se trouve dans les parcs, les avenues, sur le bord des routes, etc.

229. ACER CAMPESTRE L., G. G. 1. 322. (*Erable champêtre.*)

Mai. C. C. Dans les bois et les forêts de tout le département.

Obs. Les deux formes, l'une à fruits glabres et l'autre à fruits pubescents veloutés, se rencontrent assez souvent dans l'Aube; mais la forme à fruits glabres est moins commune que l'autre.

230. ACER PLATANOIDES L., G. G. 1. 322. (*Erable plane.*)

Avril, mai. R. R. Forêt de Clairvaux! *des Etangs.* Cultivé dans les avenues, les parcs, etc.

XXI. AMPÉLIDÉES

86. VITIS L. (*Vigne.*)

231. VITIS VINIFERA L., G. G. 1. 323. (*Vigne porte-vin.*)

Juin. R. Buissons, bois frais; Bar-sur-Aube! haie entre la Folie et la ferme de Pont-Barse! haie entre Gérosdot et Laubressel! *des Etangs.*

XXII. HIPPOCASTANÉES

87. ÆSCULUS L. (*Marronnier.*)

232. ÆSCULUS HIPPOCASTANUM L., G. G. 1. 323. (*Marronnier d'Inde.*)

Avril, mai. Cultivé dans les parcs, les avenues et les promenades publiques.

XXIII. OXALIDÉES

88. OXALIS L. (*Oxalide.*)

233. OXALIS ACETOSELLA L., G. G. 1. 325. (*Oxalide oseille.*)

Avril, mai. R. Bois humides; forêt d'Orient! forêt de Soulaines! Villenauxe! *des Etangs;* forêt de Rumilly-les-Vaudes, entre Nicey et Chaussepierre!!

Obs. L'*Oxalis stricta* est représenté dans l'*Herbier de l'Aube,* de M. des Etangs, par des exemplaires récoltés non loin de nos limites, dans la Haute-Marne, à Soyère, et à Buxières-les-Belmont!

CLASSE 2. — CALICIFLORES

« Pétales libres ou soudés entre eux, insérés, ainsi que les étamines, sur le calice. Ovaire libre ou adhérent au tube du calice (infère). » Grenier et Godron, *Flore de France*, page 331, 1848.

XXIV. CÉLASTRINÉES

89. EVONYMUS Tournef. (*Fusain*.)

234. Evonymus europœus L., G. G. 1. 331. *Fusain d'Europe*.)

Avril, juin. A. C. Haies et bois, çà et là dans tout le département; Villechétif! *des Etangs;* Méry! *MM. Hariot;* bois de Fouchy!! etc.

XXV. STAPHYLÉACÉES

90. STAPHYLEA L. (*Staphylier*.)

235. Staphylea pinnata L., G. G. 1. 332. (*Staphylier ailé*.)

Mai, juin. R. R. Dans un bois traversé par la route de Rouvres à Auberive, au bas de la côte de Fouretière! *des Etangs*.

On le cultive dans les jardins et les bosquets sous le nom de *faux Pistachier*.

XXVI. ILICINÉES

91. ILEX L. (*Houx*.)

236. Ilex aquifolium L., G. G. 1. 333. (*Houx commun*.)

Mai, juin. A. C. Bois, buissons, haies; Montgueux!! Macey!! Fontvaunes!! Rumilly!! etc., etc.

XXVII. RHAMNÉES

92. RHAMNUS L. (*Nerprun*.)

237. Rhamnus cathartica L., G. G. 1. 337. (*Nerprun purgatif*.)

Mai, juillet. A. R. Bois, haies; Bucey! Rouilly-Sacey! Clairvaux! *des Etangs;* Méry! Châtres! Saint-Oulph! *MM. Hariot;* bords du ruisseau qui traverse les prairies de Saint-Parres-les-Tertres!! etc.

238. RHAMNUS FRANGULA L., G. G. 1. 338. (*Nerprun bourdaine.*)

Mai, juillet. A. C. Lieux frais, haies, bois humides; Pontot, près de Bayel! Clairvaux! *des Etangs;* Méry! *MM. Hariot;* marais de Villechétif!! etc., etc.

XXVIII. PAPILIONACÉES

93. ULEX L. (*Ajonc.*)

239. ULEX EUROPOEUS Sm., G. G. 1. 344. (*Ajonc d'Europe.*)

Mai, juin, A. R. Lieux stériles, bois des terrains sablonneux; entre Creney et Luyères! Montiéramey! *des Etangs;* Regnault, près de Clérey! *Corrard de Breban;* Montreuil!! plaine de Foolz, près de la Rocatelle!!

94. SAROTHAMNUS Wimmer (*Sarothamne.*)

240. SAROTHAMNUS VULGARIS Wimmer, G. G. 1. 348 (*Sarothamne commun.*)

Syn : *Spartium Scoparium* L.

Avril, juin. A. C. Lieux stériles et sablonneux, bois; Fuligny! forêt de Chaource! bois des Bordes! Montgueux!! *des Etangs;* Montiéramey!! Bailly!! forêt de Rumilly!! Laperrière!! etc.

95. GENISTA L. (*Genêt.*)

241. GENISTA SAGITTALIS L., G. G. 1. 350. (*Genêt à tiges ailées.*)

Mai, juillet. Commun dans certaines localités, manque dans les autres; on le rencontre dans la plaine de Foolz!! *des Etangs;* garennes de Montgueux!! *Corrard de Breban;* bois de Fontvannes!! Bouilly!! Laperrière!! etc.

242. GENISTA PILOSA L., G. G. 1. 351. (*Genêt velu.*)

Avril, juin. C. Bois, collines stériles, crayeuses ou calcaires; Pont-sur-Seine! Creney! Torvilliers! la Grange-au-Rez! Bouilly! Fays! Riceys! Auxon! Pontot, près de Bayel! etc., *des Etangs;* les

Grandes et les Petites-Chapelles ! la Perthe ! *MM. Hariot ;* Aubeterre !! Montsuzain !! etc.

243. Genista tinctoria. L., G. G. 1. 352. (*Genêt des teinturiers.*)

Mai, septembre. C. Bois, pâturages, prairies ; Courceroy ! Juvancourt ! Riceys ! Montgueux ! etc., *des Etangs ;* dans les prés à Vannes, à Chevillèle, *Corrard de Breban ;* Méry ! *MM. Hariot ;* Fouchy !! Saint-Aventin !! etc.

244. Genista anglica L., G. G. 1. 355. (*Genêt d'Angleterre.*)

Avril, juin. R. Bois et bruyères humides et argileuses ; forêt de Chaource ! plaine de Foolz !! *des Etangs ;* bois de Crogny, *Corrard de Breban.*

96. CYTISUS D. C. (*Cytise.*)

245. Cytisus laburnum. L., G. G. 1. 359. (*Cytise faux-ébénier.*)

Avril, mai. R. R. Bois des terrains calcaires et crayeux ; Buxières ! *des Etangs ;* cultivé et subspontané, dans les bois, les haies et notamment dans nos plantations d'arbres verts des terrains crayeux à Luyères !! bois de la plaine de Foolz !! etc.

246. Cytisus decumbens Walpers., G. G. 1. 360. (*Cytise rampant.*)

Syn : *Genista prostrata* Lam.

Mai, juillet. A. R. Coteaux secs et pierreux des terrains calcaires ; ferme de Maison-Neuve, près de Champigny ! Macey !! Montgueux !! la Grange-au-Rez ! Bouilly ! Riceys ! Clairvaux ! Belroy, près de Bar-sur-Aube ! *des Etangs ;* la Perthe, près de l'Abbaye-sous-Plancy ! *P. Hariot ;* bois de Thouan !! de Plaines !!

247. Cytisus supinus L., G. G. 1. 362. (*Cytise couché.*)

Mai, juin, R. Coteaux secs et calcaires, bords des bois ; bois de la Chapelle, près de Marnay ! Villenauxe ! Riceys ! bois de Thouan !! *des Etangs.*

97. ONONIS L. (*Bugrane.*)

248. Ononis natrix L., G. G. 1. 369. (*Bugrane gluante.*)

Juin, juillet. A. C. Champs pierreux et arides, pelouses des coteaux crayeux, lisière des bois ; le Pavillon ! Doches ! Thennelières !

des Etangs; Méry! les Chapelles! *MM. Hariot;* Saint-Benoist-sur-Seine! *Corrard de Breban;* Montsuzain!! Aubeterre!! Charmont!! etc.

249. Ononis campestris Koch et Ziz., G. G. 1. 373. (*Bugrane champêtre.*)

Juin, août. A. R. Champs arides, pâturages, bords des routes; Méry! *MM. Hariot;* Champs de Saint-Parres-les-Tertres, près des marais de Villechétif!! marais de Villechétif!! chemin longeant le marais ou étang de Barberey-aux-Moines, coupé aujourd'hui par le chemin de fer, côté de Saint-Lyé!! commun en cet endroit.

Obs. C'est par erreur que M. des Etangs a placé, dans l'Herbier départemental du Musée, sous le nom d'*Ononis antiquorum* L., la plante récoltée aux marais de Villechétif; c'est l'*Ononis campestris* Koch. L'*Ononis antiquorum* est une plante méditerranéenne qui ne croît pas dans l'Aube.

250. Ononis procurrens Wallr., G. G. 1. 374. (*Bugrane rampante.*)

Juin, août. C. C. Pâturages, bords des chemins, champs en friche dans tout le département.

98. ANTHYLLIS L. (*Anthyllide.*)

251. Anthyllis vulneraria L., G. G. 1. 380. (*Anthyllide vulnéraire.*)

Mai, juillet. C. Prés secs, lisière des bois, coteaux arides des terrains crayeux ou calcaires; notamment sur nos collines crayeuses, dans les plantations de saule marceau; Spoix! Orvilliers! Creney! *des Etangs;* Méry! *MM. Hariot.* Luyères!! Charmont!! Montsuzain!! etc.

99. MEDICAGO L. (*Luzerne.*)

252. Medicago lupulina L., G. G. 1. 383. (*Luzerne lupuline.*)

Mai, octobre. C. C. Prés, lieux herbeux, bords des chemins, partout.

253. Medicago falcata L., G. G. 1. 383. (*Luzerne en faucille.*)

Mai, octobre. C. Buissons, lieux secs, bords des chemins; moulin de Pontot, près de Bayel ! Ailleville ! Gerosdot ! *des Etangs ;* les Marots !! Verrières !! etc.

254. MEDICAGO FALCATO-SATIVA Reich., G. G. 1. 384. (*Luzerne hybride.*)

Juin, octobre. En société des *medicago sativa* et *falcata;* route de Troyes à Saint-Parres-les-Tertres ! *des Etangs.*

255. MEDICAGO SATIVA L., G. G. 1. 384. (*Luzerne cultivée.*)

Juin, octobre. Cultivé partout et souvent spontané.

256. MEDICAGO POLYCARPA Wild., G. G. 1. 389. (*Luzerne à fruits nombreux.*

V. b. *apiculata* Godron. Syn : *Medicago apiculata* Wild.

Gérosdot ! moissons de Larrivour ! chaussée des Tauxelles, près de Troyes ! Saint-Julien ! *des Etangs.*

V. c. *denticulata* Godron. Syn : *Medicago denticulata* Wild.

Bar-sur-Aube, sur les bords du chemin de Varenne ! côte Saint-Martin, à Montiéramey ! Champs de Lusigny ! moissons de Larrivour ! *des Etangs.*

257. MEDICAGO MACULATA Wild., G. G. 1. 391. (*Luzerne tachée.*)

Mai, juillet. R. Prés, pelouses, lieux herbeux ; prairies longeant le chemin de la gare, près du pont Rouge, à Bar-sur-Aube ! Prairies de la Barse entre Larrivour et Courteranges ! Champs entre Vendeuvre et Montiéramey ! prairies entre Lusigny et Montiéramey ! *des Etangs ;* dans un fossé sur le chemin de Lusigny à la forêt de Larrivour !!

258. MEDICAGO MINIMA Lam., G. G. 1. 391. (*Luzerne naine.*)

Mai, juillet. R. R. Dans une crayère, à Méry-sur-Seine ! *P. Hariot.*

100. MELILOTUS Tournefort. (*Mélilot.*)

259. MELILOTUS OFFICINALIS Lam., G. G. 1. 402. (*Mélilot officinal.*)

Syn : *Melilotus arvensis* Wallr.

Juin, septembre. C. C. Champs, bords des chemins, décombres, moissons, partout.

260. Melilotus alba Lam., G. G. 1. 402. (*Mélilot blanc.*) Juillet, septembre. R. R. Lieux incultes, champs, prairies artificielles, bords des rivières; Fontaine, près de Bar-sur-Aube! Villenauxe! *des Etangs;* talus du chemin de fer, près de la gare de Troyes!!

261. Melilotus macrorhiza Pers., G. G. 1. 402. (*Mélilot à grosses racines.*)

Syn : *Melilot officinalis* Willd.

Juillet, septembre. A. C. Lieux frais, haies, bois prés, bords des ruisseaux; marais de Villechétif! La Chapelle Saint-Luc! Tieffrain! prairies entre Riancey et Payns! Pont-sur-Barse! bords de la Seine entre Saint-Julien et Verrières! *des Etangs;* Saint-Oulph! *MM. Hariot;* Beaumont, près de Montiéramey! *Ant. Le Grand;* Barberey!! etc.

Obs. M. P. Hariot a signalé, dans le canton de Méry, le *M. palustris* Kit., qui se distinguerait du *M. macrorhiza* Pers. par sa gousse monosperme. Cette forme serait même la seule qui se trouverait dans le canton. Mais ce fait de la gousse monosperme qui se rencontre aussi dans le *M. macrorhiza,* nous paraît insuffisant pour distinguer les deux espèces, qui ne sont d'ailleurs admises que par un petit nombre d'auteurs.

101. TRIFOLIUM L. (*Trèfle.*)

262. Trifolium incarnatum L., G. G. 1. 404. (*Trèfle incarnat.*)

Mai, juillet. Cultivé en grand et naturalisé çà et là. Bar-sur-Aube! *des Etangs;* sur les bords de la voie ferrée à Troyes!! etc.

263. Trifolium rubens L., G. G. 1. 404. (*Trèfle rouge.*)

Juin, juillet. R. Haies, bois des terrains calcaires, bois de Proverville! Bar-sur-Aube! Rouvres! Riceys! *des Etangs;* bois de Thouan, près de Neuville-sur-Seine!!

264. Trifolium medium L., G. G. 1. 406. (*Trèfle intermédiaire.*)

Juin, août. A. C. Lieux pierreux, prés secs, bois; Mesnil-Sellières! Bar-sur-Aube, côte de Troyes! Proverville! Rouvres!

Amance! Clairvaux! Vauchonvilliers! Bailly! *des Etangs;* bois de Thouan!! plaine de Foolz!! etc.

265. Trifolium pratense L., G. G. 1. 407. (*Trèfle des prés.*)

Mai, septembre. C. C. Prés, bords des chemins, bois, partout.

266. Trifolium ochroleucum L., G. G. 1. 407. (*Trèfle jaunâtre.*)

Juin, juillet. A. R. Prés, pâturages, bords des bois; Rosières! Lusigny! Montiéramey! forêt de Clairvaux! Champignol! marais entre Saint-Lyé et Riancey! Radonvilliers! Chappes! *des Etangs;* petit bois de Saint-Aventin, en face du château!! etc.

267. Trifolium arvense L., G. G. 1. 410. (*Trèfle des champs.*)

Juin, septembre. C. Lieux sablonneux, bois, champs; Lusigny!! Soulaines! Amance! Bossancourt! Villenauxe! Auxon! plaine de Foolz!! *des Etangs;* Montiéramey!! etc.

268. Trifolium striatum L., G. G. 1. 412. (*Trèfle strié.*)

Mai, juillet. R. R. Prairies et pelouses des terrains pierreux ou sablonneux; friches du plateau de Sainte-Maure, au-dessus du moulin de Pontot, près de Bayel! *des Etangs;* Montgueux! *Rousselot.*

269. Trifolium scabrum L., G. G. 1. 412. (*Trèfle rude.*)

Mai, juin. R. R. Pelouses arides des lieux pierreux, calcaires ou sablonneux; Jessains! Sainte-Germaine, près de Bar-sur-Aube! friches de Fontaine! Arsonval! *des Etangs.*

270. Trifolium fragiferum L., G. G. 1. 413. (*Trèfle fraise.*)

Juin, septembre. C. Prés, pelouses, bords des chemins; Villepart! *des Etangs;* pâtures de Saint-Benoît-sur-Seine! *Corrard de Breban;* Méry! Droupt! Saint-Oulph! *MM. Hariot;* La Rivière-de-Corps!! prairies de Saint-Parres-les-Tertres!! route de Saint-Mesmin à Rilly-Sainte-Syre!! etc.

271. Trifolium montanum L., G. G. 1. 417. (*Trèfle de montagne.*)

Mai, juillet. R. R. Prés et bois montueux; Riceys! bois de Devois! Villechétif! un seul exemplaire, *des Etangs.*

272. Trifolium repens L., G. G. 1. 419. (*Trèfle rampant.*)

Mai, septembre. C. C. Prés, pelouses, bords des chemins, partout.

273. TRIFOLIUM ELEGANS Savi., G. G. 1. 420. (*Trèfle élégant.*)

Juin, septembre. A. C. Bois, pelouses, champs ; ferme de Belley ! Montiéramey ! bois de Vaux ! plaine de Foolz ! Eclance ! *des Etangs ;* bois de Lusigny !! Verrières !! forêts d'Orient !! de Rumilly !! etc.

274. TRIFOLIUM FILIFORME L., G. G. 1. 422. (*Trèfle filiforme.*)

Syn : *Trifolium micranthum* Viv.

Mai, juillet. R. R. Lieux sablonneux ; bois d'Eclance, sur les bords d'un chemin humide, près de la fontaine du Grand-Etang ! Lusigny ! *des Etangs.*

275. TRIFOLIUM PROCUMBENS L., G. G. 1. 423. (*Trèfle tombant.*)

Syn : *Trifolium filiforme* D. C. 4. 536.

Mai, octobre. C. C. Prés, pelouses, bords des chemins ; Champignol ! La Loge-aux-Chèvres ! Eclance ! etc., *des Etangs ;* abondant dans les prairies des environs de Troyes !! à Méry !! etc.

276. TRIFOLIUM PATENS Schreb., G. G. 1. 423. (*Trèfle étalé.*)

Syn : *Trifolium parisiense* D. C. 5. 562.

Mai, août. C. Dans toutes nos prairies humides ; Chappes ! Moussey ! Lusigny ! Larrivour ! Troyes ! La Chapelle-Saint-Luc ! Payns ! Fontvannes ! Bucey ! Eclance ! forêt d'Orient ! *des Etangs ;* dans toutes les prairies de la Barse !! de l'Hozain !! etc.

277. TRIFOLIUM AGRARIUM L., G. G. 1. 423. (*Trèfle champêtre.*)

Mai, octobre. A. C. Champs et bois sablonneux.

V. a. *majus* Koch. *Trifolium campestre* Schreb. Chaource dans les moissons ! Saint-Julien ! Amance ! Vauchonvilliers ! Soulaines ! *des Etangs ;* bois de Lusigny !! bois de Bailly !! etc.

V. b. *minus.* Koch. *Trifolium procumbens* Schreb. ; forêt d'Orient ! Cunfin ! Montgueux ! bois entre Fuligny et Lévigny ! *des Etangs.*

278. TRIFOLIUM AUREUM Poll., G. G. 1. 424. (*Trèfle doré.*)

Syn : *Trifolium agrarium* Schreb. D. C. 4. 535.

Juin, juillet. R. Prés, bois ; forêt de Clairvaux, au Val-Jacquet ! Eclance ! Bar-sur-Aube, côte de Troyes ! bois de Bossicant, près de Bligny ! Voigny ! *des Etangs ;* forêt de Larrivour !! bois de Bailly !! de la Grande-Réserve, à Plaines !!

102. TETRAGONOLOBUS Scop. (*Tétragonolobe.*

279. Tetragonolobus siliquosus Roth., G. G. 1. 428. (*T. à silique.*)

Syn : *Lotus siliquosus* L.

Mai, juillet. R. Prairies humides; Villemaur, Rouilly-Saint-Loup. (*Recherches hyg.*, etc. Mémoires de la Société Académique de l'Aube, p. 25 et 44. Septembre 1835). *Des Etangs ;* Champignol ! marais de Villechétif !! *des Etangs ;* herbier de l'Aube.

103. LOTUS L. (*Lotier.*)

280. Lotus corniculatus L., G. G. 1. 432. (*Lotier corniculé.*)

Mai, octobre. C. C. Prés, pâturages, champs, bords des bois, partout.

281. Lotus tenuis Kit. et Wild., G. G. 1. 432. (*Lotier grêle.*)

Mai, septembre. A. C. Dans les prés et les lieux humides ; sur le chemin de fer à Bar-sur-Aube ! Jessains ! Beaulieu ! Arsonval ! Amance ! Ruvigny ! Soulaines ! Villepart ! *des Etangs ;* sur le chemin de fer, près de la gare, à Troyes !! Verrières, près de Saint-Aventin !! etc.

282. Lotus uliginosus Schkuhr., G. G. 1. 432. (*Lotier des fanges.*)

Juillet, septembre. C. Bois humides, prés marécageux, fossés ; étang de la Morge-des-Champs ! forêt de Chaource ! Chappes ! Gérosdot ! Lusigny !! Trannes ! *des Etangs ;* Montiéramey !! Saint-André, à Montier-la-Celle !! etc.

104. ASTRAGALUS L. (*Astragale.*)

283. Astragalus glycyphyllos L., G. G. 1. 438. (*Astragale réglisse.*)

Juin, septembre. R. R. Prés, bois, haies ; Sainte-Germaine, près de Bar-sur-Aube! bois de Thouan!! *des Etangs;* Pont-sur-Seine! Brienne! *P. Hariot;* Montgueux! *Corrard de Breban;* Laperrière, commune de Maraye-en-Othe!! dans les rues du village de Mesnil-Saint-Père, *l'abbé d'Antessanty.*

284. ASTRAGALUS CICER L., G. G. 1. 439. (*Astragale ciche.*)

Juin, août. R. R. Ville-sous-Laferté!! Champignol, sur le bord du chemin qui conduit à Bar-sur-Aube! bords du chemin d'Avirey à Bagneux! berges du canal entre Méry et Marcilly-sur-Seine! *des Etangs.*

105. COLUTEA L. (*Baguenaudier.*)

285. COLUTEA ARBORESCENS L., G. G. 1. 454. (*Baguenaudier arbrisseau.*)

Juin, juillet. R. R. Bois de Pont-sur-Seine! de Quincey! *des Etangs*; talus du chemin de fer près de la gare de Troyes!! cultivé et souvent subspontané.

106. ROBINIA L. (*Robinier.*)

286. ROBINIA PSEUDO-ACACIA L., G. G. 1. 455. (*Robinier faux acacia.*)

Mai, juin. Cultivé sur les promenades, les avenues, les routes; aujourd'hui naturalisé et subspontané dans la plupart de nos bois.

107. GALEGA Tournefort. (*Lavanèze.*)

287. GALEGA OFFICINALIS L., G. G. 1. 455. (*Lavanèze officinal.*)

Juillet, septembre. Cultivé et assez souvent subspontané, notamment sur les talus du chemin de fer près de la gare de Troyes!! près de la station de Verrières!! etc.

108. PHASEOLUS L. (*Haricot.*)

288. PHASEOLUS VULGARIS L., G. G. 1. 457. (*Haricot commun.*)

Juin, août. Subspontané autour des habitations et cultivé sous une foule de variétés.

109. VICIA L. (*Vesce.*)

289. Vicia sativa L., G. G. 1. 458. (*Vesce cultivée.*)

Mai, septembre. C. C. Champs, moissons, haies. Spontané çà et là et cultivé partout.

V. b. *macrocarpa* Moris. Gousses plus développées que dans le type et folioles plus grandes. Cultivé et subspontané, notamment dans les champs près de Rosières !

290. Vicia angustifolia Roth., G. G. 1. 459. (*Vesce à feuilles étroites.*)

Mai, juillet. A. C. Haies, bois, moissons; La Ville-aux-bois-lès-Soulaines ! bois de Vaux ! forêt de Chaource ! bois de Pont-sur-Seine ! Gérosdot ! Montiéramey !! Bar-sur-Aube ! etc.; *des Etangs.*

V. b. *bobartii* Koch. *Vicia bobartii* Forst.; garenne de Coursan ! *des Etangs;* Troyes, près du bois de Fouchy !! Montiéramey !! Montreuil !! etc.

291. Vicia lathyroides L., G. G. 1. 460. *Vesce fausse gesse.*)

Avril, mai. R. R. Pelouses des lieux sablonneux ; bois de Fiel ! bois de Montgueux ! bords du bois de Bailly ! *des Etangs.*

292. Vicia lutea L., G. G. 1. 462. (*Vesce jaune.*)

Mai, septembre. R. Moissons, lieux sablonneux; Vauchonvilliers ! Lusigny ! Montiéramey !! *des Etangs.*

293. Vicia faba L., G. G. 1. 462. (*Vesce fève.*)

Juin, août. Originaire de l'Asie, cultivée partout et souvent subspontanée.

294. Vicia sepium L., G. G. 1. 463. (*Vesce des haies.*)

Mai, juillet. C. C. Haies, buissons, bois, partout.

110. CRACCA Riv. (*Cracca.*)

295. Cracca major Franken., G. G. 1. 469. (*Cracca à grandes fleurs.*)

Syn : *Vicia cracca* L.

Juin, septembre. C. C. Haies, bois, prés, buissons, moissons; Bar-sur-Aube ! Troyes !! Villechétif !! Montgueux ! etc. ; *des Etangs.*

296. CRACCA TENUIFOLIA G. G. 1. 469. (*Cracca à feuilles menues.*)

Syn : *Vicia tenuifolia* Roth.

Juin, septembre. R. R. Haies, prés, moissons; Rennepont, près de Clairvaux! *des Etangs;* M. Bourguignat l'indique à Mesnil-Saint-Père, Villy-en-Trodes, Vendeuvre dans les jeunes taillis, du côté du Chaffaut, Vauchonvilliers, où nous ne l'avons pas rencontrée. — *Cat. des pl. de l'Aube,* p. 164.

297. CRACCA VARIA Godron et Grenier. 1. 469. (*Cracca varié.*)

Syn : *Vicia varia* Host.

Mai, septembre. R. Moissons, champs sablonneux; Montiéramey! Larrivour! *des Etangs.*

298. CRACCA MINOR Riv., G. G. 1. 473. (*Cracca à petites fleurs.*)

Syn : *Ervum hirsutum* L.

Mai, septembre. C. C. Lieux cultivés, champs, buissons surtout des terrains sablonneux; Saint-Parres-les-Tertres! Pont-Barse! Montiéramey!! *des Etangs;* Fouchy!! Rumilly!! Larrivour!! etc.

111. ERVUM L. (*Ers.*)

299. ERVUM TETRASPERMUM L., G. G. 1. 474. (*Ers tetrasperme.*)

Syn : *Vicia tetrasperma* Mœnch.

Juin, septembre. C. Champs, lieux cultivés, bois; Lusigny! Chappes! Gérosdot! *des Etangs;* forêt d'Orient, près l'étang de la Morge-des-Bois!! Ville-sous-Laferté!! etc.

300. ERVUM GRACILE D. C., G. G. 1. 475. (*Ers grêle.*)

Syn : *Vicia gracilis* Loisel.

Juin, septembre. A. R. Moissons, haies; Lusigny! Piney! Clairvaux! Amance! Moussey! Pont-Barse! *des Etangs;* Brienne! *P. Hariot;* Ville-sous-Laferté!! Montiéramey!!

112. ERVILIA Link. (*Ervilier.*)

301. ERVILIA SATIVA Link., G. G. 1. 475. (*Ervilier cultivé.*)

Syn : *Ervum ervilia* L.

Juin, juillet. R. Moissons; Bar-sur-Aube! champs entre Maisons-Blanches et Clérey! Amance! Bayel! Saint-Thibault! Ville-sous-Laferté! Gérosdot! *des Etangs.*

113. LENS Tournefort. (*Lentille.*)

302. Lens esculenta Mœnch., G. G. 1. 476. (*Lentille cultivée.*)

Syn : *Ervum lens* L.

Juin, juillet. Cultivé et souvent subspontané; Troyes! Pré-Dillon! *des Etangs.*

114. PISUM L. (*Pois.*)

303. Pisum sativum L., G. G. 1. 477. (*Pois cultivé.*)

Mai, juillet. Cultivé sous une foule de variétés et souvent subspontané.

304. Pisum arvense L., G. G. 1. 478. (*Pois des champs.*)

Juin, août. Cultivé et souvent subspontané dans les moissons, notamment dans les champs de Saint-Parres-les-Tertres!!

115. LATHYRUS L. (*Gesse.*)

305. Lathyrus aphaca L., G. G. 1. 480. (*Gesse sans feuille.*)

Mai, juillet. C. Champs, moissons, lieux cultivés, partout.

306. Lathyrus nissolia L., G. G. 1. 481. (*Gesse de Nissolle.*)

Mai, juillet. R. R. Moissons, prairies sèches; Montiéramey! Gérosdot! *des Etangs.*

307. Lathyrus hirsutus L., G. G. 1. 481. (*Gesse hérissée.*)

Juin, septembre. A. C. Moissons, haies, bords des champs; Chaource! Soulaines! Montiéramey!! Lusigny!! Gérosdot! *des Etangs*; Troyes!! Villy-en-Trodes!! etc.

308. Lathyrus cicera L., G. G. 1. 481. (*Gesse ciche.*)

Mai, juillet. Cultivé et souvent subspontané dans les moissons.

309. LATHYRUS SATIVUS L., G. G. 1. 482. (*Gesse cultivée.*)

Mai, juillet. Cultivé et subspontané dans les moissons.

310. LATHYRUS SYLVESTRIS L., G. G. 1. 483. (*Gesse sauvage.*)

Juin, septembre. A. R. Haies, buissons, bords des bois; Bar-sur-Aube, côte de Troyes ! bois de La Chapelle, près de Marnay-sur-Seine ! Spoix ! Lirey ! bois de Thouan !! *des Etangs.*

V. b. *latifolius* Peterm. Bois de Thouan, près de Neuville-sur-Seine !!

311. LATHYRUS LATIFOLIUS L., G. G. 1. 483. (*Gesse à larges feuilles.*)

Juin, septembre. R. R. Buissons, bords des bois; garenne, près du château du Ruez, commune de Droupt-Saint-Bâle !! *Paul Hariot ;* talus du chemin de fer, entre Troyes et Saint-Julien !!

312. LATHYRUS TUBEROSUS L., G. G. 1. 484. (*Gesse tubéreuse.*)

Juin, août. C. Champs, haies, moissons, surtout des terrains calcaires et argileux; Saint-Thibault ! Saint-Parres-les-Vaudes !! Pont-Barse ! *des Etangs;* Bouilly, Troyes, dans les Hauts-Clos, Auxon, *Corrard de Breban;* bords du bois de Fouchy !! Verrières !! Villemereuil !! etc.

† 313. LATHYRUS VERNUS Wimmer, G. G. 1. 485. (*Gesse printanière.*)

Syn : *Orobus vernus* L.

Mars, mai. Cette plante est indiquée dans les bois de Bouilly, par M. Corrard de Breban. (Mémoires de la Société Académique de l'Aube, 1829, p. 75.) Elle n'existe pas dans l'herbier de l'Aube de M. des Etangs. Elle n'a pas été retrouvée au lieu indiqué. Jusqu'à plus ample informé, elle doit être considérée comme douteuse.

314. LATHYRUS PALUSTRIS L., G. G. 1. 487. (*Gesse des marais.*)

Juin, août. R. Prairies humides et marécageuses; Quincey ! Villechétif !! marécages entre Saint-Lyé et Riancey ! *des Etangs;* marais de Droupt-Sainte-Marie ! *MM. Hariot;* marais de Pont-sur-Seine !!

315. Lathyrus macrorhizus Wimmer, G. G. 1. 487. (*G. à grosse racine.*)

Syn : *Orobus tuberosus* L.

Avril, juin. C. dans les bois ; Amance ! Bar-sur-Aube ! Lusigny ! *des Etangs ;* bois de Thouan, près de Neuville-sur-Seine !! forêt de Rumilly-les-Vaudes !! etc., etc.

V. b. *pyrenaicus* D. C., forêt de Rumilly-les-Vaudes !!

V. d. *tenuifolius* D. C., bois de Bar-sur-Seine ! Rennepont ! Buxières ! Bar-sur-Aube ! bois de la côte de Couvignon ! *des Etangs.*

316. Lathyrus pratensis L., G. G. 1. 488. (*Gesse des prés.*)

Juin, août. C. Prés, haies, buissons, lieux frais ; Petit-Mesnil ! *des Etangs;* la Vacherie !! Villechétif !! Barberey !! etc.

317. Lathyrus angulatus L., G. G. 1. 490. (*Gesse anguleuse.*)

Mai, juillet. R. R. Moissons des lieux sablonneux à Montiéramey ! *des Etangs.*

116. CORONILLA Neck. (*Coronille.*)

318. Coronilla emerus L., G. G. 1. 493. (*Coronille fauxséné.*)

Mai, juillet. R. R. Coteaux buissonneux, bois secs; Jaucourt, côte de Rinvaux ! *des Etangs ;* cultivé et naturalisé çà et là.

319. Coronilla minima L., G. G. 1. 496. (*Coronille naine.*)

Mai, juillet. A. C. Bords des bois et pelouses sèches, surtout des coteaux calcaires; Mesnil-Sellières ! Mussy-sur-Seine ! bois entre Champignol et Bar-sur-Aube ! Pont-sur-Seine ! Montigny ! Montgueux ! Riceys ! *des Etangs;* Dienville ! *P. Hariot ;* bords des bois de Massey !! de Thouan !! etc.

320 Coronilla varia L., G. G. 1. 497. (*Coronille variée.*)

Juin, août. C. Champs, prés secs, coteaux et bords des bois, partout.

117. ORNITHOPUS Desv. (*Ornithope.*)

321. Ornithopus perpusillus L., G. G. 1. 498. (*Ornithope délicat.*)

Mai, septembre. R. Champs et pelouses des terrains sablonneux; Soulaines ! la Ville-aux-Bois-les-Soulaines ! étang de la Morge du Mesnil ! Montiéramey ! ! *des Etangs.*

118. HIPPOCREPIS L. (*Hippocrépide.*)

322. HIPPOCREPIS COMOSA L., G. G. 1. 500. (*Hippocrépide en ombelle.*)

Mai, juillet. C. Pelouses, pâturages, bords des chemins et des bois; Villechétif ! ! carrières de Sainte-Maure ! *des Etangs*; Rosières ! ! Montsuzain ! ! etc.

119. ONOBRYCHIS Tournef. (*Esparcette.*)

323. ONOBRYCHIS SATIVA Lam., G. G. 1. 505. (*Esparcette cultivée.*)

Mai, juillet. Cultivée comme plante fourragère. Elle est commune à l'état spontané.

XXIX. AMYGDALÉES

120. AMYGDALUS L. (*Amandier.*)

324. AMYGDALUS COMMUNIS L., G. G. 1. 512. (*Amandier commun.*)

Février, mars. Cultivé dans les jardins.

325. AMYGDALUS PERSICA L., G. G. 1. 513. (*Pêcher commun.*)

Mars, avril. Cultivé dans les jardins et dans quelques vignes.

121. PRUNUS L. (*Prunier.*)

326. PRUNUS DOMESTICA L., G. G. 1. 514. (*Prunier domestique.*)

Mars, avril. Cultivé dans les jardins, sous une foule de variétés, et subspontané çà et là dans les haies et les buissons; Notre-Dame-des-Prés, à Saint-André ! Laines-aux-Bois ! *des Etangs.*

327. PRUNUS CERASIFERA Ehrh., G. G. 1. 514. (*Prunier cerise.*)

Avril, mai. Cultivé et subspontané dans les haies ; Creney ! haies sur le chemin des Noës à Saint-Martin ! *des Etangs.*

328. PRUNUS INSITITIA L., G. G. 1. 514. (*Prunier sauvage.*)

Avril, mai. R. R. Haies, buissons çà et là ; Bar-sur-Aube, côte de Troyes ! Arrentières, au bord de la route, avant d'arriver à l'avenue du château ! Sainte-Maure, dans une haie ! *des Etangs ;* Méry, bois dit le Pré-Godin ! Châtres ! *MM. Hariot.*

329. PRUNUS FRUTICANS Weihe, G. G. 1. 514. (*Prunier frutescent.*)

Mars, mai. R. Haies, buissons ; Arrentières ! Creney ! *des Etangs ;* Méry ! *P. Hariot.*

330. PRUNUS SPINOSA L., G. G. 1. 515. (*Prunier épineux.*)

Mars, mai. C. C. Haies, buissons, bois, partout.

331. PRUNUS AVIUM L., G. G. 1. 515. (*Prunier des oiseaux.*)

Avril, mai. A. C. Bois et forêts ; Bouilly ! *des Etangs ;* Lusigny !! Montgueux !! etc.

332. PRUNUS CERASUS L., G. G. 1. 515. (*Prunier cerisier.*)

Avril, mai. Cultivé et quelquefois subspontané, dans les haies et sur les crêtes pierreuses, dans les vignes.

333. PRUNUS MAHALEB L., G. G. 1. 515. (*Prunier de Sainte-Lucie.*)

Avril, mai. A. C. Haies, buissons des coteaux pierreux, bois montagneux des terrains calcaires ; Pontot, près de Bayel ! Auxon ! *des Etangs ;* Pont-sur-Seine ! *P. Hariot ;* bois de Thouan !! Montgueux !! Fontvannes !! etc. Cet arbrisseau sert à former quelques haies pour la clôture des chemins de fer.

XXX. ROSACÉES

122. SPIRÆA L. (*Spirée.*)

334. SPIRÆA FILIPENDULA L., G. G. 1. 517. (*Spirée filipendule.*)

Juin, juillet. R. R. Prairies de Saint-Parres-les-Vaudes, près de la ferme de Chaussepierre, sur les rives de l'Hozain !! *des Etangs.*

335. SPIRÆA ULMARIA L., G. G. 1. 517. (*Spirée ormière.*)

Juin, août. C. C. Prés humides, bords des eaux, partout.

336. SPIRÆA HYPERICIFOLIA L., G. G. 1. 518. (*Spirée à feuilles de millepertuis.*)

Mai. Bords du canal à Fouchy! La Chapelle-Saint-Luc! *des Etangs*. Cette plante, fréquemment plantée dans les bosquets, paraît se naturaliser facilement.

123. GEUM L. (*Benoite.*)

337. GEUM URBANUM L., G. G. 1. 519. (*Benoite commune.*)

Juin, août. C. C. Bois, haies, lieux frais, partout.

124. POTENTILLA L. (*Potentille.*)

338. POTENTILLA FRAGARIASTRUM Ehrh., G. G. 1. 522. (*Potentille fraisier.*)

Syn : *Fragaria sterilis* L.

Mars, mai. A. C. Bois montueux, pelouses sèches; forêt d'Orient! *des Etangs*; forêt de Rumilly!! plaine de Foolz!! bois de Vaux!! bois de Thouan!! etc.

339. POTENTILLA VERNA L., G. G. 1. 528. (*Potintille printanière.*)

Mars, mai. C. Lieux secs et collines pierreuses; Riceys! Bar-sur-Aube! côte de Bouilly! *des Etangs;* Rosières!! Montsuzain!! etc.

340. POTENTILLA TORMENTILLA Nestl., G. G. 1. 530. (*Potentille tormentille.*)

Syn : *Tormentilla erecta* L.

Juin, août. C. Bois, pâturages, prés, marais, bruyères; Villechétif!! forêt de Chaource! Villiers, près d'Ervy! *des Etangs;* Sainte-Scolastique, près de Rosières! *Ant. Le Grand;* Droupt-Sainte-Marie! Boulages! *MM. Hariot.*

341. POTENTILLA REPTANS L., G. G. 1. 531. (*Potentille rampante.*)

Juin, octobre. C. C. Bords des chemins, champs, pâturages, partout.

342. POTENTILLA ANSERINA L., G. G. 1. 531. (*Potentille ansérine.*)

Mai, octobre. C. C. Pelouses humides ou mouillées en hiver, bords des eaux, partout.

343. POTENTILLA SUPINA L., G. G. 1. 532. (*Potentille couchée.*)

Juin, septembre. R. R. Lieux sablonneux, humides ou mouillés pendant l'hiver, terrains gras, lits des étangs ; Saint-Christophe, dans le village ! Eclance, dans un bois bordant la pâture, sur une place à fourneau ! étang Carré, près de Larrivour ! Gérosdot ! *des Etangs.*

344. POTENTILLA ARGENTEA L., G. G. 1. 533. (*Potentille argentée.*)

Juin, juillet. A. C. Lieux sablonneux ; Eclance ! Soulaines ! Villenauxe ! Vosnon ! La Ville-aux-Bois-les-Soulaines ! Bar-sur-Aube ! bois de Vaux ! *des Etangs ;* Gérosdot ! *Ant. Le Grand ;* plaine de Foolz !! Montreuil !! bois de Pont-sur-Seine !! etc.

125. FRAGARIA L. (*Fraisier.*)

345. FRAGARIA VESCA L., G. G. 1. 535. (*Fraisier comestible.*)

Avril, juin, C. Bois montueux, coteaux, haies, à peu près partout.

346. FRAGARIA COLLINA Ehrh., G. G. 1. 536. (*Fraisier des collines.*)

Mai, juin. R. Bois secs, pelouses arides des coteaux ; Jessains ! Marnay-sur-Seine ! Bar-sur-Seine, au val Verrières et sur les coteaux escarpés des environs ! coteau de Sainte-Maure, au-dessus du moulin de Pontot, près de Bayel ! *des Etangs ;* garenne de La Perthe ! Pont-sur-Seine ! *P. Hariot.*

347. FRAGARIA MAGNA Thuill., G. G. 1. 536. (*Fraisier élevé.*)

Avril, mai. A. C. Bois montueux, haies des lieux frais ; Jessains ! Bar-sur-Seine ! Ricey-Bas ! *des Etangs ;* Pont-sur-Seine ! Méry ! *P. Hariot ;* bois de Macey !! de Saint-Julien !! de Thouan !! etc.

126. RUBUS [1] L. (*Ronce.*)

348. RUBUS SAXATILIS L., G. G. 1. 537. (*Ronce des rochers.*)

Mai, juin. R. R. Bois montueux près de Buxières! *des Etangs.* Cette plante est encore représentée, dans l'herbier de M. des Etangs, par des exemplaires venant d'Auberive! et d'Ecot (Haute-Marne), non loin de nos limites.

349. RUBUS CÆSIUS L., G. G. 1. 537. (*Ronce bleuâtre.*)

Juin, septembre. C. Lieux humides, champs; Troyes, aux Tauxelles! Saint-Parres-les-Tertres! *des Etangs;* talus du chemin de fer!! parc de Saint-Aventin!! etc.

350. RUBUS WAHLBERGII Arrh., G. G. 1. 539. (*Ronce de Wahlberg.*)

Mai, juin. A. C. Buissons, haies; Montgueux! forêt de Chaource! pré Dillon! Villenauxe! *des Etangs.*

351. RUBUS VESTITUS Weihe et Nees., G. G. 1. 541. (*Ronce vêtue.*)

Juin, août. Haies et bois, çà et là; Riceys, sur la route qui conduit à Châtillon! *des Etangs.*

352. RUBUS GLANDULOSUS Bellardi, G. G. 1. 542. (*Ronce glanduleuse.*)

Juin, août. Haies et bois; bois de Bouilly! *des Etangs.*

V. b. *umbrosus* Godron. Haies de la plaine de Foolz!!

353. RUBUS VULGARIS Weihe, Boreau, nº 765. (*Ronce commune.*)

Juin, août. Haies, bois ombragés; chemin de la Grande-Planche, près de Saint-André! chemin de Chanteloup! parc de Charmont! *des Etangs.*

---

[1] La plupart des espèces que nous publions ont été soumises par M. des Etangs à l'examen de M. le docteur Godron, qui a bien voulu les déterminer. MM. Boreau et Grenier en ont aussi déterminé quelques-unes. En raison des difficultés que ce genre présente pour la détermination des espèces, la nomenclature que nous présentons doit être très-incomplète au point de vue des richesses de notre flore, attendu qu'il reste à faire de nombreuses découvertes.

354. RUBUS RUDIS Weihe et Nees., G. G. 1. 544. (*Ronce rude.*)

Juin, juillet. Bois de Fontvannes!!

355. RUBUS TOMENTOSUS Borckh., G. G. 1. 544. (*Ronce tomenteuse.*)

Juin, août. Bois des Riceys! de Clairvaux! *des Etangs.*

356. RUBUS COLLINUS D. C., G. G. 1. 545. (*Ronce des collines.*)

Juin, juillet. Riceys, route de Châtillon! Riceys, bois d'Herbues! *des Etangs.*

357. RUBUS DISCOLOR Weihe et Nees., G. G. 1. 546. (*Ronce discolore.*)

Juin, août. C. Chaussée du Vouldy, à Troyes! chemin de Saint-Julien! La Moline, près de la papeterie! bois dit Pré-Dillon, aux Marots! *des Etangs.*

358. RUBUS THYRSOIDEUS Wimmer, G. G. 1. 547. (*Ronce en thyrse.*)

Juin, août. Sainte-Germaine, près de Bar-sur-Aube! Gérosdot! les Tauxelles! Fontvannes! *des Etangs.*

359. RUBUS RHAMNIFOLIUS Weihe et Nees., G. G. 1. 548. (*R. à feuilles de Nerprun.*)

Juin, juillet. Ricey-Haut! *des Etangs*; plaine de Foolz, dans une haie, près de la Rocatelle!!

360. RUBUS FRUTICOSUS L., G. G. 1. 549. (*Ronce frutescente.*)

Juin, août. Troyes, à Saint-Martin-ès-Vignes! Fossés-Patris! Pré-Dillon, aux Marots! Montgueux! *des Etangs;* Droupt-Sainte-Marie! les Petites-Chapelles! Boulages! Saint-Oulph! *MM. Hariot.*

361. RUBUS IDÆUS L., G. G. 1. 551. (*Ronce framboisier.*)

Mai, juillet. Forêt d'Orient! bois de Pont-sur-Seine! *des Etangs.*

127. ROSA [1] L. (*Rosier.*)

362. ROSA PIMPINELLIFOLIA Ser. et D. C., G. G. 1. 553. (*Rosier pimprenelle.*)

---

[1] Les observations mises à l'appui du genre *Rubus* peuvent s'appliquer également au genre *Rosa.*

Mai, juillet. Buissons, lieux pierreux, rochers; Lépine! Rosières! côte de Montgueux! *des Etangs;* Méry! Droupt-Saint-Bâle! garenne de La Perthe! *MM. Hariot;* La Chapelle-Saint-Luc!! etc.

V. b. *intermedia* Godron. *Rosa pimpinellifolia* L. Côte de Montgueux! *des Etangs.*

V. c. *spinosissima* Godron. *Rosa spinosissima* L. Côte de Montgueux! gravières de Saint-Martin! Engente! *des Etangs.* Commun aux Grandes-Chapelles! *P. Hariot.*

363. Rosa arvensis Huds., G. G. 1. 554. (*Rosier des champs.*)

Juin, juillet. Haies, bois, champs stériles; bois de Fontvannes! Fouchy! Amance! Buxières! Engente! *des Etangs;* Rumilly-les-Vaudes! *Ant. Le Grand;* bois de Bailly!! etc.

364. Rosa obtusifolia Desv., G. G. 1. 557. (*Rosier à feuilles obtuses.*)

Méry-sur-Seine! *Paul Hariot.* Plante déterminée par le docteur Ripart.

365. Rosa canina L., G. G. 1. 557. (*Rosier de chien.*)

Juin. Haies, buissons; La Grange-au-Rez! Troyes! côte de Montgueux! Pré-Dillon! Chantemerle! Rouvres! *des Etangs;* Méry!! Droupt-Saint-Bâle!! *P. Hariot.*

V. b. *dumetorum* Godron. *Rosa collina* D. C. Les Noës! La Chapelle-Saint-Luc! Pré-Dillon! Chicherey! Fouchy! Chantemerle! Bouilly! *des Etangs;* Saint-Parres-les-Tertres! *Antoine Le Grand.*

V. c. *hirtella* Godron. *Rosa andegavensis* Desv. Les Tauxelles! *des Etangs;* Pont-sur-Seine! Droupt-Saint-Bâle! *P. Hariot.*

V. d. *collina* Godron. *Rosa collina* Jacq. Bar-sur-Aube! Pont-Hubert! chemin de la Grande-Planche, à Saint-André! *des Etangs.*

366. Rosa dumetorum Thuillier, G. G. 1. 558. (*Rosier des buissons.*)

Mai, juin. Haies, buissons; Saint-Parres-les-Tertres! *Ant. Le Grand.*

367. Rosa frutetorum Besser, Boreau, n° 855. (*Rosier des broussailles.*)

Juin. Carrières de Saint-Parres-les-Tertres! *des Etangs.*

368. Rosa tomentosa Smith, G. G. 1. 559. (*Rosier tomenteux.*)

Juin, juillet. Haies, buissons, bois ; Bar-sur-Aube ! Montigny ! Quincey ! Cormost ! Saint-Martin, à Troyes ! *des Etangs ;* Droupt-Saint-Bâle !! *P. Hariot.*

369. Rosa pellita Ripart.

Les Grandes-Chapelles ! Pont-sur-Seine ! Droupt-Saint-Bâle ! *P. Hariot.* Plante déterminée par le docteur Ripart.

370. Rosa flexuosa Rau, Boreau, nº 867. (*Rosier flexueux.*)

Juin. Haies, buissons, bois ; Pré-Dillon, près des Marots, à Troyes ! *des Etangs.*

371. Rosa rubiginosa L., G. G. 1. 560. (*Rosier rouillé.*)

Juin. C. Haies, buissons, bois ; Saint-Parres-les-Tertres ! Dolancourt ! Riceys ! Montgueux ! Coursan ! *des Etangs ;* Droupt-Saint-Bâle ! les Grandes et les Petites-Chapelles ! *MM. Hariot ;* garennes de Villechétif !! etc.

V. b. *sepium* Godron ; *Rosa sepium* Thuillier ; Montgueux ! Riceys ! les Noës ! les Marots, près de Troyes !! *des Etangs ;* Méry ! Droupt-Saint-Bâle ! Charny-le-Bachot ! *P. Hariot.*

V. c. *comosa* Grenier. *Rosa comosa* Ripart. ; Grenier, *Flore jurassique,* p. 250. Montgueux ! chemin de Rosières ! Fontaine, près de Bar-sur-Aube ! *des Etangs ;* Droupt-Saint-Bâle ! *P. Hariot.*

V. d. *umbellata* Grenier. *Rosa umbellata* Leers., Grenier, *Flore jurassique,* p. 250. Côte de Montgueux ! *des Etangs ;* Droupt-Saint-Bâle ! la Perthe ! Etrelles ! *P. Hariot.*

372. Rosa agrestis Savi, Boreau, nº 871. (*Rosier agreste.*)

Méry ! Saint-Bâle ! Charny ! *P. Hariot.*

128. AGRIMONIA Tournefort. (*Aigremoine.*)

373. Agrimonia eupatoria L., G. G. 1. 561. (*Aigremoine eupatoire.*)

Juin, septembre. C. Prés secs, bords des chemins, haies, buissons et lieux incultes ; partout.

374. Agrimonia odorata Miller, G. G. 1. 562. (*Aigremoine odorante.*)

Juin, août. R. R. Lieux frais et herbeux; Gérosdot! forêt de Chaource, sur les bords de l'étang de Montchevreuil! *des Etangs.*

129. POTERIUM L. (*Pimprenelle.*)

375. Poterium dictyocarpum Spach, G. G. 1. 562. (*Pimprenelle reticulée.*)

Mai, juillet. C. Prés secs, pelouses, prairies artificielles; Rosières! Bar-sur-Aube! etc., *des Etangs;* commun dans les champs de Saint-Martin, à Troyes!! etc.

V. b. *glauca* Grenier. *Poterium glaucescens* Rchb. Dans les prés secs, à Méry! *Paul Hariot.*

130. SANGUISORBA L. (*Sanguisorbe.*)

376. Sanguisorba officinalis L., G. G. 1. 564. (*Sanguisorbe officinale.*)

Juillet, octobre. A. C. Prairies humides et tourbeuses; Villechétif!! Nogent! *des Etangs;* Rosières!! Fouchy!! etc.

131. ALCHEMILLA Tournefort. (*Alchémille.*)

377. Alchemilla arvensis Scop., G. G. 1. 565. (*Alchémille des champs.*)

Mai, septembre. C. C. Champs secs, partout.

XXXI. POMACÉES

132. MESPILUS L. (*Néflier.*)

378. Mespilus germanica L., G. G. 1. 567. (*Néflier d'Allemagne.*)

Mai. R. Haies, bois; entre Couvignon et Proverville! Pont-sur-Seine! Bucey! *des Etangs;* bois de Fouchy!!

133. CRATÆGUS L. (*Aubépine.*)

379. Cratægus oxyacantha L., G. G. 1. 567. (*Aubépine digyne.*)

Commencement de mai. C. Haies et bois, partout.

380. Cratægus monogyna Jacq., G. G. 1. 567. (*Aubépine monogyne.*)

Mai, juin. A. C. Haies, bois, buissons, mêlé au précédent et dans les mêmes stations; mais il est moins commun. On le trouve à Ailleville! Proverville! aux Tauxelles! au Pré-Dillon! au Pont-Hubert! etc., *des Etangs;* dans les haies, sur les bords du Canal, à Troyes!! etc.

134. CYDONIA Tournefort. (*Coignassier.*)

381. Cydonia vulgaris Pers., G. G. 1. 569. (*Coignassier commun.*)

Avril, mai. Cultivé et naturalisé çà et là dans les haies et les bois; Proverville, dans un vallon, à droite du Val-Perdu! Fontaine! bois entre Fuligny et Lévigny! *des Etangs;* bois de Rosières!!

135. PYRUS L. (*Poirier.*)

382. Pyrus communis L., G. G. 1. 570. (*Poirier commun.*)

Avril, mai. Dans les bois; Larrivour! Coursan! Bar-sur-Aube! Troyes! Belroy, près de Bar-sur-Aube! *des Etangs;* bois de Thouan!! etc.

V. b. *Pyraster* Wall. Colombey-la-Fosse! *des Etangs;* bois, à Méry! *P. Hariot;* haies de la plaine de Foolz!!

383. Pyrus salvifolia D. C., G. G. 1. 571. (*Poirier à feuilles de sauge.*)

Mai. R. Bois, haies; Montiéramey! Rumilly-les-Vaudes! *des Etangs.*

384. Pyrus cordata Desv., Boreau, n° 895. (*Poirier cordiforme.*)

Avril, mai. Bois de Thouan, près de Neuville-sur-Seine!!

385. Pyrus malus L., G. G. 1. 571. (*Pommier doucin.*)

Avril, mai. Haies et bois frais; Arrentières! Gérosdot! garenne de Villechétif! Larrivour! Bar-sur-Seine! etc. *des Etangs;* Méry! *P. Hariot.*

386. Pyrus acerba D. C., G. G. 1. 572. (*Pommier acide.*)

Avril, mai. Haies et bois çà et là; Arsonval, sur le chemin d'Eclance! Colombey-la-Fosse! bois de Bar-sur-Seine! Chappes! Bar-sur-Aube! forêt d'Orient! bois de Pontot! *des Etangs.*

136. SORBUS L. (*Sorbier.*)

387. SORBUS DOMESTICA L., G. G. 1. 572. (*Sorbier domestique.*)

Mai. R. Bois de Frenoy, à Montigny! parc de Brienne! Cunfin! Riceys! Bucey! *des Etangs;* bois de Thouan!! plaine de Foolz!!

388. SORBUS SCANDICA Fries, G. G. 1. 573. (*Sorbier de Scandinavie.*)

Mai, juin. R. R. Bois entre Couvignon et Proverville! *des Etangs.*

389. SORBUS ARIA Crantz, G. G. 1. 573. (*Sorbier allouchier.*)

Mai. A. C. Bois montueux, coteaux pierreux; Bar-sur-Aube, à Sainte-Germaine! au Val-Perdu! Proverville! Pont-sur-Seine! bois de Sainte-Maure, près de Bayel! Sommeval! Auxon! *des Etangs;* bois de Fontvannes!! de Thouan!! etc.

390. SORBUS LATIFOLIA Pers., G. G. 1. 574. (*Sorbier à larges feuilles.*)

Mai, juin. R. R. Garenne de Belroy, près de Bar-sur-Aube! *des Etangs.*

391. SORBUS TORMINALIS Crantz, G. G. 1. 574. (*Sorbier alisier.*)

Mai. C. Bois montueux; Montgueux! Coursan! Bossancourt! Bar-sur-Aube! côte Sainte-Germaine et côte de Troyes! Bar-sur-Seine! *des Etangs;* Plaine!! bois de Thouan!! etc.

137. AMELANCHIER Medik. (*Amelanchier.*)

392. AMELANCHIER VULGARIS Mœnch, G. G. 1. 575. (*Amelanchier commun.*)

Avril, mai. R. R. Bois entre Fuligny et Lévigny! *des Etangs.*

XXXII. ONAGRARIÉES

138. EPILOBIUM L. (*Epilobe.*)

393. EPILOBIUM PALUSTRE L., G. G. 1. 578. (*Epilobe des marais.*)

Juin, août. R. R. Lieux tourbeux ou marécageux ; forêt d'Orient, sur la grande ligne qui conduit du Mesnil-Saint-Père à la Loge-aux-Chèvres ! Gérosdot ! Lusigny ! *des Etangs.*

394. EPILOBIUM VIRGATUM Fries., G. G. 1. 578. (*Epilobe effilée.*)

Juin, août. A. R. Lieux tourbeux ou marécageux ; étang de Montmarché dans la forêt de Larrivour ! Bar-sur-Aube, côte de Troyes ! Gérosdot ! chemin entre la chaussée du Vouldy et celle des Blanchisseurs, à Troyes ! *des Etangs ;* Villepart !! marais de Villechétif !!

395. EPILOBIUM TETRAGONUM L., G. G. 1. 579. (*Epilobe tétragone.*)

Juin, septembre. A. C. Marais, bords des fossés, bois humides ; forêt d'Orient, près de la Ville-aux-Bois ! Pont-sur-Seine ! Brienne-Napoléon ! Eclance ! Gérosdot ! Chaource ! Saint-Julien !! *des Etangs;* Méry ! Saint-Oulph ! Droupt-Sainte-Marie ! *MM. Hariot ;* Montiéramey !! Mesnil-Saint-Père !! etc.

396. EPILOBIUM ROSEUM Schreb., G. G. 1. 580. (*Epilobe rose.*)

Juillet, septembre. R. Fossés, bords des ruisseaux ; chemin des Noës aux Marots ! Gelannes, près de Romilly ! *des Etangs.*

397. EPILOBIUM MONTANUM L., G. G. 1. 581. (*Epilobe de Montagne.*)

Juin, septembre. A. R. Terrains humides ; Bar-sur-Aube, côte de Troyes ! Bligny ! Vauchonvilliers ! Ageville ! Lusigny ! étang de la Morge-des-Champs ! *des Etangs ;* Méry ! *MM. Hariot ;* parc de Saint-Aventin !! etc.

398. EPILOBIUM PARVIFLORUM Schreb., G. G. 1. 582. (*Epilobe à petites fleurs.*)

Syn : *Epilobium molle* Lam.

Juin, août. C. Lieux frais, bords des eaux, partout.

399. EPILOBIUM HIRSUTUM L., G. G. 1. 582. *(Epilobe velu.)*

Juilet, septembre. C. Bords des eaux ; Fouchy ! Couvignon ! marais de Villechétif !! Charmont !! *des Etangs;* Méry ! *MM. Hariot;* Villebertin !! Lusigny !! etc.

400. EPILOBIUM SPICATUM Lam., G. G., 1. 583. (*Epilobe à épi.*)

Syn : *Epilobium angustifolium* L.

Juin, septembre. R. Bois ; forêt de Fiel ! forêt de Clairvaux, au Val-Saint-Bernard ! Vernonvilliers ! Chappes ! *des Etangs* ; forêt de Larrivour !!

401. EPILOBIUM ROSMARINIFOLIUM Hœnck., G. G. 1. 583. (*E. à feuilles de Romarin.*)

Syn : *Epilobium angustifolium* Lam., *E. Dodonæi* Vill.

Juin, août. R. R. Lieux pierreux et humides, bois ; Bayel, près de la ferme de la Bonde et du pont-viaduc, sur les déblais de la tranchée ! *des Etangs*.

139. ŒNOTHERA L. (*Onagre.*)

402. ŒNOTHERA BIENNIS L., G. G. 1. 584. (*Onagre bisannuelle.*)

Juin, septembre. A. C. Chaussée de Fouchy, près du pont, *Corrard de Breban ;* talus du chemin de fer, au faubourg Croncels, à Troyes !! chaussée des Blanchisseurs !! Fouchères !! etc., etc.

140. ISNARDIA L. (*Isnarde.*)

† 403. ISNARDIA PALUSTRIS L., G. G. 1. 585.) *Isnarde des marais.*)

Juin, septembre. Arcis-sur-Aube, *M. Bourguignat* (Cat. des des pl. de l'Aube, p. 179.) Cette plante n'existe pas dans l'herbier de l'Aube de M. des Etangs.

141. CIRCÆA L. (*Circée.*)

404. CIRCÆA LUTETIANA L., G. G. 1. 586. (*Circée parisienne.*)

Juin-septembre. C. Lieux frais et couverts, haies, bois ; Amance ! forêt d'Orient ! la Ville-aux-Bois ! la Loge-aux-Chèvres ! ruelle des Gayettes, à Troyes ! Chappes ! *des Etangs ;* Fouchy !! *Corrard de Breban ;* Saint-André !! Villebertin !! etc.

† 405. Circæa intermedia Ehrh., G. G. 1. 586. (*Circée intermédiaire.*)

Forêt d'Orient, non loin du pavillon Saint-Charles, *M. Bourguignat* (Cat. des pl. de l'Aube, p. 180). Cette plante ne se trouve pas dans l'herbier de l'Aube de M. des Etangs.

XXXIII. HALORAGÉES

142. MYRIOPHYLLUM Vaill. (*Myriophylle.*)

406. Myriophyllum verticillatum L., G. G. 1. 587. (*Myriophylle verticillé.*)

Juin, septembre. C. Etangs, fossés, lieux fangeux; fossés de Mathaux, près de Bar-sur-Aube ! Saint-Julien ! *des Etangs ;* Méry ! *MM. Hariot.*

V. b. *intermedium* Koch, marais de Villechétif !!

V. c. *pectinatum* Wallr., marais de Villechétif ! *des Etangs.*

407. Myriophyllum spicatum L., G. G. 1. 588. (*Myriophylle à épi.*)

Mai, août. R. Mêmes lieux que le précédent, dans les eaux paisibles; sous les ponts, en allant au Pont-Hubert ! bief du moulin de Pontot ! *des Etangs ;* Châtres ! *MM. Hariot.*

143. TRAPA L. (*Macre.*)

408. Trapa natans L., G., G. 1. 589. (*Macre flottante.*)

Juin, août. R. Etangs, mares profondes ; étang Carré, entre Montiéramey et Gérosdot ! étang de la ferme de Maurepaire, près de Piney ! *des Etangs.* M. Corrard de Breban indique cette plante à Lusigny, Larrivour, et dans plusieurs étangs des environs.

XXXIV. HIPPURIDÉES

144. HIPPURIS L. (*Pesse.*)

409. Hippuris vulgaris L., G. G. 1. 589. (*Pesse commune.*)

Juin, août. A. C., mais non partout. Lieux bourbeux, bords des étangs et des rivières à fond limoneux; ruisseau de Rosières à Bréviandes! bief du moulin de Pontot! fossés, près du château de Saint-Parres-les-Tertres! *des Etangs;* au Labourat, sous un des ponts de la route, *Corrard de Breban;* Méry! Droupt-Sainte-Marie! Saint-Oulph! Viâpres-le-Grand! Châtres! *MM. Hariot;* parc de Saint-Aventin!! Saint-Mesmin!!

XXXV. CALLITRICHINÉES

145. CALLITRICHE L. (*Callitriche.*)

410. CALLITRICHE STAGNALIS Scop., G. G. 1. 590. (*Callitriche des étangs.*)

Printemps et automne. C. Dans les mares et les ruisseaux; Bar-sur-Aube! Montier-en-l'Isle! Clairvaux! Eclance! Soulaines! Amance! forêt d'Orient! étang de Bligny! *des Etangs;* Méry! *MM. Hariot;* Fouchy!! Barberey!! etc.

411. CALLITRICHE PLATYCARPA Kutzing, G. G. 1. 591. (*C. à larges fruits.*)

Du printemps à l'automne. A. C. Mares et ruisseaux; Bar-sur-Aube, dans le ruisseau du tour de ville! La Ville-aux-Bois-lès-Soulaines! grande ligne de la forêt d'Orient! Fuligny! *des Etangs;* Méry! *MM. Hariot;* Barberey!! Fouchy!! etc.

412. CALLITRICHE VERNA Kutzing, G. G. 1. 591. (*Callitriche printanière.*)

Du printemps à l'automne. C. Mares et ruisseaux; fossés de Mathaux, à Bar-sur-Aube! *des Etangs;* Méry! *MM. Hariot;* etc.

413. CALLITRICHE AMULATA Kutzing, G. G. 1. 591. (*Callitriche en hameçon.*)

Du printemps à l'automne. R. Marais, ruisseaux; Proverville! Rumilly-les-Vaudes! *des Etangs;* Méry! *P. Hariot;* dans l'Hozain, à Villepart!!

XXXVI. CÉRATOPHYLLÉES

146. CERATOPHYLLUM L. (*Cornifle.*)

414. CERATOPHYLLUM DEMERSUM L., G. G. 1. 592. (*Cornifle nageant.*)

Juillet, septembre. C. Eaux paisibles, étangs, rivières ; Nogent-sur-Seine ! Troyes, dans le canal et les fossés !! Bar-sur-Aube ! Belroy ! étang de Bligny ! *des Etangs ;* Saint-Oulph ! *MM. Hariot ;* fossés de Montier-la-Celle !! Villemereuil !! etc.

XXXVII. LYTHRARIÉES

147. LYTHRUM L. (*Salicaire.*)

415. Lythrum salicaria L., G. G. 1. 593. (*Salicaire commune.*)

Juillet, septembre. C. C. Lieux humides, fossés, bords des eaux, partout.

416. Lythrum hyssopifolia L., G. G. 1. 594. (*Salicaire à feuilles d'hysope.*)

Juin, septembre. R. Lieux sablonneux et humides ; Ville-sur-Terre ! Eclance ! Gérosdot ! bois du Petit-Mesnil, à Trannes ! Soulaines ! *des Etangs ;* Courteranges, le long des chemins, *Corrard de Breban ;* abondant à Méry, au lieu dit les Armances ! *MM. Hariot ;* Brienne ! *P. Hariot ;* plaine de Foolz !! M. l'abbé d'Antessanty l'a récolté à Chaumesnil.

148. PEPLIS L. (*Péplide.*)

417. Peplis portula L., G. G. 1. 597. (*Péplide pourpier.*)

Juin, septembre. A. R. Bords des eaux, sables humides, fossés des bois, lieux inondés pendant l'hiver ; Villenauxe ! étang de la Morge-des-Champs ! Montiéramey !! bois de Bailly !! Chappes ! Eclance ! Gérosdot ! mare de la côte de Bouilly ! grande ligne de la forêt d'Orient !! *des Etangs ;* bois de Pont-sur-Seine ! *P. Hariot.*

XXXVIII. CUCURBITACÉES

149. BRYONIA L. (*Bryone.*)

418. Bryonia dioica Jacquin, G. G. 1. 603. (*Bryone dioique.*)

Juin, juillet. A. C. Haies, buissons ; se rencontre généralement dans toutes les localités du département, notamment dans les haies des environs de la ville de Troyes.

Obs. On cultive dans les jardins, pour l'alimentation, le *cucumis sativus* L. et le *cucumis melo* L.; le premier sous le nom vulgaire de *concombre* et le deuxième sous celui de *melon*. On cultive encore le *cucurbita maxima* Duchesne, sous le nom vulgaire de *courge* ou *courge potiron*.

XXXIX. PORTULACÉES

150. PORTULACA Tournefort. (*Pourpier*.)

419. PORTULACA OLERACEA L., G. G. 1. 605. (*Pourpier cultivé.*)

Mai, septembre. A. C. Vignes, jardins, décombres; Méry! *MM. Hariot;* parc de Saint-Aventin!! station de Jessains!! cour du musée, à Troyes!! etc.

151. MONTIA L. (*Montie.*)

420. MONTIA MINOR Gmel., G. G. 1. 606. (*Montie naine.*)

Syn : *Montia fontana* L.

Avril, septembre. A. C., mais non partout; sur les pelouses humides et dans les champs sablonneux; Montiéramey!! Eclance! La Ville-aux-Bois! Villenauxe! plaine de Foolz!! Vaudes! *des Etangs*.

XL. PARONYCHIÉES

152. HERNIARIA Tournefort. (*Herniaire.*)

421. HERNIARIA GLABRA L., G. G. 1. 611. (*Herniaire glabre.*)

Mai, septembre. C. Dans les champs; Fontaine! La Ville-aux-Bois! Courtenot! Jessains! Brienne-la-Vieille! Unienville! Ailleville! *des Etangs*; Méry! Saint-Oulph! Droupt-Sainte-Marie! *MM. Hariot;* Villechétif!! Creney!! champs de Montgueux!! etc.

422. HERNIARIA HIRSUTA L., G. G. 1. 612. (*Herniaire velue.*)

Mai, septembre. R. R. Lieux sablonneux; Dienville! Villenauxe, à gauche de la route de Nogent! Soulaines! *des Etangs.*

153. SCLERANTHUS L. (*Gnavelle.*)

423. SCLERANTHUS ANNUUS L., G. G. 1. 614. (*Gnavelle annuelle.*)

Mai, octobre. A. C. Champs sablonneux; Eclance! Jessains! Montiéramey!! Bailly!! Amance! Gérosdot! Rumilly-les-Vaudes! *des Etangs;* très-commun dans certaines parties de la plaine de Foolz!!

XLI. CRASSULACÉES

154. SEDUM D. C. (*Orpin.*)

424. SEDUM TELEPHIUM L., G. G. 1. 618. (*Orpin reprise.*)

Août, septembre. A. R. Haies, bois humides; garenne près de Bossancourt! *des Etangs;* Méry! *MM. Hariot;* bois de Fouchy!! *Corrard de Breban;* bois de Vaux!! Villebertin!! forêt d'Orient!!

425. SEDUM CEPÆA L., G. G. 1. 619 (*Orpin paniculé.*)

Juillet, septembre. R. R. Haies des lieux sablonneux, lieux pierreux et couverts; Lusigny, dans une haie du village! Vendeuvre! vignes de Rumilly-les-Vaudes! *des Etangs.*

426. SEDUM RUBENS L., G. G. 1. 620. (*Orpin rougeâtre.*)

Mai, juillet. R. R. Vignes, champs argilo-siliceux; vignes de Dolancourt! Bayel! *des Etangs.*

427. SEDUM ALBUM L., G. G. 1. 623. (*Orpin blanc.*)

Juin, juillet. A. C. Murs, rochers, vignes; vignes de Saint-Martin! des Noës! *Corrard de Breban, des Etangs;* Méry! Droupt-Sainte-Marie! *MM. Hariot;* Saint-Julien, sur le chemin de fer!! Clérey!! Saint-Mesmin!! etc.

428. SEDUM ACRE L., G. G. 1. 625. (*Orpin âcre.*)

Juin, juillet. C. C. Bords des chemins, sable, vieux murs, toits, partout.

V. b. *sexangulare* Godron. Bar-sur-Aube, sur un mur! bois au-dessus du moulin de Pontot! sur le grand pont de Saint-Julien! *des Etangs;* Pont-sur-Seine! *P. Hariot.*

429. SEDUM BOLONIENSE Lois., G. G. 1. 626. (*Orpin de Boulogne.*)

Juin, juillet. A. C. Lieux sablonneux des terrains calcaires ou crayeux; Bayel! Arsonval! Soulaines! Barberey! Saint-Julien! vignes de Saint-Martin! *des Etangs;* bois de Fouchy! *Ant. Le Grand;* Méry! *MM. Hariot;* Pont-sur-Seine!!

430. Sedum reflexum L., G. G. 1. 626. (*Orpin penché.*)

Juillet, août. A. R. Rochers, murs, lieux sablonneux; vignes des Hauts-Clos, près de Troyes ! *des Etangs ;* talus du chemin de fer, près de Saint-Julien !!

431. Sedum elegans Lej., G. G. 1. 626. (*Orpin élégant.*)

Juin, juillet. R. R. Terrains sablonneux du bois de Chappes, sur le revers d'un fossé, à gauche de la ligne qui se dirige sur Bailly ! *des Etangs.*

155. SEMPERVIVUM L. (*Joubarbe.*)

432. Sempervivum tectorum L., G. G. 1. 628. (*Joubarbe des toits.*)

Juillet, septembre. A. C. Sur les vieux toits de chaume ; Troyes !! *des Etangs.* Méry ! *MM. Hariot ;* le Bachot, près de Plancy ! *P. Hariot,* etc.

XLII. GROSSULARIÉES.

156. RIBES L. (*Groseillier.*)

433. Ribes uva-crispa L., G. G. 1. 634. (*Groseillier épineux.*

Mars, mai. C. Haies, buissons, lieux pierreux, sur le terreau formé dans le creux des têtes de saules ; à peu près partout.

434. Ribes alpinum L., G. G. 1. 635. (*Groseillier des Alpes.*)

Avril, mai. R. R. Haies, buissons ; route de Rouvres à Auberive, dans le bois de la Fourretière ! *des Etangs.*

435. Ribes rubrum L., G. G. 1. 636. (*Groseillier rouge.*)

Avril, mai. C. Haies, bois humides ; vallon de Clairvaux à Arconville ! garenne de Belroy, près de Bar-sur-Aube ! Vendeuvre-sur-Barse, au bas de l'étang du Chaffaut ! garenne de Villechétif !! bois de Linçon, près de Saint-Germain ! *des Etangs ;* Méry ! *MM. Hariot ;* bois de Fouchy !! etc.

XLIII. SAXIFRAGÉES.

157. SAXIFRAGA L. (*Saxifrage.*)

436. Saxifraga granulata L., G. G. 1. 641. (*Saxifrage granulée.*)

Mai, juin. R. R. Prés secs, bords des bois sablonneux ; bois, près de Vauchonvilliers ! Bar-sur-Seine, près de la ferme de la Commanderie ! *des Etangs;* bords de la plaine de Foolz, près de la Rocatelle ! *A. Le Grand.*

437. SAXIFRAGA TRIDACTYLITES L., G. G. 1. 643. (*Saxifrage trilobée.*)

Mars, mai. C. C. Lieux sablonneux, vieux murs, sur les toits, dans les cours, partout.

158. CHRYSOSPLENIUM L. (*Dorine.*)

438. CHRYSOSPLENIUM ALTERNIFOLIUM L., G. G. 1. 660. (*D. à feuilles alternes.*)

Mai. R. R. Bois et lieux humides ; forêt d'Orient, sur les bords du canal, près de la Loge-aux-Chèvres ! bords de l'ancien canal, avant le Pavilllon-Saint-Charles ! ru de la fontaine Colette, en aval de la grande ligne de Radonvilliers au Mesnil-Saint-Père, près de cette dernière localité ! *des Etangs ; Ant. Le Grand.*

439. CHRYSOSPLENIUM OPPOSITIFOLIUM L., G. G. 1. 660. (*D. à feuilles opposées.*)

Mai. R. R. Mêmes lieux que le précédent ; forêt d'Orient, ru qui traverse la grande ligne du Mesnil-Saint-Père à Radonvilliers, et va se jeter dans l'étang de la Morge ! *des Etangs.*

XLIV. OMBELLIFÈRES

159. DAUCUS L. (*Carotte.*)

440. DAUCUS CAROTTA L., G. G. 1. 665. (*Carotte commune.*)

Juin, octobre. C. C. Prés, pâturages, champs, partout.

Obs. C'est par erreur que M. Corrard de Breban a signalé, dans les Mémoires de la Société académique de 1829, page 59, le *Daucus visnaga* Lam., comme appartenant au département de l''Aube ; c'est une plante méridionale qui n'appartient pas à notre flore.

160. ORLAYA Hoffm. (*Orlaye.*)

441. ORLAYA GRANDIFLORA Hoffm., G. G. 1. 671. (*Orlaye à grandes fleurs.*)

Syn : *Caucalis grandiflora* L.

Juin, août. R. Champs, moissons; Creney! Luyères! Beauvoir, près des Riceys! Rumilly-les-Vaudes! *des Etangs;* Bouilly! *Ant. Le Grand;* les Grandes-Chapelles! *MM. Hariot;* Souligny! *Corrard de Breban;* Charmont!!

161. TURGENIA Hoffm. (*Turgénie.*)

442. Turgenia latifolia Hoffm., G. G. 1. 673. (*Turgénie à larges feuilles.*)

Syn : *Caucalis latifolia* L.

Juin, août. A. C. Dans certaines localités, mais non partout; champs, moissons; Amance! Ruvigny! la Chapelle-Saint-Luc! Sacey! Lirey! *des Etangs;* Saint-Pouange, *Corrard de Breban;* Montgueux! *P. Hariot;* commune dans les moissons de Rumilly et de Saint-Parres-les-Vaudes!!

162. CAUCALIS Hoffm. (*Caucalide.*)

443. Caucalis daucoides L., G. G. 1. 674. (*Caucalide fausse-carotte.*)

Mai, juillet. A. C. Champs, moissons; Amance! Bar-sur-Aube! Rosières! *des Etangs;* rare dans le canton de Méry, *MM. Hariot;* commune dans les champs de Saint-Parres-les-Tertres!! Rumilly-les-Vaudes!! etc.

163. TORILIS Hoffm. (*Torilis.*)

444. Torilis anthriscus Gmel., G. G. 1. 675. (*Torilis des haies.*)

Juin, août. C. Bords des bois, des haies, lieux incultes, buissons, partout.

445. Torilis helvetica Gmelin, G. G. 1. 675. (*Torilis de Suisse.*)

Juillet, septembre. C. C. Champs, bords des haies.

V. a. *divaricata* D. C. Troyes! La Chapelle-Saint-Luc! *des Etangs;* sur le chemin de fer, près de la gare, à Troyes!! etc.

V. b. *anthriscoides* D. C. *Scandix infesta* L. Bois de Sommeval! *des Etangs;* Saint-Julien!! bords du bois de Fouchy!! etc.

Ces deux variétés se rencontrent dans tout le département.

446. Torilis nodosa Gœrtn., G. G. 1. 676. (*Torilis noueux.*)

Syn : *Tordylium nodosum* L.

Juin, juillet. R. R. Lieux secs et incultes, bords des champs et des chemins; Bar-sur-Aube, sur le chemin de Fontaine, par le faubourg Saint-Nicolas! Saint-Loup! *des Etangs.*

164. CORIANDRUM L. (*Coriandre.*)

447. Coriandrum sativum L., G. G. 1. 678. (*Coriandre cultivé.*)

Juin, juillet. Troyes, sur des décombres, à la porte de la Madeleine! *des Étangs.* Subspontané.

165. LASERPITUM L. (*Laser.*)

448. Laserpitum latifolium L., G. G. 1. 680. (*Laser à larges feuilles.*)

V. b. *asperum* Soy-Willm. *Laserpitum asperum* Crantz.

Juillet, août. R. Bois des terrains calcaires; Riceys! bois de Devois! Verpillières! bois de Thouan!! Bar-sur-Seine! bois de More! *des Etangs.*

166. ANGELICA L. (*Angélique.*

449. Angelica sylvestris L., G. G. 1. 684. (*Angélique sauvage.*)

Juillet, septembre. C. Se rencontre partout dans les endroits humides, dans les bois, le long des fossés, dans les prairies marécageuses; Bar-sur-Aube! Eclance! Villechétif!! *des Etangs;* Fouchy!! dans les fossés le long du Canal, à Troyes!! etc.

167. SELINUM L. (*Sélin.*)

450. Selinum carvifolia L., G. G. 1. 686. (*Sélin à feuilles de Carvi.*)

Juillet, septembre. R. R. Prés et bois humides; ferme de Méline, près de Rouvres! marais tourbeux de saussaye, à Villevoque, près de Piney! *des Etangs;* Crespy, dans le bois de l'Ajou, près de Brienne! *P. Hariot.*

168. PEUCEDANUM Koch. (*Peucédane.*)

451. Peucedanum cervaria Lap., G. G. 1. 688. (*Peucedane des cerfs.*)

Juillet, septembre. R. Coteaux et bois des terrains calcaires; Brienne-la-Vieille! Bar-sur-Seine! *des Etangs;* bois de Thouan!!

Obs. Le *Peucedanum oreoselinum* Mœnch, a été signalé à Laines-aux-Bois, par M. Corrard de Breban (Mémoires de la Société Académique, 1829, page 59). Cette plante doit être rejetée de la flore de l'Aube, parce qu'il y a eu confusion avec le *Peucedanum alsaticum,* qui existe seul dans cette localité.

452. Peucedanum alsaticum L., G. G. 1. 689. (*Peucedane d'Alsace.*)

Juillet, septembre R. Haies, pelouses sèches, bois; Laines-aux-Bois! *Corrard de Breban;* Quincey! *des Etangs;* Pont-sur-Seine, dans la grande allée du bois, au pied de la côte!! *P. Hariot;* allée du château de Rosières, à hauteur d'une ancienne carrière de sable!! bords du chemin qui conduit au village de ce nom, près du parc du château!! Torvilliers!!

453. Peucedanum carvifolium Vill., G. G. 1. 690. (*P. à feuilles de Carvi.*)

Juillet, septembre. A. R. Lieux humides; garenne de Belroy, près de Bar-sur-Aube!! Clairvaux, près du mur d'enceinte de la prison! Piney! Chappes, au bas des vignes! haies entre Lusigny et la ferme de Pont-Barse! Rosson, sur les bords du chemin qui conduit à Sacey! *des Etangs;* Bar-sur-Aube! *Ant. Le Grand;* Brienne, où il est abondant! *P. Hariot.*

V. b. *heterophyllum* Vis. Garenne de Belroy, près de Bar-sur-Aube!!

† 454. Peucedanum palustre Mœnch, G. G. 1. 690. (*Peucedane des marais.*)

Juillet, août. Signalé aux marais de Saint-Germain par M. Corrard de Breban (Mémoires de la Société Académique, 1829, p. 59). Cette plante, qui n'a pas été retrouvée depuis cette époque, du moins à notre connaissance, doit être considérée comme douteuse. Elle n'existe pas dans l'herbier de l'Aube de M. des Etangs.

169. PASTINACA L. (*Panais.*)

455. Pastinaca sativa L., G. G. 1. 693. (*Panais cultivé.*)

Juillet, septembre. C. C. Prés, lieux incultes, partout.

170. HERACLEUM L. (*Berce.*)

456. Heracleum spondylium L., G. G. 1. 696. (*Berce brancursine.*)

Juin, octobre. C. C. Prairies, bois, dans tout le département.

171. TORDYLIUM L. (*Tordylier.*)

457. Tordylium maximum L., G. G. 1. 698. (*Tordylier élevé.*)

Juillet, août. R. R. Lieux secs et pierreux, bords des haies et des chemins; Bar-sur-Aube, ancien chemin des Romains! Sainte-Germaine! Montgueux, petit bois près de la sablonnière! *des Etangs.*

172. SILAUS Besser. (*Silaus.*)

458. Silaus pratensis Besser, G. G. 1. 701. (*Silaus des prés.*)

Syn : *Peucedanum silaus* L.

Juin, septembre. C. Bois humides, prés argileux; Clairvaux! Ville-sur-Terre! Vendeuvre! Villechétif!! Riceys! Bar-sur-Aube! *des Etangs;* prairies de Saint-Parres-les-Tertres!! bois de Saint-Aventin!! plaine de Foolz!! etc.

173. SESELI L. (*Séséli.*)

459. Seseli montanum L., G. G. 1. 709. (*Séséli de montagne.*)

Août, octobre. C. Coteaux buissonneux, haies, bois secs; Quincey! Auxon! Riceys! Doches! Engente! Lignol! Laines-aux-bois! *des Etangs;* commun dans le canton de Méry! *MM. Hariot;* allée du château de Rosières!! bords du bois de Macey!! Fontvannes!! etc.

V. b. *glaucum; Seseli glaucescens* Jord! *Flore des environs de Paris,* Cosson et Germain, p. 262. Cette forme est très-commune dans les lieux très-arides de nos terrains crayeux.

460. Seseli coloratum Ehrh., G. G. 1. 709. (*Séséli coloré.*)

Juillet, septembre. R. R. Coteaux herbeux, bois secs; bois dit Buisson-Rond, entre Maraye et Bercenay-en-Othe! *des Etangs* et *Ant. Le Grand.*

461. Seseli libanotis Koch, G. G. 1. 710. (*Séséli libanotide.*)

Juillet, octobre. R. Bois montagneux, coteaux pierreux des terrains calcaires; Cunfin! Riceys-Bas! bois de Devois! *des Etangs;* bois de Thouan!! bois de Gyé!! de Plaines, où il est commun!!

174. FŒNICULUM Hoffm. (*Fenouil.*)

462. Fœniculum vulgare Gœrtn., G. G. 1. 712. (*Fenouil commun.*)

Juillet, août. C. Lieux secs et pierreux, haies, ruines; rues de Saint-Benoît-sur-Seine! Fontvannes! *Corrard de Breban;* Creney! *des Etangs;* Méry! Châtres! Champigny! *MM. Hariot;* côte de Montgueux!! Troyes, où il est très-commun sur les voies ferrées et aux environs de la ville!! etc.

175. ÆTHUSA L. (*Ethuse.*)

463. Æthusa cynapium L., G. G. 1. 712. (*Ethuse persil de chien.*)

Juillet, octobre. C. Lieux frais et cultivés, jardins; champs du Petit-Saint-Julien! *des Etangs;* commun dans le canton de Méry! *MM. Hariot;* Barberey!! Troyes!! Verrières!! Saint-Aventin!! etc.

176. ŒNANTHE L. (*Œnanthe.*)

464. Œnanthe Lachenalii Gmel., G. G. 1. 714. (*Œnanthe de Lachenal.*)

Juillet, septembre. A. C. Dans les pâturages humides, les prés marécageux, les marais; Villechétif!! Romilly! étang de Bailly! Barberey-aux-Moines!! Saint-Pouange! Chapelle-Saint-Luc! Bray-sur-Seine! Rouilly! Pont-Hubert! Ervy! *des Etangs;* commun dans le canton de Méry! *MM. Hariot.*

465. Œnanthe peucedanifolia Poll., G. G. 1. 715. (*Œ. Peucedane.*)

Mai, juillet. A. C. Prairies humides; Barberey!! Pont-Sainte-

Marie! Villechétif!! prairies entre Ricey-Haut et Ricey-Bas! fossés de la ferme de l'Hospice, à La Chapelle-Saint-Luc! prairies du château Saint-Victor, près de Soulaines! prairies entre Eclance et Vernonvilliers! *des Etangs;* Gérosdot! *Ant. Le Grand;* Saint-Oulph! Droupt-Sainte-Marie! *MM. Hariot;* prairies de Saint-Parres-les-Tertres!! etc.

466. ŒNANTHE FISTULOSA L., G. G. 1. 715. (*Œnanthe fistuleuse.*)

Juin, juillet. A. C. Marais, fossés, étangs; Brienne-Napoléon! Barberey, dans le canal! Villepart, dans la Seine! Romilly! *des Etangs;* dans les fossés de Montier-la-Celle, *Corrard de Breban;* commun dans le canton de Méry! *MM. Hariot;* marais de Pont-sur-Seine!! Saint-Mesmin!! etc.

467. ŒNANTHE PHELLANDRIUM Lam., G. G. 1. 716. (*Œ. phellandrie.*)

Juin, août. C. Fossés profonds, mares, étangs; mares des tuileries de Montigny! Gérosdot! étang de la Morge-des-Champs, près du Mesnil-Saint-Père! *des Etangs;* canal de la Tannerie, à Troyes!! *Ant. Le Grand;* commun dans le canton de Méry! *MM. Hariot;* fossés de Montier-la-Celle!! des prairies de Saint-Parres!! etc.

Obs. L'*Œnanthe pimpinelloides* a été indiquée comme appartenant à la flore de l'Aube, par M. Corrard de Breban (Mémoires de la Société Académique, 1829, p. 59.) Ce doit être par confusion avec *Œnanthe Lachenalii* ou *peucedanifolia*, qui ne sont pas rares dans le département. Mais nous n'avons rencontré dans aucune localité, ni vu dans les documents nombreux que nous avons consultés, l'*Œnanthe pimpinelloides.* Jusqu'à plus ample informé, elle doit être exclue de notre flore.

177. BUPLEURUM L. (*Buplèvre.*)

468. BUPLEURUM ROTUNDIFOLIUM L., G. G. 1. 717. (*B. à feuilles arrondies.*)

Juin, juillet. A. R. Champs et moissons des terrains calcaires et argileux; Voigny! faubourg Sainte-Savine, sur un toit! *des Etangs;* Saint-Julien!! *P. Hariot;* très-rare dans le canton de Méry où il n'a été signalé qu'une fois dans un jardin! *MM. Hariot;* sur les talus du chemin de fer, près de la gare, à Troyes!! Villemereuil!! Fontvannes!! etc.

469. Bupleurum tenuissimum L., G. G. 1. 723. (*Buplèvre grêle.*)

Juillet, septembre. R. R. Pelouses incultes, bords des chemins ; Les Croûtes, près d'Ervy ! tuilerie de la Belle-Épine, à Brevonnes ! Gérosdot, sur les pelouses ! *des Etangs.*

470. Bupleurum falcatum L., G. G. 1. 725. (*Buplèvre en faux.*)

Août, octobre. C. Coteaux, lieux pierreux, haies, bords des bois, partout.

178. SIUM L. (*Berle.*)

471. Sium latifolium L., G. G. 1. 726. (*Berge à larges feuilles.*)

Juillet, août. A. R. Eaux paisibles, marais, fossés ; Foicy ! Arcis ! *des Etangs ;* marais entre Payns et Saint-Lyé ! *Corrard de Breban ;* Méry ! Droupt-Sainte-Marie ! Châtres ! Viâpres-le-Petit ! *MM. Hariot ;* marais de Pont-sur-Seine !! fossés des prairies de Saint-Parres-les-Tertres, près du château !!

179. BERULA Koch. (*Bérule.*)

472. Berula angustifolia Koch, G. G. 1. 726. (*B. à feuilles étroites.*)

Syn : *Sium angustifolium* L.

Juillet, septembre. A. C. Fossés, ruisseaux, étangs ; marais de Villechétif !! de Saint-Pouange ! bords de la Seine, au pont Sainte-Marie ! *des Etangs ;* Pont-sur-Seine ! *P. Hariot ;* Montier-la-Celle !! Villebertin !! Clérey !! etc.

180. PIMPINELLA L. (*Boucage.*)

473. Pimpinella magna L., G. G. 1. 727. (*Boucage élevé.*)

Juillet, septembre. C. Prés, haies humides, bois frais ; Bar-sur-Aube ! bois de la côte de Couvignon ! garenne de Villechétif !! *des Etangs ;* bois de Fouchy !! etc.

474. Pimpinella saxifraga L., G. G. 1. 727. (*Boucage saxifrage.*)

Juillet, septembre. C. C. Pelouses sèches, lieux incultes, bords des chemins, partout.

181. BUNIUM L. (*Bunium.*)

475. BUNIUM CARVI Bieb., G. G. 1. 729. (*Bunium officinal.*)

Syn : *Carum Carvi* L.

Mai, juin et en septembre. R. R. Pré au bas du pont de Foicy ! *des Etangs*. Prairies et allée du château de Vaux !!

476. BUNIUM BULBOCASTANUM L., G. G. 1. 730. (*Bunium terre-noix.*)

Juin, juillet. A. C. Champs, moissons ; Saint-André, *Corrard de Breban ;* Champs de Saint-Parres-les-Tertres !! de Saint-Parres-les-Vaudes !! etc.

182. ÆGOPODIUM L. (*Egopode.*)

477. ÆGOPODIUM PODAGRARIA L., G. G. 1. 731. (*E. podagraire.*)

Mai, juillet. A. C. Lieux frais, haies humides ; Brienne-Napoléon ! Riceys ! Chapelle-Saint-Luc ! *des Etangs* ; Méry ! où il est rare, *P. Hariot ;* commun aux environs de Troyes ; la Vacherie !! les Marots !! Sainte-Savine !! etc.

183. AMMI Tournefort. (*Ammi.*)

478. AMMI MAJUS L., G. G. 1. 731. (*Ammi élevé.*)

Juillet, août. A. C. Champs, lieux sablonneux ; Montgueux ! la Chapelle-Saint-Luc ! *des Etangs ;* Méry ! *MM. Hariot* ; Chicherey ! *Corrard de Breban ;* Saint-Parres-les-Tertres !! champs de Saint-Martin !! Villepart !! etc.

V. c. *glaucifolium* Noulet., *Ammi glaucifolium* L. Saint-Martin ! Lavau ! Laubressel ! *des Etangs*.

184. SISON Lagasc. (*Sison.*)

479. SISON AMOMUM L., G. G. 1. 732. (*Sison amome.*)

Juillet, septembre. A. R. Haies humides, bords des champs, surtout dans les terrains argileux et calcaires ; les Croûtes près d'Ervy ! Montiéramey ! Bailly !! la Villeneuve, route de Bar-sur-Aube ! Vauchonvilliers ! *des Etangs ;* Radonvilliers, près de Brienne ! *P. Hariot ;* Fouchères !! Saint-Aventin !!

185. PTYCHOTIS Koch. (*Ptychotis.*)

480. Ptychotis heterophylla Koch, G. G. 1. 734. (*P. hétérophylle.*)

Syn : *Seseli saxifragum* L.

Juillet, août. R. Coteaux arides, calcaires et crayeux; Jessains! Luyères! Creney! Ricey-Bas! coteaux, entre Torvilliers et Montgueux!! Amance! Longchamps, près de Clairvaux! *des Etangs.*

186. HELOSCIADIUM Koch. (*Hélosciadie.*)

481. Helosciadium nodiflorum Koch, G. G. 1. 735. (*H. nodiflore.*)

Juillet, septembre. C. Fossés, ruisseaux, fontaines, partout.

482. Helosciadium repens Koch, G. G. 1. 736. (*Hélosciadie rampante.*)

Juillet, septembre. R. Lieux fangeux, tourbeux et marécageux; Bray, aux bords de la Seine! forêt d'Orient, près de la Ville-aux-Bois! marais de Villechétif!! Doches! *des Etangs*; abondant dans les fossés qui bordent la route de Châtres à Mesgrigny! *P. Hariot.*

187. PETROSELINUM. Hoff. (*Persil.*)

483. Petroselinum segetum Koch, G. G. 1. 738. (*P. des moissons.*)

Syn : *Sison segetum* L.

Juillet, août. R. R. Champs pierreux et argileux, haies, lieux vagues; Troyes, chemin de la Mission! Vauchassis, en montant la côte pour aller à Pruguy! vignes entre Montgueux et La Grange-l'Evêque! Lépine! *des Etangs.*

484. Petroselinum sativum Hoffm., G. G. 1. 738. (*Persil cultivé.*)

Syn : *Apium petroselinum* L.

Juin, août. Cultivé partout pour ses feuilles aromatiques usitées en cuisine, et naturalisé autour des jardins et sur les murs.

188. SCANDIX Gœrtn. (*Scandix.*)

485. Scandix pecten-veneris L., G. G. 1. 740. (*Scandix peigne de Venus.*)

Mai, juin. C. C. Dans les moissons, partout.

189. ANTHRISCUS Hoffm. (*Anthrisque.*)

486. Anthriscus vulgaris Pers., G. G. 1. 741. (*Anthrisque commun.*)

Syn : *Scandix anthriscus* L.

Avril, juin. A. R. Lieux incultes, décombres, rues des villages, murs; Rumilly! Saint-Loup! Troyes, au faubourg Sainte-Savine! *des Etangs;* Montsuzain, près de la ferme de Malva !!

487. Anthriscus cerefolium Hoffm., G. G. 1. 741. (*Anthrisque cerfeuil.*)

Syn : *Scrandix cerefolium* L.

Mai, juin. C. Haies des jardins, près des habitations. Cultivé sous le nom de cerfeuil.

488. Anthriscus sylvestris L., G. G. 1. 742. (*Anthrisque sauvage.*)

Syn : *Chærophyllum sylvestre* L.

Mai, juin. C. Haies, lieux frais un peu couverts; Troyes, sur les bords du canal!! bois de Fouchy!! Saint-André!! Saint-Julien!! etc. N'est pas mentionné dans la florule du canton de Méry, où il devra se rencontrer.

190. CHÆROPHYLLUM L. (*Cerfeuil.*)

489. Chærophyllum temulum L., G. G. 1. 745. (*Cerfeuil enivrant.*)

Juin, juillet. C. Lieux incultes, haies, bords des bois et des chemins, partout.

191. CONIUM L. (*Ciguë.*)

490. Conium maculatum L., G. G. 1. 750. (*Ciguë tachée.*)

Juin, août. C. Décombres, bords des chemins, surtout dans le voisinage des habitations.

192. HYDROCOTYLE Tournefort. (*Hydrocotyle.*

491. Hydrocotyle vulgaris L., G. G. 1. 752. (*Hydrocotyle commune.*)

Juin, septembre. A. C. Prairies humides et tourbeuses; Piney, marais de Villevoque! *des Etangs;* marais de Saint-Germain! *Corrard de Breban;* Droupt-Sainte-Marie!! Châtres! Vallant, à l'étang de Bury! *MM. Hariot;* Villechétif!! Barberey-aux-Moines!! etc.

193. ERYNGIUM L. (*Panicaut.*)

492. ERYNGIUM CAMPESTRE L., G. G. 1. 756. (*Panicaut des champs.*)

Août, septembre. C. Lieux arides, bords des chemins, partout.

194. SANICULA L. (*Sanicle.*)

493. SANICULA EUROPÆA L., G. G. 1. 757. (*Sanicle d'Europe.*)

Mai, juin. A. R. Bois, lieux couverts; bois près des Bordes! *Corrard de Breban;* bois de Fontvannes!! forêt de Rumilly-les-Vaudes!! etc.

XLV. ARALIACÉES

195 HEDERA L. (*Lierre.*)

494. HEDERA HELIX L., G. G. 2. 1. (*Lierre grimpant.*)

Septembre, octobre. C. Vieux murs, rochers, bois, arbres, partout.

XLVI. CORNÉES

196. CORNUS L. (*Cornouiller.*)

495. CORNUS MAS. L., G. G. 2. 2. (*Cornouiller mâle.*)

Mars, avril. C. Haies, bois, jardins; Bar-sur-Aube! garenne de Belroy! forêt de Clairvaux! etc., *des Etangs;* Saint-Lyé!! Savières!! Saint-Mesmin!! *MM. Hariot;* Brienne! *P. Hariot.* Cultivé aux environs de Troyes, où il forme des haies pour servir de clôture.

496. CORNUS SANGUINEA L., G. G. 2. 3. (*Cornouiller sanguin.*)

Mai, juin. C. Haies, bois, partout.

XLVII. LORANTHACÉES

197. VISCUM Tournefort. (*Gui.*)

497. VISCUM ALBUM L., G. G. 2. 5. (*Gui blanc.*)

Mars, avril. C. Parasite sur les arbres, partout.

XLVIII. CAPRIFOLIACÉES

198. ADOXA L. (*Adoxe.*)

498. Adoxa moschatellina L., G. G. 2. 6. (*Adoxe moschatelline.*)

Mars, avril. R. R. Haies, bois, lieux frais et ombragés; bois de Lusigny! *Corrard de Breban;* Amance! Fuligny! bois du moulin de Pontot, près de Bayel! *des Etangs;* Chaumesnil, dans une haie, l'*abbé d'Antessanty.*

199. SAMBUCUS Tournef. (*Sureau.*)

499. Sambucus ebulus L., G. G. 2. 6. (*Sureau yèble.*)

Juin, août. C. Champs, bords des fossés et des chemins; Châtres! Droupt-Saint-Bâle! château des Ruez! *MM. Hariot;* La Chapelle-Saint-Luc! *Corrard de Breban;* Verrières!! Villebertin!! Villemereuil!! etc.

500. Sambucus nigra L., G. G. 2. 7. (*Sureau noir.*)

Juin. C. Bois frais, haies, voisinage des habitations, partout.

200. VIBURNUM L. (*Viorne.*)

501. Viburnum lantana L., G. G. 2. 8. (*Viorne mancienne.*)

Avril, mai. C. Bois, haies, coteaux, partout.

502. Viburnum opulus L., G. G. 2. 8. (*Viorne obier.*)

Mai, juin. A. C. Bois humides, taillis, bords des eaux; bois de Pontot! Belroy! forêt de Chaource! *des Etangs;* garenne de Villechétif!! Fouchy!! etc.

201. LONICERA L. (*Chèvrefeuille.*)

503. Lonicera caprifolium L., G. G. 2. 9. (*Chèvrefeuille des jardins.*)

Juin, juillet. C. Haies, bois; Mesgrigny! Méry! *MM. Hariot;* Pont-sur-Seine!! bois de Fouchy!! etc.

504. Lonicera periclymenum L., G. G. 2. 10. (*Chèvrefeuille des bois.*)

Juin, septembre. A. C. Haies, buissons, bois; Bayel! Bar-sur-Aube, côte de Troyes! Villenauxe! Montgueux! *des Etangs;* Auxon! *A. Le Grand;* buissons de la plaine de Foolz!! etc.

505. Lonicera xylosteum L., G. G. 2. 10. (*Chèvrefeuille des buissons.*)

Mai, juin. A. C. Haies, buissons, bois; Umberville! *des Etangs;* abondant à la garenne de La Perthe! *MM. Hariot;* Fouchy!! Rosières!! etc.

XLIX. RUBIACÉES

202. RUBIA L. (*Garance.*)

506. Rubia peregrina L., G. G. 2. 13. (*Garance voyageuse.*)

Mai, août. A. R. Lieux pierreux, haies, bois des terrains jurassiques; Longchamps, près de Clairvaux! Riceys! Bar-sur-Seine, au bois de Notre-Dame! *des Etangs;* bois de Thouan!!

507. Rubia tinctorum L., G. G. 2. 13. (*Garance des teinturiers.*)

Juin, juillet. R. R. Haies de La Charme, près de Troyes! *Corrard de Breban;* ferme de Belley! Saint-Germain! *des Etangs;* Saint-Oulph! château des Ruez! *MM. Hariot;* dans une haie, derrière la petite église de Saint-Aventin!!

203. GALIUM L. (*Gaillet.*)

508. Galium cruciata Scop., G. G. 2. 16. (*Gaillet croisette.*)

Avril, juin. C. Haies, bois, terrains buissonneux, partout.

509. Galium boreale L., G. G. 2. 17. (*Gaillet boréal.*)

Juillet, août. R. Bois, prés; Rouvres! Villechétif! Pré-Dillon! carrières, sur le chemin de Montgueux! Riceys, prairie du Vanage! Brienne-Napoléon, au bois d'Ajou! *des Etangs;* Crespy! *P. Hariot.*

V. b. *scabrum;* Saint-Pouange! Troyes, près du Canal! Saint-André! *des Etangs;* bois de la Grande-Réserve, à Plaine!!

V. c. *glabrum;* Saint-André! Saint-Pouange! *des Etangs.*

510. Galium glaucum L., G. G. 2. 18. (*Gaillet glauque.*)

Syn : *Asperula galioïdes* M. B.

Juin, juillet. R. R. Arrentières, dans un pré, au-dessus du château ! *des Etangs.*

511. GALIUM VERUM L., G. G. 2. 19. (*Gaillet jaune.*)

Juin, septembre. C. Prés, pâturages, bords des bois et des chemins ; Creney ! bords de la route de Saint-Parres-les-Tertres ! Saint-Julien ! La Chapelle-Saint-Luc ! marais de Saint-Pouange ! *des Etangs ;* bords du Canal, à Troyes !! etc.

512. GALIUM DECOLORANS Grenier, G. G. 2. 19. (*Gaillet décoloré.*)

Juin, juillet. R. Mêmes lieux que le précédent ; route de Saint-Germain ! La Chapelle-Saint-Luc ! Bar-sur-Aube ! moulin de Pontot ! *des Etangs.*

513. GALIUM ELATUM Thuillier, G. G. 2. 22. (*Gaillet élevé.*)

Syn : *Galium mollugo* L. (part.) *Galium sylvaticum* Vill.

Juillet, août. C. Haies, bois ; moulin de Pontot ! Bar-sur-Aube, côte de Troyes ! Valperdu ! Belroy ! *des Etangs ;* bois de Fouchy !! de Fontvannes !! etc.

514. GALIUM DUMETORUM Jord., Boreau, n° 1157. (*Gaillet des buissons.*)

Juin. A. R. Haies, buissons ; Ricey-Bas ! Fouchy ! *des Etangs.*

515. GALIUM ERECTUM Huds., G. G. 2. 23. (*Gaillet dressé.*)

Syn : *Galium mollugo* L. (Part.)

Mai, juin et automne. C. Lieux secs, pâturages, broussailles ; Piney ! Rosières ! Saint-Martin ! Villenauxe ! Doches ! bords du Canal, à Troyes ! Belroy ! Arrentières ! Ailleville ! *des Etangs ;* Saint-Julien, près de la station !! Fouchy !! etc.

516. GALIUM SYLVESTRE Poll., G. G. 2. 33. (*Gaillet sauvage.*)

Syn : *Galium Bocconi* D. C.

Juin, juillet. C. Champs, bois, pelouses montueuses ; Creney ! Luyères ! Doches ! Montgueux !! Betignicourt ! Bar-sur-Aube ! plaine de Foolz ! bois de Thouan ! *des Etangs ;* rare dans le canton de Méry, mais abondant sur les friches des Grandes et des Petites-Chapelles ! *MM. Hariot ;* Laperrière !! carrières près de Torvilliers !!

517. Galium montanum Vill., G. G. 2. 33. (*Gaillet de montagne.*)

Syn : *Galium lœve* Thuillier.

Juin, juillet. A. R. Bois, collines; Riceys! bois de Devois! Montgueux!! Amance! Ville-sur-Terre! *des Etangs.*

518. Galium palustre L., G. G. 2. 39. (*Gaillet des marais.*)

Mai, août. C. Fossés, marais, lieux fangeux; Bar-sur-Aube, près de la gare! Montier-la-Celle! Cunfin! Villechétif! La Chapelle-Saint-Luc! Gérosdot! Bar-sur-Seine! Saint-Pouange! *des Etangs;* étang du Petit-Beaumont, forêt de Larrivour!! etc.

519. Galium elongatum Presl., G. G. 2. 39. (*Gaillet allongé.*)

Mai, août. A. C. Fossés, lieux humides; Bar-sur-Aube, dans les fossés de Mathaux! Montier-la-Celle!! *des Etangs;* marais de Pont-sur-Seine!! bois de Fouchy!! prairies de Saint-Parres-les-Tertres!! etc.

520. Galium debile Desv., G. G. 2. 40. (*Gaillet débile.*)

Juin, août. R. Lieux fangeux et tourbeux; Pont-Barse! Villechétif! étang de Bailly! Fouchy! marais de Saint-André! Clairvaux! Gérosdot! Amance! La Ville-aux-Bois! *des Etangs.*

521. Galium uliginosum L., G. G. 2. 40. (*Gaillet des fanges.*)

Mai, septembre. C. Prés marécageux, lieux fangeux ou tourbeux; Gérosdot! Villechétif! Saint-Pouange! *des Etangs;* Droupt-Sainte-Marie! Châtres! *MM. Hariot;* Villy-en-Trodes!! etc.

522. Galium parisiense L., G. G. 2. 42. (*Gaillet de Paris.*)

Juin, août. A. C. Champs, lieux secs, pierreux ou sablonneux; Argançon, près de Jaucourt! La Crottière, près de Bar-sur-Aube! Beaulieu, près de Jessains! Montgueux! Quincey! Orvilliers! *des Etangs;* Sainte-Julie, entre La Grange-l'Evêque et Villeloup!!

523. Galium aparine L., G. G. 2. 43. (*Gaillet gratteron.*)

Juin, septembre. C. C. Haies et buissons, partout.

524. Galium tricorne With., G. G. 2. 44. (*Gaillet à trois cornes.*)

Juin, septembre. C. Moissons, champs argileux et calcaires; Foicy! Saint-Parres-les-Tertres!! Bar-sur-Aube! Mesnil-Sellières! *des Etangs;* Méry! *MM. Hariot;* champs de Saint-Parres et de Rumilly-les-Vaudes!!

204. ASPERULA L. (*Aspérule.*)

525. Asperula odorata L., G. G. 2. 47. (*Aspérule odorante.*)

Mai, juin. A. C. Bois frais, couverts et montueux; bois de Maraye!! bois Bréard, près de Bar-sur-Seine! *Corrard de Breban;* Bar-sur-Aube, au Valperdu! bois de Bucey! *des Etangs;* Laperrière!! Fontvannes!! bois de Thouan!! manque dans les terrains crayeux.

526. Asperula cynanchica L., G, G. 2. 47. (*Aspérule à l'esquinancie.*)

Juin, septembre. C. Pelouses sèches, pierreuses ou sablonneuses; Creney! Bar-sur-Aube! *des Etangs;* Saint-Parres-les-Tertres!! Villechétif!! Montsuzain!! Jessains!! etc.

527. Asperula arvensis L., G. G. 2. 49. (*Aspérule des champs.*)

Mai, juillet. A. C. Champs cultivés, moissons; Villenauxe! Saint-Parres-les-Tertres! Bar-sur-Seine! *des Etangs;* les Grandes et les Petites-Chapelles! *MM. Hariot;* Montsuzain!! Montgueux!! Fontvannes!! Messon!! etc.

205. SHERARDIA L. (*Shérarde.*)

528. Sherardia arvensis L., G. G. 2. 50. (*Shérarde des champs.*)

Mai, octobre. C. C. Champs et lieux cultivés, partout.

L. VALÉRIANÉES

206. CENTRANTHUS D. C. (*Centranthe.*)

529. Centranthus ruber D. C., G. G. 2. 53. (*Centranthe rouge.*)

Juin, septembre. Cultivé dans les jardins et devenu subspontané dans quelques localités, Troyes, au pont de la Paix! *des Etangs;* talus du chemin de fer près de Saint-Julien !!

207. VALERIANA L. (*Valériane.*)

530. VALERIANA OFFICINALIS L., G. G., 2. 54. (*Valériane officinale.*)

Juin, août. C. Bois, buissons humides, fossés, ruisseaux, partout.

531. VALERIANA DIOICA L., G. G. 2. 55. (*Valériane dioique.*)

Avril, juin. A. C. Prés marécageux, taillis et bois humides; prairies des Ormes! marais de Villevoque, près de Piney! Clairvaux! Sainte-Scolastique, près de Rosières! *des Etangs;* Châtres! Droupt-Sainte-Marie! *MM. Hariot;* Villechétif!! *Corrard de Breban;* Fouchy !!

208. VALERIANELLA Poll. (*Valérianelle.*)

532. VALERIANELLA OLITORIA Poll., G. G. 2. 58. (*Valérianelle potagère.*)

Avril, juin. C. C. Champs, lieux cultivés, partout.

533. VALERIANELLA CARINATA Lois., G. G. 2. 59. (*Valérianelle carénée.*)

Avril, mai. A. C. Lieux cultivés, champs, vignes; Bar-sur-Aube! *des Etangs;* Méry! *P. Hariot;* Bréviandes!! etc.

534. VALERIANELLA AURICULA D. C., G. G. 2. 59. (*Valérianelle à oreillettes.*)

Mai, juillet. A. C. Moissons; Bar-sur-Aube! Montiéramey!! Soulaines! Ruvigny! Bailly! Riceys! Saint-Lyé! Saint-Parres-les-Vaudes! Bayel! Arsonval! Eclance! *des Etangs;* Méry! *P. Hariot;* Saint-Aventin!!

535. VALERIANELLA ECHINATA D. C., G. G. 2. 61. (*Valérianelle hérissée.*)

Avril, mai. R. R. Moissons; Fontvannes, au-dessus du village, où elle est commune!! Montgueux, où elle est fort rare!! Méry! où elle a été rencontrée une fois par M. P. Hariot. Cette plante a été signalée pour la première fois, dans le département, le 5 mai 1875, à Fontvannes, dans les champs, au-dessus du village.

536. Valerianella Morisonii D. C., G. G. 2. 63. (*V. de Morison.*)

Juillet, août. C. Champs, moissons; Bar-sur-Aube! La Chapelle-Saint-Luc! Barberey! Viélaines! Brevonne! *des Etangs;* Villechétif! *Ant. Le Grand;* Méry! *MM. Hariot;* Rosières!! Montgueux!! Charmont!! Saint-Parres-les-Vaudes!! Pont-sur-Seine!! où elle est très-commune, etc.

537. Valerianella eriocarpa Desv., G. G. 2. 64. (*V. à fruit velu.*)

Avril, juin. R. R. Bar-sur-Aube, dans les champs de la côte Sainte-Germaine! *des Etangs;* Méry! *P. Hariot.*

538. Valerianella coronata D. C., G. G. 2. 65. (*Valérianelle couronnée.*)

Juin, août. R. R. Vallant! *P. Hariot;* Sainte-Julie, entre Villeloup et la Grange-l'Évêque!! Fontvannes!!

LI. DIPSACÉES

209. DIPSACUS Tournefort. (*Cardère.*)

539. Dypsacus sylvestris Mill., G. G. 2. 67. (*Cardère sauvage.*)

Syn : *Dypsacus fullonum* L.

Juillet, septembre. C. Lieux secs, bords des haies et des chemins, champs incultes, partout.

210. CEPHALARIA Schrad. (*Céphalaire.*)

540. Cephalaria pilosa Grenier, G. G. 2. 69. (*Céphalaire poilue.*)

Juin, août. R. R. Larrivour! Ervy, le long des chemins et des fossés! *des Etangs.*

211. KNAUTIA Coult. (*Knautie.*)

541. Knautia arvensis Koch, G. G. 2. 72. (*Knautie des champs.*)

Juin, septembre. C. Champs, bords des chemins ; Saint-Julien ! Bar-sur-Aube ! Baroville ! *des Etangs ;* canton de Méry ! *MM. Hariot;* les Hauts-Clos, près de Troyes !! etc.

542. Knautia indivisa ? Boreau n° 1202. (*Knautie indivise.*)

Août, septembre. A. R. Buissons, champs, bords des chemins ; Pont-sur-Seine ! *Paul Hariot ;* les Hauts-Clos !! champs de Saint-Parres-les-Tertres !! Montsuzain !! etc.

212. SCABIOSA L. (*Scabieuse.*)

543. Scabiosa columbaria L., G. G. 2. 78. (*Scabieuse colombaire.*)

Juin, septembre. C. Champs secs, pelouses arides, à peu près partout.

544. Scabiosa succisa L., G. G. 2. 81. (*Scabieuse succise.*)

Août, octobre. C. Prés, pâturages, bois frais, terrains marécageux, partout.

LII. SYNANTHÉRÉES

213. EUPATORIUM L. (*Eupatoire.*)

545. Eupatorium cannabinum L., G. G. 2. 85. (*E. à feuilles de chanvre.*

Juillet, septembre. C. C. Bords des eaux, fossés, ruisseaux, bois humides, partout.

214. PETASITES Tournefort. (*Pétasite.*)

546. Petasites officinalis Mœnch., G. G. 2. 89. (*Pétasite officinal.*)

Syn : *Tussilago petasites* L.

Mars, avril. A. R. Prairies humides, bords des eaux ; moulin de la Folie ! Chalvaudet ! Belroy près de Bar-sur-Aube ! Arrentières, près du moulin de Cuvelé ! Rennepont ! Ville-sous-Laferté ! source de la Vanne, à Fontvannes ! Troyes, au faubourg Sainte-Savine ! *des Etangs ;* Droupt-Sainte-Marie ! Méry !! *MM. Hariot ;* bords de la Laignes, à hauteur du bois de Thouan !!

215. TUSSILAGO L. (*Tussilage.*)

547. Tussilago farfara L., G. G. 2. 91. (*Tussilage pas-d'âne.*)

Février, avril. C. C. Lieux frais et découverts, champs, vignes, partout.

216. SOLIDAGO L. (*Solidage.*)

548. Solidago virga-aurea L., G. G. 2. 92. (*Solidage verge d'or.*)

Août, octobre. A. C. Bois, coteaux incultes; Souligny! *Corrard de Breban;* Sommeval! forêt de Clairvaux! *des Etangs;* bois de Thouan!! bois de Vaux!! forêt d'Orient!! etc.

549. Solidago glabra Desf., G. G. 2. 93. (*Solidage glabre.*)

Août, septembre. Naturalisé dans plusieurs localités des environs de Troyes; sur les bords de la Seine, au-dessous de Saint-Parres-les-Tertres, rive gauche!! près du parc de Rosières!! près du village de Bréviandes!! etc.

550. Solidago canadensis L., Boreau n° 1232. (*Solidage du Canada.*)

Juillet, août. Abondant, à l'état subspontané dans certains bois de Méry! *MM. Hariot.*

217. LINOSYRIS Lob. (*Linière.*)

551. Linosyris vulgaris D. C., G. G. 2. 94. (*Linière commune.*)

Syn : *Chrysocoma linosyris* L.

Septembre-octobre. R. R. Brienne-Napoléon, dans la plaine du Jars! *des Etangs; Paul Hariot.*

218. ERIGERON L. (*Vergerette.*)

552. Erigeron Canadensis L., G. G. 2. 96. (*Vergerette du Canada.*)

Juillet, octobre. C. Lieux cultivés, sables, murs, bois; Brienne-Napoléon! au Paraclet! Clairvaux! etc. *des Etangs;* Méry! les Grandes et les Petites-Chapelles! *MM. Hariot;* St-Pouange, *Corrard de Breban;* commun aux environs de la ville de Troyes!! etc.

553. Erigeron acris L., G. G. 2. 97. (*Vergerette âcre.*)
Juin, octobre. C. Pelouses des coteaux, lieux stériles, champs et prés secs, partout.

219. ASTER Nees. (*Aster.*)

554. Aster amellus L., G. G. 2. 101. (*Aster amellus.*)
Juillet, septembre. R. Coteaux, bois secs et pierreux des terrains calcaires; Cunfin! Riceys! *des Etangs; Ant. Le Grand;* bois de Gyé!! bois de Plaines, rive gauche de la Seine, où il est abondant!!

Obs. On rencontre quelquefois, dans le voisinage des habitations, à l'état subspontané, les *Aster brumalis* Nees, et *Novi-Belgii* L. qui sont cultivés dans les jardins.

220. BELLIS L. (*Pâquerette.*

555. Bellis perennis L., G. G. 2. 106. (*Paquerette vivace.*)
Mars, mai et presque toute l'année. C. C. Prés, pelouses, partout.

221. SENECIO Lessing. (*Seneçon.*)

556. Senecio vulgaris L., G. G. 2. 111. (*Seneçon commun.*)
Toute l'année. C. C. Lieux cultivés ou incultes, partout.

557. Senecio viscosus L., G. G. 2. 111. (*Seneçon visqueux.*)
Juin, octobre. R. Bois, lieux pierreux ou sablonneux; Bouilly, *Corrard de Breban;* Riceys, près de la ferme du Rocher! Bar-sur-Aube! *des Etangs;* sur la voie ferrée, à Fouchères, notamment sur le pont jeté sur la Seine!! plaine de Foolz, sur la lisière des bois, à droite de la route de Lantage!!

558. Senecio sylvaticus L., G. G. 2. 111. (*Seneçon des bois.*)
Juin, septembre. R. Bois, et quelquefois dans les champs sablonneux; Eclance! bois de Macey! de Vosnon! forêt de Chaource! Gérosdot! *des Etangs;* forêt de Larrivour!! champ de la Croix-du-Caron-des-Ventes, dans la forêt de Rumilly-les-Vaudes!!

559. Senecio aquaticus Huds., G. G. 2. 114. (*Seneçon aquatique.*)

Juin, août. C. Bois, prés humides et marécageux; Pont-Barse! prairies des bords de la Seine, à Troyes!! Fouchy!! Eclance! Bar-sur-Aube! Jaucourt! *des Etangs;* Villechétif!! prairies de Saint-Parres-les-Tertres!! prairies de l'Hozain!! etc.

V. b. *pennatifidus* Grenier Godron. *Senecio barbareæfolius* Reichb.; prairies de Sainte-Maure! du Labourat! Gérosdot! Pré-Dillon! Moussey! Soulaines! Montaulin! Riceys! *des Etangs;* Méry! *P. Hariot;* bois de Fouchy!! prairies de Saint-Parres-les-Tertres! parc de Saint-Aventin!! etc.

560. Senecio jacobæa L., G. G. 2. 115. (*Seneçon jacobée.*)

Mai, août. A. C. Prairies sèches, haies, buissons; Clairvaux! Charmont! Coursant! Piney! Bar-sur-Aube! moulin de Pontot! Lignol! côte Notre-Dame, à Bar-sur-Seine! *des Etangs;* Méry! *MM. Hariot;* Montsuzain!! Rumilly-les-Vaudes!! Isle-Aumont!! etc.

561. Senecio erucifolius L., G. G. 2. 116. (*Seneçon à feuilles de Roquette.*)

Août, septembre. C. Haies, bords des bois et des chemins; Bar-sur-Aube! Foicy! Saint-André! bords du Canal, à Troyes!! *des Etangs;* Méry! *MM. Hariot;* Saint-Julien!! La Chapelle-Saint-Luc!! Maisons-Blanches!! etc.

Cette plante est beaucoup plus commune que la précédente, et fleurit deux mois plus tard.

562. Senecio paludosus L., G. G. 2. 117. (*Seneçon des marais.*)

Juin, août. A. C. Bords des eaux et lieux marécageux; Villechétif!! Barberey!! Payns! *des Etangs;* Montier-la-Celle, les Trévois, *Corrard de Breban;* Méry! *P. Hariot;* marais de Pont-sur-Seine!! etc.

222. ARTEMISIA L. (*Armoise.*)

563. Arthemisia absinthium L., G. G. 2. 126. (*Armoise absinthe.*)

Juillet, août. R. R. Se trouve à Montmorency, près de Chavanges, sur l'emplacement d'un ancien grenier à sel! *des Etangs;* j'ai rencontré un exemplaire de cette plante sur le talus d'un fossé, entre Torvilliers et La Rivière-de-Corps!!

564. Artemisia vulgaris L., G. G. 2. 129. (*Armoise commune.*)

Juillet, octobre. C. Lieux incultes, haies, bords des chemins, partout.

565. Artemisia campestris L., G. G. 2. 133. (*Armoise champêtre.*)

Août, octobre. R. R. Se trouve à la gare de Vendeuvre, à l'endroit où on décharge le sable siliceux ! *des Etangs.*

223. TANACETUM Less. (*Tanaisie.*)

566. Tanacetum vulgare L., G. G. 2. 137. (*Tanaisie commune.*)

Juillet, septembre. R. Lieux incultes, bords des routes ; Couvignon, sur les bords du chemin qui conduit au Val-Perdu ! Clairvaux, à l'extrémité du mur d'enceinte, côté de la forêt ! *des Etangs ;* Méry ! Saint-Oulph ! *MM. Hariot ;* talus du chemin de fer près de la gare de Troyes, côté de Croncels !! talus du chemin de fer, à Payns !!

224. LEUCANTHEMUM Tournefort. (*Leucanthème.*)

567. Leucanthemum vulgare Lamk., G. G. 2. 140. (*L. commun.*)

Syn : *Chrysanthemum leucanthemum* L.

Mai, septembre. C. Prés, pâturages, lieux herbeux, partout.

568. Leucanthemum corymbosum Godron et Grenier, 2. 145. (*L. en corymbe.*)

Syn : *Chrysanthemum corymbosum* L. Syn : nat. 2. p. 562.
Chrysanthemum corymbiferum L. Sp. 1251.
Pyrethrum corymbosum Willd.

Juin, août. R. R. Bois secs et montueux ; vallon de Foucherolles, en allant de Servigny à Essoyes ! bois des Herbues, aux Riceys ! *des Etangs ;* garenne de la Perthe, près de Plancy ! *MM. Hariot ;* bois de la Grande-Réserve, à Plaines !!

569. Leucanthemum parthenium Godron et Grenier, 2. 145. (*L. matricaire.*)

Syn : *Matricaria parthenium* L.

Juin, août. Cultivé et souvent subspontané autour des habitations.

225. CHRYSANTHEMUM Tournef. (*Chrysanthème.*)

570. CHRYSANTHEMUM SEGETUM L., G. G. 2. 146. (*Chrysanthème des moissons.*)

Juin, octobre. R. R. Moissons à Villenauxe ! *des Etangs.*

226. MATRICARIA L. (*Matricaire.*)

571. MATRICARIA CHAMOMILLA L., G. G. 2. 148. (*Matricaire camomille.*)

Mai, juillet et automne. C. Champs, moissons; Creney ! Orvilliers ! Piney ! Larrivour ! Lusigny ! Cormost ! Gérosdot ! Pont-Barse ! etc , *des Etangs ;* Méry ! *MM. Hariot;* champs sablonneux de Montreuil !! etc.

572. MATRICARIA INODORA L., G. G. 2. 149. (*Matricaire inodore.*)

Juin, octobre. C. C. Champs, moissons; Bligny ! Montaulin ! Vendeuvre ! etc. ; *des Etangs ;* Montsuzain !! Les Noës !! etc.

227. CHAMOMILLE Godron. (*Camomille.*)

573. CHAMOMILLA NOBILIS Godron, G. G. 2. 150. (*Camomille romaine.*)

Syn : *Anthemis nobilis* L.

Juin, septembre. R. R. Bords des chemins, pelouses ; Unienville ! Les Croûtes, près d'Ervy ! Chaource ! plaine de Foolz !! *des Etangs ;* champ de la Croix du Caron des Ventes, dans la forêt de Rumilly-les-Vaudes !!

228. ANTHEMIS L. (*Camomille.*)

574. ANTHEMIS ARVENSIS L., G. G. 2. 152. (*Camomille des champs.*)

Juin, septembre. C. Champs sablonneux, lieux cultivés, moissons ; La Chapelle-Saint-Luc ! Orvilliers ! Pont-Hubert ! Creney !! Bar-sur-Aube ! *des Etangs ;* Méry ! Droupt-Saint-Bâle ! *MM. Hariot;* Montsuzain !! Les Noës !! etc.

575. Anthemis cotula L., G. G. 2. 153. (*Camomille fétide.*)

Juin, septembre. C. C. Champs, bords des chemins, fumiers; Eclance! Amance! Montiéramey!! etc., *des Etangs;* Méry! *MM. Hariot;* Clérey!! etc.

220. ACHILLEA L. (*Achillée.*)

576. Achillea millefolium L., G. G. 2. 162. (*Achillée millefeuille.*)

Juin, septembre. C. C. Prés, champs, bords des chemins, lieux incultes, partout.

577. Achillea ptarmica L., G. G. 2. 165. (*Achillée ptarmique.*)

Juillet, septembre. C. Prés, lieux humides; marais de Villechétif!! *des Etangs;* Saint-Benoît-sur-Vannes, *Corrard de Breban;* Méry! *MM. Hariot;* prairies de Saint-Parres-les-Tertres!! etc.

230. BIDENS L. (*Bident.*)

578. Bidens tripartita L., G. G. 2. 168. (*Bident trifide.*)

Juillet, septembre. C. Fossés, lieux humides, bords des eaux; bords du canal, à Troyes!! marais de Bréviandes! Rouvres! forêt d'Orient! Villechétif!! *des Etangs;* Méry! *MM. Hariot;* etc.

579. Bidens cernua L., G. G. 2. 169. (*Bident penché.*)

Août, septembre. R. R. Marais, bords des ruisseaux; La Villeneuve-aux-Chênes! Magny! Villechétif!! *des Etangs;* fossés de Montier-la-Celle, *Corrard de Breban.*

231. HELIANTHUS L. (*Hélianthe.*)

580. Helianthus annuus L., Boreau, 1250. (*Hélianthe annuel.*)

Juillet, septembre. Cultivé et quelquefois subspontané; dans un champ, près de Bouilly! *des Etangs;* sur le talus du chemin de fer, près de la gare, à Troyes!!

232. CORVISARTIA Mérat. (*Corvisartie.*)

581. Corvisartia helenium Mérat, G. G. 2. 173. (*Corvisartie aunée.*)

Syn : *Inula helenium* L.

Juillet, août. R. R. Lieux frais et un peu couverts des terrains argileux ; à La Villeneuve, près de Vendeuvre, *Corrard de Breban;* Petit-Mesnil ! Pont-Barse ! Piney ! *des Etangs ;* sur la lisière du petit bois de Saint-Aventin, en face le château, côté de Verrières !!

233. INULA L. (*Inule.*)

582. INULA CONYZA D. C., G. G. 2. 174. (*Inule conyze.*)

Syn : *Conysa squarrosa* L.

Juillet, octobre. C. Lieux secs et pierreux, bords des bois ; forêt de Clairvaux ! Montgueux ! Saint-André ! chemin de Rosières ! *des Etangs ;* rues de Feuges ! *Corrard de Breban ;* Méry ! *MM. Hariot ;* Troyes !! Saint-Julien !! etc.

583. INULA SALICINA L., G. G. 2. 176. (*Inule saulière.*)

Juin, septembre. C. Bois, prés montueux, pâturages buissonneux ; Gérosdot ! Riceys ! Bar-sur-Aube ! Brienne ! Saint-Christophe ! Amance ! Saint-Julien !! Villechétif !! *des Etangs ;* Méry ! *MM. Hariot ;* parc de Saint-Aventin !! bois de la Grande-Réserve, à Plaines !! etc.

584. INULA BRITANNICA L., G. G. 2. 177. (*Inule britannique.*)

Juillet, septembre. A. R. Prés, lieux humides, bords des eaux ; Saint-Benoît-sur-Seine, *Corrard de Breban ;* marais de Villechétif ! Nogent-sur-Seine ! Pont-Hubert ! *des Etangs ;* Méry ! Châtres ! Droupt-Sainte-Marie ! *MM. Hariot;* prairies de Saint-Parres-les-Tertres !! marais de Pont-sur-Seine !!

234. PULICARIA Gœrtn. (*Pulicaire.*)

585. PULICARIA DYSENTERICA Gœrtn., G. G. 2. 179. (*P. dysentérique.*)

Syn : *Inula dysenterica* L.

Juillet, octobre. C. C. Fossés, lieux humides, bords des eaux, partout.

586. PULICARIA VULGARIS Gœrtn., G. G. 2. 179. (*Pulicaire commune.*)

Syn : *Inula pulicaria* L.

Juillet, septembre. R. Lieux humides, mouillés pendant l'hiver, bords des chemins, fossés; Amance ! Magny ! forêt de Chaource !

plaine de Foolz ! *des Etangs;* chemin de traverse qui conduit de la grande route à Courteranges ! *Corrard de Breban;* Etrelles ! Pont-sur-Seine ! *P. Hariot;* champs de Fouchères, entre le bois de Bailly et le village !!

235. CUPULARIA Godron et Grenier. (*Cupulaire.*)

587. Cupularia graveolens Godron et Grenier, 2. 180. (*C. fétide.*)

Syn : *Erigeron graveolens* L. *Solidago graveolens* Lamy. *Inula graveolens* Desf.

Août, octobre. R. R. Lieux cultivés, humides ; Amance ! La Ville-aux-Bois ! Valsuzenay ! Jessains ! Brevonne ! Briel ! *des Etangs;* Les Poteries, près de Chaource, *Corrard de Breban;* Fontvannes !! plaine de Foolz !!

236. GNAPHALIUM Don. (*Gnaphale.*)

588. Gnaphalium luteo-album L., G. G. 2. 187. (*Gnaphale jaunâtre.*)

Juillet, septembre. A. R. Sables humides, bords des étangs, champs mouillés en hiver ; Jessains ! *des Etangs;* Méry ! Villechétif ! *P. Hariot;* bords du canal près du pont de La Chapelle-Saint-Luc !! plaine de Foolz, où il est assez commun !! champ de la Croix-du-Caron-des-Ventes, dans la forêt de Rumilly !!

589. Gnaphalium sylvaticum L., G. G. 2. 187. (*Gnaphale des bois.*)

Juillet, septembre. A. R. Bois montueux, secs ou sablonneux ; forêt d'Orient, près de la Ville-aux-Bois ! forêt de Chaource ! *des Etangs;* bois de Bouilly, *Corrard de Breban;* bois de Lusigny !! plaine de Foolz !! forêt d'Orient, près du Mesnil-Saint-Père !!

590. Gnaphalium uliniginosum L., G. G. 2. 188. (*Gnaphale des fanges.*)

Juin, octobre. C. Bords des eaux, fossés, bois, ornières, lieux mouillés en hiver ; Eclance ! Ville-sur-Terre ! forêt d'Orient, près de La Ville-aux-Bois ! Villenauxe ! *des Etangs;* canton de Méry ! *MM. Hariot ;* plaine de Foolz !! forêt de Larrivour !! forêt d'Orient, près du Mesnil-Saint-Père !! etc.

237. ANTENNARIA R. Brown. (*Antennaire.*)

591. Antennaria dioica Gœrtn., G. G. 2. 189. (*Antennaire dioique.*)

Syn : *Gnaphalium dioicum* L.

Mai, juin. R. R. Bruyères de la plaine de Foolz !! plaine de Bouilly ! *des Etangs.*

238. FILAGO Tournefort. (*Cotonnière.*)

592. Filago spathulata Presl., G. G. 2. 191. (*Cotonnière spatulée.*)

Syn : *Filago Jussiœi* Cosson et Germain.

Juillet, octobre. C. Champs pierreux ou sablonneux, moissons, bords des chemins ; Belroy ! Les Crottières, près de Bar-sur-Aube ! Jessains ! Amance ! Brevonne ! Courtenot ! Villechétif !! etc., *des Etangs ;* Méry ! *MM. Hariot ;* champs des environs de Troyes !! etc.

593. Filago germanica L., G. G. 2. 191. (*Cotonnière d'Allemagne.*)

Juin, septembre. A. C. Lieux secs, terrains sablonneux, moissons ; Bossancourt ! Saint-André ! Eclance ! Montiéramey !! Vauchonvilliers ! champs sur la route de Piney à Vendeuvre ! La Ville-aux-Bois ! Arsonval ! *des Etangs ;* Méry ! *MM. Hariot ;* Charmont !! bois de Macey !!

594. Filago arvensis L., G. G. 2. 192. (*Cotonnière des champs.*)

Juillet, septembre. R. R. La Ville-aux-Bois-les-Soulaines ! *des Etangs.*

595. Filago minima Fries., G. G. 2. 193. (*Cotonnière naine.*)

Syn : *Filago montana* D. C.

Juin, septembre. R. Champs sablonneux, moissons ; Montiéramey, sur la côte Saint-Martin ! Villenauxe ! Soulaines ! Éclance ! Chaource ! les Croûtes, près d'Ervy ! plaine de Foolz ! *des Etangs.*

239. LOGFIA Cass. (*Logfie.*)

596. Logfia subulata Cass., G. G. 2. 194. (*Logfie subulée.*)

Syn : *Filago gallica* L.

Juillet, septembre. A. C. Champs sablonneux ; Vauchonvilliers ! Amance ! Bossancourt ! Ruvigny ! Ville-sur-Terre ! Soulaines ! le Gaty, près de Gérosdot ! Villenauxe ! Chaource ! Lusigny ! Courtenot ! *des Etangs ;* plaine de Foolz, où il est commun !!

240. MICROPUS L. (*Micrope.*)

597. Micropus erectus L., G. G. 2. 194. (*Micrope droit.*)

Juin août. R. Coteaux arides, champs stériles et pierreux ; champs en friches enclavés dans le bois du moulin de Pontot ! champs entre le moulin de Pontot et la route de Chaumont ! La Chapelle, près de Nogent-sur-Seine ! Riceys-Bas ! Bar-sur-Seine ! Luyères ! friches entre Villeloup et Macey ! *des Etangs.*

241. CALENDULA Neck. (*Souci.*)

598. Calendula arvensis L., G. G. 2. 197. (*Souci des champs.*)

Avril, octobre. A. C. Lieux cultivés, champs, vignes ; Laisnes-aux-Bois, *Corrard de Breban ;* Vendeuvre ! Montgueux ! Bouilly ! Lépine ! *des Etangs ;* commun aux environs de Troyes, à Saint-Julien !! dans les champs de Rosières !! de Saint-André !! etc.

242. ONOPORDON Vaill. (*Onoporde.*)

599. Onopordon acanthium L., G. G. 2. 204. (*Onoporde acanthe.*)

Juillet, octobre. C. Lieux incultes, bords des chemins, dans tout le département.

243. CIRSIUM Tournefort. (*Cirse.*)

600. Cirsium lanceolatum Scop., G. G. 2. 209. (*Cirse lancéolé.*)

Syn : *Carduus lanceolatus* L.

Juin, octobre. C. Bords des routes, au pied des murs, lieux incultes, partout.

601. Cirsium eriophorum Scop., G. G. 2. 211. (*Cirse laineux.*)

Syn : *Carduus eriophorus* L.

Juillet, septembre. A. C. dans certaines localités, manque dans les autres. On le rencontre dans les taillis, près du moulin d'Ailleville! sur les bords de la route de Piney! *des Etangs;* Saint-Pouange, *Corrard de Breban;* Brienne-la-Vieille! *P. Hariot;* Saint-Aventin!! Verrières!! Maisons-Blanches!! Clérey!! etc.

602. Cirsium palustre Scop., G. G. 2. 212. (*Cirse des marais.*)

Syn : *Carduus palustris* L.

Juin, septembre. C. Prairies et bois humides, marais; Saint-Pouange! Villechétif!! *des Etangs;* Méry! *MM. Hariot;* bois de Fouchy!! etc.

603. Cirsium oleraceum Scop., G. G. 2. 216. (*Cirse potager.*)

Syn : *Cnicus oleraceus* L.

Juin, septembre. R. R. Prés humides, bords des rivières; Charmont, *Corrard de Breban;* Notre-Dame-des-Prés, à Saint-André! *des Etangs.*

604. Cirsium bulbosum D. C., G. G. 2. 218. (*Cirse bulbeux.*)

Juillet, août. A. C. Prés et bois marécageux; La Chapelle-Saint-Luc! Villechétif!! Amance! bois de Fouchy!! *des Etangs;* Méry! Droupt-Sainte-Marie! Châtres! Viâpres-le-Petit! *MM. Hariot.*

605. Cirsium anglicum Lobel, G. G. 2. 219. (*Cirse d'Angleterre.*)

Syn : *Carduus anglicus* Lam.

Juin, juillet. A. C. Prés, bois et pâturages marécageux; marais de Villechétif!! plaine de Foolz!! *des Etangs;* Méry! *MM. Hariot;* Barberey!! etc.

606. Cirsium acaule All., G. G. 2. 224. (*Cirse nain.*)

Syn : *Carduus acaulis* L.

Juillet, septembre. A. C. Friches, bords des chemins et pâturages secs des terrains calcaires; Jessains!! Bar-sur-Seine! Gyé-sur-Seine!! etc.

607. Cirsium arvense Scop., G. G. 2. 226. (*Cirse des champs.*)

Syn : *Serratula arvensis* L.

Juin, septembre. C. C. Moissons, bords des chemins, partout.

244. CARDUUS Gœrtn. (*Chardon.*)

608. Carduus tenuiflorus Curt., G. G. 2. 226. (*Chardon à fleurs menues.*)

Juin, juillet. R. R. Nogent-sur-Seine, près du port! *des Etangs.*

609. Carduus crispus L., G. G. 2. 230. (*Chardon crépu.*)

Juillet, septembre. C. Lieux incultes, bords des chemins, partout.

610. Carduus nutans L., G. G. 2. 231. (*Chardon penché.*)

Juin, octobre. C. Champs, bords des chemins, dans toutes les localités du département.

245. CENTAUREA L. (*Centaurée.*)

611. Centaurea amara L., G. G. 2. 240. (*Centaurée amère.*)

Syn : *Centaurea serotina* Boreau.

Août, octobre. C. Lieux secs; Bar-sur-Aube! Arconville! *des Etangs;* talus de la route de Saint-Parres-les-Tertres, avant d'arriver au pont jeté sur la Seine!! plaine de Foolz!! Villechétif!! La Chapelle-Saint-Luc!! Barberey!! etc.

612. Centaurea Duboisii Boreau, n° 1328. (*Centaurée de Dubois.*)

Août, octobre. Mêmes lieux que la précédente; garenne de Belroy! entre les Mez et le moulin de Pontot! Brévonne! Colombé-le-Sec! *des Etangs.*

Obs. Ces divers exemplaires ont été déterminés par Boreau. Il en est de même d'une autre plante, inscrite sous le nom de *Centaurea amara* L., dans l'herbier de M. des Etangs. Il est évident qu'en appliquant le nom de *Centaurea amara* à cette dernière, M. Boreau avait en vue une autre plante que son *Centaurea serotina.* Mais en la comparant aux deux précédentes nous n'avons pu constater aucune différence essentielle, et toutes les trois paraissent se rapporter au même type. D'ailleurs, M. des Etangs avait soumis en même temps, à l'examen de M. Godron, des échantillons de ces diverses plantes, et cet auteur les avait toutes considérées comme appartenant au *Centaurea amara* L.

613. Centaurea jacea L., G. G. 2. 241. (*Centaurée jacée.*)

Mai, août. C. Prairies ; Eclance ! Arsonval ! Amance ! Troyes !! Villechétif !! Riceys ! Saint-Parres-les-Vaudes ! Bar-sur-Aube ! Soulaines ! Arconville ! Proverville ! forêt de Clairvaux ! *des Etangs ;* Méry ! *MM. Hariot ;* Saint-Mesmin !! etc.

614. Centaurea nigrescens Wild., G. G. 2. 241. (*Centaurée noirâtre.*)

Août, octobre. Moins commune que les précédentes. Se rencontre à La Giberie ! Clairvaux ! bois du Val-Larron ! Troyes, près de la Ruelle-aux-Moines ! Isle-Aumont ! Moussey ! Baroville ! Ailleville ! *des Etangs ;* Villechétif !!

615. Centaurea microptilon Godron et Grenier. 2. 242. (*Centaurée à plumet.*)

Août, septembre. R. R. Sur le chemin de fer à Bar-sur-Aube ! Champignol ! *des Etangs ;* Payns !! bois de Pont-sur-Seine !!

616. Centaurea nigra L., G. G. 2. 243. (*Centaurée noire.*)

Juillet, septembre. A. R. Bois, buissons, prés couverts ; bois de Chappes ! voie ferrée entre Vendeuvre et Jessains ! voie ferrée, près du pont des Magnil, à Bar-sur-Aube ! Montiéramey ! Chauffour, à l'entrée du village ! Eclance ! *des Etangs.*

617. Centaurea cyanus L., G. G. 2. 251. (*Centaurée bleuet.*)

Mai, juillet. C. C. Moissons, partout.

618. Centaurea scabiosa L., G. G. 2. 251. (*Centaurée scabieuse.*)

Juin, août. A. C. Moissons, champs secs, friches ; sur le chemin de fer, près de la gare de Troyes !! Montsuzain !! Charmont !! etc.

619. Centaurea calcitrapa L., G. G. 2. 261. (*Centaurée chaussetrape.*)

Juillet, septembre. C. Lieux stériles, bords des routes, dans la plupart des localités.

620. Centaurea solstitialis L., G. G. 2. 263. (*Centaurée solstice.*)

Juillet, septembre. R. R. Lieux secs, champs, prairies artificielles; Baroville! champs entre le faubourg Sainte-Savine et Chicherey! *des Etangs;* Méry! Coclois! *P. Hariot.*

246. KENTROPHYLLUM Neck. (*Centrophylle.*)

621. Kentrophyllum lanatum D. C., G. G. 2. 265. (*Centrophylle laineux.*)

Syn : *Carthamus lanatus* L.

Juillet, octobre. R. Lieux secs et pierreux, bords des chemins; Thennelières, près de Saint-Parres-les-Tertres! *des Etangs;* Saint-Pouange, *Corrard de Breban;* Torvilliers! *Jules Ray;* Droupt-Saint-Bâle! *MM. Hariot;* Coclois, *P. Hariot;* bords du bois de Macey, côté de Fontvannes!! bords du chemin de Moussey à Villemereuil!!

247. SERRATULA D. C. (*Sarrète.*)

622. Serratula tinctoria L., G. G. 2. 268. (*Sarrète des teinturiers.*)

Juillet, septembre. A. R. Bois, bruyères, pâturages buissonneux; Auberive! Brienne-Napoléon! Quincey! Saint-Pouange! Gérosdot! Villechétif! *des Etangs;* garenne de La Perthe! *P. Hariot;* petit bois de Saint-Aventin!! bois de Plaines, rive gauche de la Seine!!

248. CARLINA Tournefort. (*Carline.*)

623. Carlina vulgaris L., G. G. 2. 275. (*Carline commune.*)

Juillet, septembre. C. Lieux secs et pierreux, coteaux et bords des chemins, à peu près partout.

624. Carlina acaulis L., G. G. 2. 278. (*Carline sans tiges.*)

Juillet, septembre. R. Se rencontre assez communément sur les friches de nos terrains calcaires à l'exclusion de tous les autres; Les Riceys! *des Etangs; Jules Ray; Ant. Le Grand;* Gyé-sur-Seine!! Plaines!! etc. M. l'abbé d'Antessanty l'a récolté à Neuville-sur-Seine!!

249. LAPPA Tournefort. (*Bardane.*)

625. Lappa minor D. C., G. G. 2. 280. (*Bardane à petites têtes.*)

Syn : *Arctium lappa* L.

Juin, septembre. C. Bords des chemins, décombres, partout.

626. LAPPA MAJOR Gœrtn., G. G. 2. 280. (*Bardane à grosses têtes.*)

Juillet, septembre. R. Lieux incultes, chemins, bords des bois; Les Ormes! ferme de Maurepaire, à Piney! Clairvaux!! *des Etangs;* bords des bois, à Méry! *MM. Hariot;* pépinières de MM. Baltet, à Troyes, sur des décombres!!

627. LAPPA TOMENTOSA Lamk., G. G. 2. 281. (*Bardane cotonneuse.*)

Syn : *Arctium lappa* V. b. L.

Juillet, septembre. R. R. Lieux incultes, bords des chemins; Bar-sur-Aube, au bord de la route, à la sortie du faubourg Saint-Nicolas!! Bar-sur-Aube, à la sortie du faubourg Saint-Michel, sur la route de Chaumont! bords de la route de Piney, vis-à-vis Rouilly-Saceys! *des Etangs;* Larrivour! *P. Hariot.*

250. CICHORIUM L. (*Chicorée.*)

628. CICHORIUM INTYBUS L., G. G. 2. 286. (*Chicorée sauvage.*)

Juillet, septembre. C. C. Lieux incultes, bords des chemins, partout.

251. ARNOSÈRIS Gœrtn. (*Arnoseris.*)

629. ARNOSERIS PUSILLA Gœrtn., G. G. 2. 291. (*Arnoseris fluette.*)

Syn : *Hyoseris minima* L.

Mai, septembre. R. R. Champs de Rumilly-les-Vaudes! *des Etangs.*

252. LAMPSANA L. (*Lampsane.*)

630. LAMPSANA COMMUNIS L., G. G. 2. 291. (*Lampsane commune.*)

Juin, septembre. C. C. Lieux cultivés, haies, partout.

253. HYPOCHŒRIS L. (*Porcelle.*)

631. Hypochoeris glabra L., G. G. 2. 292. (*Porcelle glabre.*)

Juin, septembre. R. Lieux arides, champs et bois sablonneux; Chaource ! la Ville-aux-Bois, près de Vendeuvre ! forêt d'Orient, sur la route de Piney ! Amance ! Montiéramey ! Brevonne ! Villenauxe ! *des Etangs ;* bois de Macey !!

632. Hypochoeris radicata L., G. G. 2. 293. (*Porcelle enracinée.*)

Mai, septembre. A. C. Prés, bois, bords des chemins ; bois de Lusigny ! bois de Bailly !! Valsuzenay ! Piney ! Chaource ! Bar-sur-Seine ! forêt de Fiel ! *des Etangs;* Montreuil !! Troyes, sur le chemin de fer, près de la gare !! etc.

254. THRINCIA Roth. (*Thrincie.*)

633. Thrincia hirta Roth., G. G. 2. 296. (*Thrincie hérissée.*)

Syn : *Leontodon hirtum* L.

Juin, octobre. C. Champs en friche, lieux incultes, pelouses, partout.

255. LEONTODON L. (*Liondent.*)

634. Leontodon autumnalis L., G. G. 2. 297. (*Liondent d'automne.*)

Juin, octobre. C. Lieux incultes, pelouses, pâturages, partout.

635. Leontodon proteiformis Vill., G. G. 2. 299. (*Liondent protée.*)

V. a. *glabratus* Koch. Syn : *Leontodon hastile* L.

Juin, octobre. A. R. Bois, pelouses, bords des chemins; bois de Thouan !! Plaines, bois de la rive gauche de la Seine !! pelouses, près des marais de Payns !! et très-probablement dans d'autres localités où il a été confondu avec le suivant.

V. b. *vulgaris* Koch. Syn : *Leontodon hispidum* L.

Juin, octobre. C. Lieux incultes, pelouses, pâturages, bois, partout.

256. PICRIS Jussieu. (*Picride.*)

636. Picris hieracioides L., G. G. 2. 303. (*Picride épervière.*)

Juillet, octobre. C. Lieux incultes et pierreux, champs ; Bar-sur-Aube ! Clairvaux ! champs de Saint-Martin-ès-Vignes !! *des Etangs ;* friches de Saint-Benoît-sur-Vannes, *Corrard de Breban ;* Méry ! *MM. Hariot ;* Saint-Julien !! Barberey !! Payns !! etc.

257. HELMINTHIA Jussieu. (*Helminthie.*)

637. Helminthia echioides Gœrtn., G. G. 2. 304. (*Helminthie vipérine.*)

Syn : *Picris echioides* L.

Juillet, septembre. R. R. Bligny, au bas du mur du château ! Baroville ! Bar-sur-Aube, dans une cour ! *des Etangs.*

258. SCORZONERA L. (*Scorzonère.*)

638. Scorzonera humilis L., G. G. 2. 307. (*Scorzonère humble.*)

Syn : *Scorzonera plantaginea* D. C.

Mai, juillet. A. C. Prés, pâturages et bois humides ; Bar-sur-Aube ! Lignol ! forêt d'Orient, sur la ligne du Mesnil à Radonvilliers ! prairies, près de Vendeuvre, en allant à Piney ! Rumilly-les-Vaudes ! prairies du Vannage, près des Riceys ! bois de l'Apostole, près de Saceys ! *des Etangs ;* Méry ! *Paul Hariot ;* plaine de Foolz !! bois de Bailly !! etc.

Obs. Le *Scorzonera angustifolia* L. n'a point encore été trouvé en France selon MM. Grenier et Godron, *Flore Française,* 2e volume, page 391. C'est donc à tort que M. Corrard de Breban a indiqué cette plante dans les prés, près de Chaource. Il y a probablement confusion avec le précédent.

639. Scorzonera hispanica L., G. G. 2. 308. (*Scorzonère d'Espagne.*)

Juin, juillet. Cultivé dans les jardins potagers pour ses racines alimentaires ; se rencontre quelquefois subspontané, notamment sur les talus du chemin de fer de l'Est, près du lieu dit : *Ma Campagne !!*

259. PODOSPERMUM D. C. (*Podosperme.*)

640. Podospermum laciniatum D. C., G. G. 2. 309. (*P. lacinié.*)

Syn : *Scorzonera laciniata* L.

Juin, août. R. R. Les Croûtes, près d'Ervy ! *des Etangs.*

V. b. *integrifolia.* Vendeuvre, sur les talus du chemin de fer ! *des Etangs.*

260. TRAGOPOGON L. (*Salsifis.*)

641. Tragopogon pratensis L., G. G. 2. 310. (*Salsifis des prés.*)

Mai, septembre. C. Prairies et pâturages ; Les Crottières, près de Bar-sur-Aube ! prairies de la Vendue-Mignot ! bois d'Herbues, aux Riceys ! bords du canal, à Troyes !! bois de Thouan ! *des Etangs ;* Méry ! *MM. Hariot;* prairies près de la plaine de Foolz !! etc.

642. Tragopogon orientalis L., G. G. 2. 311. (*Salsifis d'orient.*)

Mai, septembre. C. Prés, pâturages ; prairies à gauche du chemin de Colombé, près de Bar-sur-Aube ! voie ferrée en allant à Ailleville ! prairies près du moulin de La Folie, à Bar-sur-Aube ! *des Etangs ;* commun dans les prairies des environs de Méry ! *MM. Hariot ;* prairies bordant la Seine, à Troyes !! prairies près de la plaine de Foolz !! etc.

261. CHONDRILLA L. (*Chondrille.*)

643. Chondrilla juncea L., G. G. 2. 314. (*Chondrille effilée.*)

Juin, septembre. R. R. Lieux secs, champs pierreux ou sablonneux ; Piney, dans les champs de Villevoque ! Quincey ! Le Paraclet ! *des Etangs.*

V. b. *spinulosa* Koch. Champs de gravier, près de Roche, en allant à Isle-Aumont ! *des Etangs.*

262. TARAXACUM Jussieu. (*Pissenlit.*)

644. Taraxacum officinale Wigg., G. G. 2. 316. (*Pissenlit officinal.*)

Syn : *Leontodon taraxacum* L.

Du printemps à la fin de l'automne, partout.

645. TARAXACUM LÆVIGATUM D. C., G. G. 2. 316. (*Pissenlit lisse.*)

Avril, juin. Cette plante se trouve le long des chemins dans les environs de Méry ! *MM. Hariot.* Elle se trouve bien certainement dans les autres localités du département ; mais nous ne pouvons en citer aucune, parce que les observations nous manquent.

646. TARAXACUM ERYTHROSPERMUM Andrez, G. G. 2. 316. (*P. à graines rouges.*)

Mai, juillet. Pont-Hubert ! bords de la route de Piney ! plaine de Bouilly ! *des Etangs.*

647. TARAXACUM PALUSTRE D. C., G. G. 2. 317. (*Pissenlit des marais.*)

Juin, septembre. A. C. Se rencontre dans les prairies humides, au bord des eaux ; Notre-Dame-des-Prés, près de Saint-André ! Sainte-Scolastique ! Bouilly ! Villechétif !! *des Etangs ;* Châtres ! *MM. Hariot ;* marais de Saint-Germain !! etc.

263. LACTUCA L. (*Laitue.*)

648. LACTUCA SALIGNA L., G. G. 2. 319. (*Laitue saulière.*)

Juillet, septembre. C. Bords des champs, lieux pierreux et stériles ; Doches ! Amance ! Bar-sur-Aube ! Jessains ! Vendeuvre ! bords du canal, à Troyes !! *des Etangs ;* Méry ! Les Grandes-Chapelles ! *MM. Hariot ;* Saint-Julien !! Verrières !! Saint-Aventin !! etc.

649. LACTUCA SCARIOLA L., G. G. 2. 319. (*Laitue sauvage.*)

Juin, septembre. C. Lieux incultes et pierreux, bords des chemins ; Saint-André !! La Chapelle-Saint-Luc ! Troyes !! Traînel ! *des Etangs ;* Saint-Julien !! etc.

650. LACTUCA VIROSA L., G. G. 2. 320. (*Laitue vireuse.*)

Juin, septembre. R. R. Lieux incultes et pierreux, haies, bois ; bois de Pont-sur-Seine ! bois de Ferrières, près de Villenauxe ! *des Etangs.*

Obs. M. Corrard de Breban a indiqué, par erreur, cette plante à

Saint-André, le long des murs du presbytère ; il a fait confusion avec le *lactuca scariola* L.

651. Lactuca sativa L., G. G. 2. 320. (*Laitue cultivée.*)

Cultivé et subspontané autour des habitations.

652. Lactuca muralis Fresenius, G. G. 2. 321. (*Laitue des murailles.*)

Syn : *Prenanthes muralis* L.

Juin, septembre. A. R. Vieux murs, lieux couverts, bois; à la Vacherie ! *des Etangs;* sur les anciens remparts de Troyes ! bois de Clairvaux !! *Corrard de Breban ;* forêt de Rumilly-les-Vaudes !! au pied des murs, près du bassin du canal, à Troyes !! etc.

653. Lactuca perennis L., G. G. 2. 322. (*Laitue vivace.*)

Mai, juillet. C. Coteaux secs, champs pierreux, partout.

264. SONCHUS L. (*Laitron.*)

654. Sonchus oleraceus L., G. G. 2. 324. (*Laitron des lieux cultivés.*)

Juin, novembre. C. C. Lieux cultivés, jardins, etc., partout.

655. Sonchus asper Vill., G. G. 2. 324. (*Laitron épineux.*)

Juin, novembre. C. Lieux cultivés, avec le précédent.

656. Sonchus arvensis L., G. G. 2. 326. (*Laitron des champs.*)

Juillet, septembre. C. Lieux cultivés, bords des champs, vignes; Gérosdot ! Bayel ! Saint-Martin-ès-Vignes ! *des Etangs;* Méry ! *MM. Hariot;* Saint-Parres-les-Tertres !! Bréviandes !! Verrières !! etc.

Obs. M. Corrard de Breban a indiqué, par erreur, à Notre-Dame-des-Prés, près de Saint-André, le *Sonchus palustris* qui n'appartient pas à notre flore. Il a pris pour cette plante la forme des lieux humides du *Sonchus arvensis* qui, sur le bord des eaux, atteint quelquefois plus de deux mètres de hauteur.

265. CREPIS L. (*Crépide.*)

657. Crepis taraxacifolia Thuill., G. G. 2. 330. (*Crépide à feuilles de pissenlit.*)

Syn : *Barkhausia taraxacifolia* D. C.

Mai, juillet. C. Prés secs, champs, bords des chemins, etc. ; bords du canal, à Troyes! *des Etangs;* Méry! Droupt-Saint-Bâle! *MM. Hariot;* champs des environs de la ville de Troyes!! etc., etc.

†658. Crepis recognita Hall., Grenier Godron, 2. p. 331.

Juin, juillet. La plante inscrite sous ce nom dans l'herbier de l'Aube de M. des Etangs, nous paraît douteuse. Elle a été récoltée à Gérosdot! à La Grange-au-Rez! et à Saint-Julien!

659. Crepis setosa Hall., G. G. 2. 331. (*Crépide hispide.*)

Syn : *Barkhausia setosa* D. C.

Juillet, août. R. R. M. P. Hariot l'a trouvé abondant dans un champ, près de Méry, en 1877. Cette plante est nouvelle pour notre département.

660. Crepis fœtida L., G. G. 2. 334. (*Crépide fétide.*)

Juin, août. C. Lieux secs et incultes, coteaux, murs, bords des champs, à peu près partout.

661. Crepis præmorsa Tausch., G. G. 2. 336. (*Crépide rongée.*)

Syn : *Hieracium præmorsum* L.

Mai, juin. R. R. Bois du calcaire jurassique; Gyé-sur-Seine! Essoyes, dans le vallon de la Vente de Fougerolles! *des Etangs.*

662. Crepis biennis L., G. G. 2. 337. (*Crépide bisanuelle.*)

Mai, juillet. C. Prairies humides; Nogent-sur-Seine! Arrentières! Bar-sur-Aube! *des Etangs;* Méry! Saint-Oulph! Droupt-Sainte-Marie! *MM. Hariot;* La Vacherie!! Rumilly-les-Vaudes!! Isle-Aumont!! etc.

663. Crepis virens Vill., G. G. 2. 338. (*Crépide verdâtre.*)

Syn : *Crepis virens* et *stricta* D. C.

Juin, octobre. C. C. Prés, pelouses, champs, bords des chemins, partout.

V. b. *diffusa;* Pont-Hubert!! Troyes!! Bar-sur-Aube! *des Etangs.* La variété se rencontre généralement partout où se trouve le type.

664. Crepis pulchra L., G. G. 2. 339. (*Crépide élégante.*)

Mai, juillet. R. Coteaux, vignes, terrains pierreux; Riceys! Saint-Phal! Bar-sur-Seine, dans les vignes de Notre-Dame-du-Chêne! Ruvigny! *des Etangs;* à Vermoise, le long des murs du parc, *Corrard de Breban;* sur les flancs de la côte de Montgueux!!

266. HIERACIUM L. (*Epervière.*)

665. Hieracium pilosella L., G. G. 2. 345. (*Epervière piloselle.*)

Mai, automne. C. C. Pelouses, bords des chemins, lieux arides, bois et prés, partout.

666. Hieracium auricula L., G. G. 2. 349. (*Epervière auriculée.*)

Juin, juillet. A. C. Corroy de Polisot! bois de Sacey! Rumilly-les-Vaudes!! Eclance! Amance! forêt d'Orient!! bois de Chappes!! Vendeuvre! Soulaines! Bailly! *des Etangs;* plaine de Foolz!! etc. Rare ou nul dans les terrains purement crayeux.

667. Hieracium murorum L., G. G. 2. 372. (*Epervière des murailles.*)

Juin, septembre. C. Clairvaux! Chappes! Lévigny! Côte Sainte-Germaine, à Bar-sur-Aube! Eclance! Juvancourt! Couvignon! Bucey! Riceys! Larrivour! Gérosdot! *des Etangs;* Lusigny!! sur la voie ferrée, près de Saint-Julien!! bois de Fontvannes!! forêt d'Orient!! etc. Parait manquer dans les terrains crayeux.

668. Hieracium sylvaticum Lamk., G. G. 2. 375. (*Epervière des bois.*)

Juin, juillet. A. C. Forêt de Clairvaux! bois de Chappes! Lévigny! Bar-sur-Aube! Montiéramey! Gérosdot! *des Etangs;* forêt de Rumilly-les-Vaudes!! etc.

V. g. *acuminatum. Hieracium acuminatum* Jord., bois de Lusigny!! de Macey!!

669. Hieracium obliquum Jordan, G. G. 2. 384. (*Epervière oblique.*)

Septembre. R. Forêt de Bligny! (plante nommée par Boreau)

des Etangs; bois des environs de Plaines, rive gauche de la Seine !!

670. Hieracium boreale Fries., G. G. 2. 385. (*Epervière boréale.*)

Août, septembre. A. R. Bois de Chappes ! bois entre Villars et Cunfin ! Montiéramey ! forêt d'Orient ! forêt de Soulaines ! *des Etangs.*

V. d. *vagum.* Amance ! *des Etangs;* bois Lorgne, près de Fontvannes !! bois de Bailly !!

Obs. L'*Hieracium sabaudum* a été indiqué, par erreur, dans les bois de Bar-sur-Seine, par M. des Etangs. Cette plante ne se retrouve pas, sous ce nom, dans son herbier de l'Aube. C'est aussi par erreur que M. Corrard de Breban la dit commune dans nos bois.

671. Hieracium umbellatum L., G. G. 2. 387. (*Epervière en ombelle.*)

Août, septembre. C. Bois de Clairvaux !! Sainte-Germaine, près de Bar-sur-Aube ! bois de Chappes ! forêt de Larrivour ! *des Etangs ;* Vallant ! Les Grandes-Chapelles ! Méry ! Boulages ! *MM. Hariot ;* bois de Lusigny !! plaine de Foolz !! etc.

LIII. AMBROSIACÉES

267. XANTHIUM Tournefort. (*Lampourde.*)

672. Xanthium strumarium L., G. G. 2. 393. (*Lampourde glouteron.*)

Juillet, septembre. R. R. Décombres, bords des murs et des chemins, terrains gras ; Gérosdot, près du château ! Ville-sur-Terre ! *des Etangs.*

LIV. CAMPANULACÉES

268. JASIONE L. (*Jasione.*)

673. Jasione montana L., G. G. 2. 398. (*Jasione de Montagne.*)

Juin, octobre. R. Lieux sablonneux ; Pouy, Montiéramey !!

Corrard de Breban; La Ville-aux-Bois, près d'Amance! Soulaines! garennes de Bailly! Vosnon! Villenauxe! plaine de Foolz! Chaource! *des Etangs.*

269. PHYTEUMA L. (*Raiponce.*)

674. Phyteuma orbiculare L., G. G. 2. 401. (*Raiponce orbiculaire.*)

Juin, août. R. R. Bois et coteaux arides des terrains calcaires; Laines-aux-Bois! bois de Devois! *des Etangs;* pâturages de Bouilly, sur la côte, *Corrard de Breban;* friches près de Plaines, rive droite de la Seine!!

675. Phyteuma spicatum L., G. G. 2. 403. (*Raiponce en épi.*)

Juin, juillet. A. C. Bois; forêt de Chaource! Verricourt! Riceys-Bas! *des Etangs;* Montgueux! *P. Hariot;* forêt de Rumilly-les-Vaudes!! plaine de Foolz!! etc.

270. SPECULARIA Heist. (*Spéculaire.*)

676. Specularia speculum Alp. D. C., G. G. 2. 404. (*Spéculaire miroir.*)

Syn : *Campanula speculum* L.

Mai, juillet. C. C. Champs, moissons, partout.

677. Specularia hybrida Alp. D. C., G. G. 2. 405. (*Spéculaire hybride.*)

Mai, juillet. A. R. Moissons; champs de Chalvaudet, près de Bar-sur-Aube! *des Etangs;* commune dans les moissons des environs de Méry!! *P. Hariot.*

271. CAMPANULA L. (*Campanule.*)

678. Campanula glomerata L., G. G. 2. 409. (*Campanule agglomérée.*)

Mai, septembre. A. C. Pelouses, friches, bois; Clairvaux! Vosnon! Bar-sur-Aube! Soulaines! *des Etangs;* Laines-aux-Bois, *Corrard de Breban;* Méry! *MM. Hariot;* Jessains!! Gyé-sur-Seine!! etc.

679. Campanula cervicaria L., G. G. 2. 409. (*Campanule cervicaire.*)

Juin, août. R. R. Forêt d'Orient sur la grande ligne du Mesnil-Saint-Père à Radonvilliers !! *des Etangs; Ant. Le Grand.* Cette plante se trouve à environ 300 mètres de l'origine de la ligne, à gauche, sur la lisière de la forêt, en partant du Mesnil ! On la trouve encore près de La Loge-aux-Chèvres, sur les bords de la route de Piney !!

680. CAMPANULA TRACHELIUM L., G. G. 2. 411. (*Campanule gantelée.*)

Juillet, août. A. C. Bois, buissons, lieux couverts; Villenauxe ! Macey ! Gérosdot ! *des Etangs;* bois de Fontvannes, *Corrard de Breban;* garenne de la Perthe ! *MM. Hariot;* Verrières !! Saint-Aventin !! Plaines !! etc.

681. CAMPANULA RAPUNCULOIDES L., G. G. 2. 412. (*C. fausse raiponce.*)

Juin, août. C. Bois, champs, haies, jardins, partout.

682. CAMPANULA ROTUNDIFOLIA L., G. G. 2. 415. (*C. à feuilles arrondies.*)

Juin, septembre. C. Bords des chemins et des chamqs, bois, coteaux, murs, partout.

683. CAMPANULA RAPUNCULUS L., G. G. 2. 419. (*Campanule raiponce.*)

Mai, septembre. A. R. Bords des bois, des chemins, haies; bois de Bouilly, de Nogent-en-Othe, *Corrard de Breban;* Chaource ! Cormost ! Montiéramey ! Sommeval ! *des Etangs;* Pont-sur-Seine ! *P. Hariot;* talus des fossés bordant le chemin de Lusigny à la forêt de Larrivour !! talus du chemin de fer d'Orléans à Châlons, à hauteur du bois de Fouchy !!

LV. ÉRICINÉES.

272. CALLUNA Salisbury. (*Callune.*)

684. CALLUNA VULGARIS Salisb., G. G. 2. 428. (*Callune commune.*)

Syn : *Erica vulgaris* L.

Juillet, septembre. C. Bois secs, landes, lieux stériles; côte de Villery ! Ervy ! Gérosdot ! *des Etangs;* se rencontre dans la plupart de nos forêts; Orient !! Rumilly-les-Vaudes !! bois de Bailly !! plaine de Foolz !! etc. Cette plante manque dans les terrains crayeux.

273. ERICA L. (*Bruyère.*)

685. Erica tetralix L., G. G. 2. 431. (*Bruyère quaternée.*)

Juin, septembre. R. R. Plaine d'Amance, entre cette localité et la Ville-aux-Bois! *des Etangs*.

686. Erica cinerea L., G. G. 2. 431. *Bruyère cendrée.*)

Juin, septembre. R. R. Se trouve dans la plaine de Foolz, entre Sangy (maison du garde) et la ferme de La Motte où je l'ai récoltée le 26 juin 1877. Elle n'avait pas encore été rencontrée dans le département.

LVI. PYROLÉACÉES.

274. PYROLA L. (*Pyrole.*)

687. Pyrola rotundifolia L., G. G. 2. 437. (*Pyrole à feuilles rondes.*)

Juin, juillet. A. C. Se rencontre dans la plupart de nos bois; Ervy! Mesnil-Saint-Père, *Corrard de Breban;* forêt d'Orient, où elle est commune entre le pavillon Saint-Charles et la Loge-aux-Chèvres!! Bar-sur-Aube! Vendeuvre! Chauffour! garenne de Villechétif! *des Etangs;* bois de Thouan!! de Bailly!! de Montreuil!! de Fouchy!! où elle est fort rare, etc.

LVII. MONOTROPÉES

275. MONOTROPA L. (*Monotrope.*)

688. Monotropa hypopitis L., G. G. 2. 440. (*Monotrope sucepin.*)

Juillet, septembre. C. Au pied des arbres, surtout des pins, dans les forêts et les bois couverts; Longchamp, près de Clairvaux! Amance! Pont-sur-Seine! Gérosdot! lisière du bois de Macey! forêt d'Orient! *des Etangs;* Vallant! Droupt-Saint-Bâle! les Grandes et les Petites-Chapelles! *MM. Hariot;* parc de Villemereuil!! Il est extrêmement abondant dans les plantations de pins près de la ferme de Malva, à Montsuzain!!

CLASSE 3. — COROLLIFLORES

« Calice formé de sépales plus ou moins soudés à la base. » Corolle gamopétale, hypogyne, insérée sur le réceptacle et dis- » tincte du calice. Ovaire libre. » Grenier Godron, *Flore de France*, 2e volume, page 441, 1848.

LVIII. LENTIBULARIÉES

276. PINGUICULA Tournefort. (*Grassette.*)

689. Pinguicula vulgaris L., G. G. 2. 442. (*Grassette commune.*)

Mai, juin. R. R. Marais tourbeux et spongieux; Saint-Germain! Villechétif! *des Etangs;* marais d'Argentolles, *Corrard de Breban.*

277. UTRICULARIA L. (*Utriculaire.*)

690. Utricularia vulgaris L., G. G. 2. 444. (*Utriculaire commune.*)

Juin, août. A. R. Eaux paisibles, étangs, fossés; Bar-sur-Aube, dans les fossés de Mataux! marais d'Argentolles! de Villechétif!! Montier-la-Celle!! Belley! *des Etangs;* Bréviandes!!

691. Utricularia neglecta Lehm., G. G. 2. 444. (*Utriculaire oubliée.*)

Juin, août. A. R. Se rencontre dans les mêmes conditions que la précédente; à Bayel! Clairvaux! Ailleville, dans une mare de la pâture communale! *des Etangs;* Fontaine-Saint-Thibault, près de Mesgrigny! Châtres, dans les trous à grève! *MM. Hariot;* mare du Jars, à Brienne! *P. Hariot.*

692. Utricularia minor L., G. G. 2. 445. (*Utriculaire naine.*)

Juin, août. A. R. Marais, flaques d'eau et fossés des terrains tourbeux; étang de la Morge-des-Champs! marais d'Argentolles! de Bligny! *des Etangs;* marais de Villechétif!! *Ant. Le Grand;* marais de Droupt-Saint-Bâle!! de Payns!!

LIX. PRIMULACÉES

278. PRIMULA L. (*Primevère.*)

693. PRIMULA GRANDIFLORA Lam., G. G. 2. 447. (*P. à grandes fleurs.*)

Syn : *Primula veris* v. *acaulis* L.

Mars, mai. R. R. Villechétif ! *Ant. Le Grand ;* talus du chemin de fer, près de la gare de Troyes !! parc de Rosières !! commune dans une partie du bois de Fouchy !! Néanmoins nous pensons que cette plante n'est ici qu'à l'état subspontané. Elle a dû s'échapper des jardins voisins de ces localités.

694. PRIMULA OFFICINALIS Jacq., G. G. 2. 448. (*Primevère officinale.*)

Syn : *Primula veris* V. a. L.

Mars, mai. C. C. partout.

695. PRIMULA VARIABILIS Goupil, G. G. 2. 448. (*Primevère variable.*)

Mars, avril. R. R. Champs de Saint-Martin, à Troyes !! talus du chemin de fer, côté de Croncels, non loin de la gare !!

696. PRIMULA ELATIOR Jacquin, G. G. 2. 450. (*Primevère élevée.*)

Mars, mai. A. R. Bois de Lusigny !! bois de Vaux, près de Fouchères !! Cette plante qui n'est pas représentée dans l'herbier de l'Aube de M. des Etangs, devra se rencontrer dans d'autres localités du département, parce qu'elle n'est pas rare dans les lieux cités.

279. ANDROSACE Tournefort. (*Androsace.*)

697. ANDROSACE MAXIMA L., G. G. 2. 458. (*Androsace à grand calice.*)

Mars, mai. C. Champs, vignes ; Quincey ! Foicy !! champs de Saint-Martin !! Villeloup ! Macey !! Sainte-Maure ! *des Etangs ;* très-commune dans les vignes de Saint-Martin !! de Saint-Germain !! *Corrard de Breban ;* très-rare à Méry ! et à Droupt-Sainte-Marie ! assez abondant dans les vignes du Haut-de-Chaumont, près de Vallant ! *MM. Hariot ;* commune à Montsuzain !! etc.

280. LYSIMACHIA L. (*Lysimaque.*)

698. Lysimachia vulgaris L., G. G. 2. 464. (*Lysimaque commune.*)

Juin, septembre. C. Lieux frais, bords des eaux, buissons humides; garennes de Villechétif!! bois de Fouchy!! *des Etangs;* Montier-la-Celle!! *Corrard de Breban;* Méry! *MM. Hariot;* se rencontre communément dans tous nos terrains marécageux.

699. Lysimachia nummularia L., G. G. 2. 464. (*Lysimaque nummulaire.*)

Juin, août. C. Lieux couverts, bois humides, haies, fossés; Chappes! Eclance! Beaulieu! Gérosdot! *des Etangs;* bois de Fouchy!! *Corrard de Breban;* Méry! *MM. Hariot;* bois de Saint-André!! etc.

Obs. J'ai récolté, le 6 juillet 1873, dans une haie du parc de Saint-Aventin, où il est parfaitement naturalisé, le *Lysimachia punctata* L., D. C. *Fl. franç.* 3. p. 435.

281. CENTUNCULUS L. (*Centenille.*)

700. Centunculus minimus L., G. G. 2. 466. (*Centenille naine.*)

Juin, septembre. R. R. Lieux mouillés en hiver; Eclance, dans les rigoles servant à l'écoulement des eaux des champs situés sur la lisière du bois! Ervy! *des Etangs.*

282. ANAGALLIS Tournefort. (*Mouron.*)

701. Anagallis arvensis L., G. G. 2. 467. (*Mouron des champs.*)

Juin, octobre. C. Lieux cultivés, champs, vignes, partout.

V. b. *cœrulea,* aussi commun que le type.

702. Anagallis tenella L., G. G. 2. 467. (*Mouron délicat.*)

Juin, août. R. R. Terrain tourbeux, près des marais de Villechétif! *des Etangs;* marais de Saint-Germain, *Corrard de Breban;* Pont-sur-Seine! *P. Hariot.*

283. SAMOLUS Tournefort. (*Samole.*)

703. Samolus Valerandi L., G. G. 2. 468. (*Samole de Valerandus.*)

Juin, août. A. R. Lieux humides, fossés, ruisseaux; Brienne-Napoléon ! Villechétif !! *des Etangs;* ancien étang de Richebourg, *Corrard de Breban;* Méry ! Châtres ! Droupt-Saint-Bâle ! Rhèges ! Boulages ! *MM. Hariot;* commun dans les marais de Pont-sur-Seine !!

LX. OLÉACÉES

284. FRAXINUS Tournefort. (*Frêne.*)

704. Fraxinus excelsior L., G. G. 2. 471. (*Frêne élevé.*)

Avril, mai. C. Bois frais, bords des routes, à peu près partout.

V. c. *monophylla* Grenier. Bois, à Méry-sur-Seine ! *P. Hariot.*

705. Fraxinus oxyphylla Bieb., G. G. 2. 472. (*Frêne à feuilles aigues.*)

Juin, juillet. R. R. Dans une haie, à Méry ! *P. Hariot.*

285. LILAC Tournefort. (*Lilas.*)

706. Lilac vulgaris Lamk., G. G. 2. 473. (*Lilas commun.*)

Syn : *Syringa vulgaris* L.

Avril, mai. Originaire d'Orient. Cultivé partout et naturalisé çà et là, notamment à Saint-André, où il forme des haies !! *Corrard de Breban.*

286. LIGUSTRUM Tournefort. (*Troène.*)

707. Ligustrum vulgare L., G. G. 2. 475. (*Troène commun.*

Mai, juin. C. Bois, haies, buissons, partout.

LXI. APOCYNÉES

287. VINCA L. (*Pervenche.*)

708. Vinca minor L., G. G. 2. 477. (*Pervenche à petites fleurs.*)

Mars, juin. C. Lieux couverts, haies, bois; se trouve dans la plupart de nos bois; Brienne! forêt d'Orient!! Gérosdot! *des Etangs;* Droupt-Saint-Bâle! *MM. Hariot;* Lusigny!! Fouchy!! etc.

LXII. ASCLÉPIADÉES

288. VINCETOXICUM Mœnch. (*Dompte-venin.*)

709. Vincetoxicum officinale Mœnch, G. G. 2. 480. (*Dompte-venin officinal.*)

Syn : *Asclepias vincetoxicum* L.

Juin, septembre. A. C. Dans les bois secs, les lieux pierreux et stériles et sur les coteaux des terrains calcaires; Pont-sur-Seine!! Riceys! Coursan! Clairvaux!! *des Etangs;* Vallant! garenne de La Perthe! *MM. Hariot;* commun sur les friches de Neuville-sur-Seine!! de Gyé!! de Plaines!! etc.

LXIII. GENTIANÉES

289. ERYTHRÆA Renealm. (*Erythrée.*)

710. Erythræa pulchella Horn., G. G. 2. 483. (*Erythrée élégante.*)

Syn : *Gentiana centaurium* V. b. L.

Juin, septembre. A. C. Pelouses et pâturages humides, bords des marais et des étangs; Rouvres! bois de Chappes! de Lusigny!! Brienne! Villechétif!! *des Etangs;* Chevillèle, près de Saint-Germain, *Corrard de Breban;* Méry! Saint-Oulph! Châtres, etc. *MM. Hariot;* Pont-sur-Seine!! etc.

711. Erythræa centaurium Pers., G. G. 2. 483. (*Erythrée centaurée.*)

Syn : *Gentiana centaurium* L.

Juin, septembre. A. C. Bois, pâturages et lieux humides; Sommeval! Chaource! *des Etangs;* bois de Fontvannes!! de Thouan!! de Pont-sur-Seine!! forêt d'Orient!! de Rumilly!! etc.

290. CICENDIA Adans. (*Cicendie.*)

712. Cicendia filiformis Delarbre, G. G. 2. 486. (*Cicendie filiforme.*)

Syn : *Gentiana filiformis* L.

Juin, septembre. R. R. Pelouses humides des landes et des bois; Eclance! *des Etangs;* sables de la plaine de Foolz, vis-à-vis de La Rocatelle! *Ant. Le Grand;* plaine de Foolz, près de Fouchères, sur l'emplacement de la terre de bruyère enlevée!!

291. CHLORA L. (*Chlore.*)

713. Chlora perfoliata L., G. G. 2. 487. (*Chlore perfoliée.*)

Juin, août. R. Pâturages buissonneux, lieux humides, coteaux incultes; garennes de Villechétif!! Villenauxe! Bouilly, dans un vallon, au bas de la route de Sommeval! *des Etangs;* Viélaines, sur la lisière des marais de Saint-Germain, *Corrard de Breban;* Brienne-le-Château! *P. Hariot.*

292. GENTIANA Tournefort. (*Gentiane.*)

714. Gentiana lutea L., G. G. 2. 488. (*Gentiane jaune.*)

Juin, août. R. Bois et prés montueux des terrains calcaires; Bar-sur-Aube, sur la côte Sainte-Germaine, *Corrard de Breban;* Bar-sur-Aube, côte de Troyes! Riceys! Bar-sur-Seine! *des Etangs;* bois de Gyé!! de Neuville!! de Vaux, près de Fouchères, sur les bords de l'allée qui conduit au château!!

715. Gentiana cruciata L., G. G. 2. 490. (*Gentiane croisette.*)

Juin, août. R. Collines pierreuses, bois et prés montueux; garennes d'Auxon! de Coursan! *des Etangs;* Saint-Germain, *Corrard de Breban;* Brienne! Pont-sur-Seine!! *P. Hariot;* garennes de Villechétif!!

716. Gentiana pneumonanthe L., G. G. 2. 491. (*Gentiane pneumonanthe.*)

Juillet, octobre. A. C. Dans les terrains marécageux; Brienne-Napoléon! Marcilly-le-Hayer! Villechétif!! *des Etangs;* Méry! Châtres! Saint-Oulph! Droupt-Sainte-Marie!! *MM. Hariot;* Buchères, Saint-Pouange, Chevillèle, *Corrard de Breban;* marais de Payns!! de Pont-sur-Seine!! etc.

717. Gentiana germanica Wild., G. G. 2. 494. (*Gentiane d'Allemagne.*)

Août, octobre. R. Bords des bois, pâturages buissonneux et

pentes des coteaux calcaires; Brienne-Napoléon ! garenne de Coursan ! forêt de Clairvaux !! *des Etangs ;* Saint-Benoît-sur-Seine, voie de Theurey, pâtures de Chevillèle, *Corrard de Breban ;* les Grandes et les Petites-Chapelles ! Salon ! *MM.. Hariot ;* garenne de Villechétif !! bois de Thouan !! de Plaines, rive gauche de la Seine !! de Pont-sur-Seine !! On la rencontre toujours en petite quantité.

718. GENTIANA CILIATA L., G. G. 2. 496. (*Gentiane ciliée.*)

Août, septembre. R. Sur la lisière des bois et les pelouses herbues de nos terrains calcaires; Clairvaux, au val Saint-Bernard ! Bar-sur-Aube ! Fontaine ! *des Etangs ;* garenne de Villechétif ! *Ant. Le Grand ;* Brienne ! *P. Hariot ;* bois de Thouan !! de Plaines !! de Gyé !! où elle est commune, Jessains !! etc.

293. MENYANTHES Tournefort. (*Menyanthe.*)

719. MENYANTHES TRIFOLIATA L., G. G. 2. 497. (*Menyanthe trèfle d'eau.*)

Avril, mai. R. Etangs, marais, lieux fangeux et tourbeux ; Bréviandes !! Villevoque, près de Piney ! *des Etangs ;* Pont-sur-Seine ! Pouan ! *P. Hariot ;* Villechétif !!

294. LIMNANTHEMUM Gmel. (*Limnanthème.*)

720. LIMNANTHEMUM NYMPHOIDES Link., G. G. 2. 497. (*L. faux nenuphar.*)

Syn : *Menyanthes nymphoides* L.

Juillet, septembre. R. R. Etang de Bligny ! *des Etangs ; Ant. Le Grand.*

LXIV. CONVOLVULACÉES

295. CONVOLVULUS L. (*Liseron.*)

721. CONVOLVULUS SEPIUM L., G. G. 2. 500. (*Liseron des haies.*)

Juin, octobre. C. Haies et buissons des lieux frais et humides, partout.

722. CONVOLVULUS ARVENSIS L., G. G. 2. 500. (*Liseron des champs.*)

Mai, octobre. C. C. Se rencontre partout dans les lieux cultivés.

296. CUSCUTA Tournefort. (*Cuscute.*)

723. CUSCUTA DENSIFLORA Soyer-Willm., G. G. 2. 503. (*C. à fleurs serrées.*)

Syn : *Cuscuta epilinum* Weihe.

Juillet, août. R. R. Parasite sur le lin cultivé ; Fontaine, près de Bar-sur-Aube! *des Etangs*.

724. CUSCUTA EUROPÆA L., G. G. 2. 504. (*Cuscute d'Europe.*)

Juin, août. R. Parasite sur l'ortie dioique, sur le chanvre, le houblon, etc. Dans les champs entre Roche et Isle-Aumont, sur le *vicia sativa !* Laines-aux-Bois, sur l'ortie dioique! Boulages! *des Etangs*.

725. CUSCUTA EPITHYMUM L., G. G. 2. 504. (*Cuscute du thym.*)

Juin, septembre. C. Parasite sur le *Thymus serpyllum*, le *Medicago sativa*, le *Trifolium pratense*, etc. Doches! Larrivour! Belley! sur la luzerne! *des Etangs ;* Méry ! *MM. Hariot ;* champs de Saint-Parres-les-Tertres !! Foicy !! etc., etc.

726. CUSCUTA TRIFOLII Babingt., G. G. 2. 505. (*Cuscute du trèfle.*)

Juillet, août. R. Sur le trèfle cultivé en prairies artificielles ; champs entre Bar-sur-Aube et Ville-sur-Terre ! *des Etangs ;* Méry ! *MM. Hariot ;* champs de Saint-Parres-les-Tertres !!

LXV. BORRAGINÉES

297. BORRAGO Tournefort. (*Bourrache.*)

727. BORRAGO OFFICINALIS L., G, G. 2. 510. (*Bourrache officinale.*)

Mai, octobre. A. C. Lieux cultivés, jardins, etc. près des habitations.

298. SYMPHYTUM Tournefort. (*Consoude.*)

728. SYMPHYTUM OFFICINALE L., G. G. 2. 511. (*Consoude officinale.*)

Mai, juin, C. Prairies humides, fossés, bords des eaux, partout.

299. ANCHUSA L. (*Buglosse.*)

† 729. Anchusa officinalis L., G. G. 2. 512. (*Buglosse officinale.*)

Juin, août. A Chaource, autour de la ville, le long des chemins, *Corrard de Breban ;* Mémoires de la Société Académique de l'Aube, 1829, page 54.

Obs. Nous n'avons pas trouvé cette plante dans l'herbier de l'Aube de M. des Etangs, qui a souvent visité Chaource. Il convient donc, jusqu'à plus ample informé, de considérer cette plante comme douteuse.

730. Anchusa italica Retz, G. G. 2. 514. (*Buglosse d'Italie.*)

Mai, août. R. R. Champs et lieux pierreux des terrains calcaires; Mathaux, près de Radonvilliers ! Celles ! Bar-sur-Seine ! *des Etangs ;* Villemoiron ! l'*abbé d'Antessanty.*

731. Anchusa arvensis Bieb., G. G. 2. 515. (*Buglosse des champs.*)

Syn : *Lycopsis arvensis* L.

Avril, novembre. R. R. Champs, lieux incultes, décombres ; Montiéramey !! Maizières, près de Brienne ! Eclance ! *des Etangs ;* Fouchères ! *P. Hariot.*

300. LITHOSPERMUM Tournefort. (*Grémil.*)

732. Lithospermum purpureo-coeruleum L., G. G. 2. 519. (*Grémil violet.*)

Avril, septembre. A. R. Bois des terrains calcaires ; Pont-sur-Seine !! Clairvaux !! bois de Devois ! de Thouan !! *des Etangs.*

733. Lithospermum officinale L., G. G. 2. 520. (*Grémil officinal.*)

Mai, juillet. A. R. Bois, bords des chemins et des haies ; carrières de Clairvaux, *Corrard de Breban ;* bois d'Herbue, près des Riceys ! *des Etangs ;* garenne de La Perthe ! *MM. Hariot ;* garennes de Villechétif !! parc de Saint-Aventin !!

734. Lithospermum arvense L., G. G. 2. 520. (*Grémil des champs.*)

Avril, juillet. C. Dans les moissons, partout.

301. ECHIUM Tournefort. (*Vipérine.*)

735. Echium vulgare L., G. G. 2. 522. (*Vipérine commune.*)

Mai, septembre. C. C. Champs pierreux, lieux stériles, murs, partout.

Obs. Nous n'avons pas cru devoir mentionner d'une manière spéciale l'*Echium Wierzbickii*, qui se rencontre aussi souvent que le type.

302. PULMONARIA Tournefort. (*Pulmonaire.*)

736. Pulmonaria tuberosa Schrank, G. G. 2. 527. (*Pulmonaire tubéreuse.*)

Syn : *Pulmonaria officinalis* Thuillier.

Mars, mai. R. R. Bois ; Marnay-sur-Seine ! Pont-sur-Seine !! Quincey ! *des Etangs.*

Obs. C'est par erreur que M. des Etangs a désigné sous le nom de *Pulmonaria angustifolia* L., les plantes récoltées dans les localités qui précèdent et qui se trouvent dans son herbier de l'Aube : elles appartiennent toutes au *Pulmonaria tuberosa* Schrank, qui se rencontre seul aux stations indiquées.

303. MYOSOTIS L. (*Scorpione.*)

737. Myosotis palustris Wither., G. G. 2. 528. (*Scorpione des marais.*)

Syn : *Myosotis scorpioides.* V. b. *palustris* L.

Mai, juillet. C. Marais, prés tourbeux, bords des eaux ; bords de la Barse ! Bayel ! *des Etangs ;* Méry ! *MM. Hariot ;* parc de Saint-Aventin !! fossés, à Saint-Julien !! etc.

V. b. *Strigulosa* Mert. et Koch. Prairies de la Barse ! marais de Saint-André ! Saint-Phal ! bois de Lusigny ! de Vaux ! forêt d'Orient ! etc., *des Etangs ;* Méry ! *MM. Hariot ;* environs de Montreuil !! etc.

738. Myosotis lingulata Lehm., G. G. 2. 529. (*Scorpione lingulée.*)

Juin, septembre. A. C. Fossés, lieux inondés pendant l'hiver ; forêt de Soulaines ! Eclance ! *des Etangs ;* forêt de Rumilly !! de Larrivour !! etc.

739. Myosotis stricta Link, G. G. 2. 530. (*Scorpione roide.*)

Avril, mai et septembre. A. R. Champs sablonneux; Maizières! *des Etangs;* Gyé-sur-Seine!! etc.

740. Myosotis versicolor Pers., G. G. 2. 531. (*Scorpione changeante.*)

Mai, juin. C. Dans nos terrains sablonneux; plaine de Foolz!! Montiéramey!! etc.

741. Myosotis hispida Schlech., G. G. 2. 531. (*Scorpione hispide.*)

Avril, septembre. A. C. Lieux secs ou sablonneux, collines, pelouses, champs; Montgueux! Bouilly! champs de Saint-Parres-les-Tertres! de Beauregard! Eclance! Soulaines! *des Etangs;* Méry!! Droupt-Saint-Bâle!! Pont-sur-Seine!! *P. Hariot.*

742. Myosotis intermedia Link, G. G. 2. 532. (*Scorpione intermédiaire.*)

Syn: *Myosotis scorpioides.* V. a. *arvensis* L.

Avril, septembre. C. C. Lieux cultivés, champs, vignes, bois taillis, partout.

304. ECHINOSPERMUM Swartz. (*Echinosperme.*)

743. Echinospermum lappula Lehm., G. G. 2. 535. (*Echinosperme lappule.*)

Syn: *Myosotis lappula* L.

Juin, août. R. Champs, vignes; Sainte-Savine, près de l'église! vignes de Macey! *des Etangs;* Méry! *MM. Hariot;* vignes de Neuville-sur-Seine!! *P. Hariot.*

305. CYNOGLOSSUM Tournefort. (*Cynoglosse.*)

744. Cynoglossum officinale L., G. G. 2. 536. (*Cynoglosse officinale.*)

Mai, juillet. A. C. Lieux pierreux et incultes, bords des chemins et des haies; Riceys, ferme des Roches! *des Etangs;* Méry! *MM. Hariot;* se rencontre communément à Saint-Julien!! Bréviandes!! Villepart!! etc.

745. Cynoglossum montanum Lamk., G. G. 2. 537. (*Cynoglosse de montagne.*)

Juin, juillet. R. R. Garenne du château de Beaulieu, près de Jessains ! *des Etangs.*

306. HELIOTROPIUM L. (*Héliotrope.*)

746. Heliotropium europæum L., G. G. 2. 539. (*Héliotrope d'Europe.*)

Juin, septembre. C. Champs sablonneux ou pierreux, vignes, etc., partout.

LXVI. SOLANÉES

307. LYCIUM L. (*Lyciet.*)

747. Lycium barbarum L., G. G. 2. 541. (*Lyciet de Barbarie.*)

Juin, septembre. A. C. Çà et là dans les haies des Hauts-Clos ! Sainte-Maure ! *des Etangs;* les Grandes-Chapelles ! *MM. Hariot;* commun dans les haies qui avoisinent la ville de Troyes !!

748. Lycium sinense Lamk., G. G. 2. 542. (*Lyciet de Chine.*)

Juin, août. R. Naturalisé près des habitations ; Troyes, ruelle en allant à Saint-André ! Saint-Martin-ès-Vignes ! *des Etangs ;* Gournay, près du mail des Charmilles, à Troyes !!

308. SOLANUM L. (*Morelle.*)

749. Solanum nigrum L., G. G. 2. 543. (*Morelle noire.*)

Juin, octobre. C. Lieux cultivés, décombres, bords des murs, partout.

V. b. *Chlorocarpum* Spenn. Troyes, dans les pépinières de MM. Baltet ! *P. Hariot ;* Villebertin !!

750. Solanum tuberosum L., G. G. 2. 544. (*Morelle tubéreuse.*)

Juin, septembre. Cultivé partout.

751. Solanum dulcamara L., G. G. 2. 544. (*Morelle douce amère.*)

Juin, septembre. C. Dans les haies, les buissons humides et au bord des eaux, partout.

309. PHYSALIS L. (*Coqueret.*)

752. Physalis Alkekengi L., G. G. 2. 545. (*Coqueret alkekenge.*)

Juin, septembre. R. Haies, vignes des terrains calcaires; très-commun dans les vignes de Laines-aux-Bois. On se sert de ses baies pour jaunir le beurre, *Corrard de Breban;* Arconville! Saint-Loup! Clairvaux, à l'entrée du chemin de ronde et près de la gare!! *des Etangs.*

310. ATROPA L. (*Atrope.*)

753. Atropa belladona L., G. G. 2. 545. (*Atrope belladone.*)

Juin, août. R. Bois; Clairvaux! Bligny! *des Etangs;* Maraye-en-Othe, *Corrard de Breban;* Pont-sur-Seine! *P. Hariot;* bois de Laperrière!! bois près de Romilly-sur-Seine! *l'abbé d'Antessanty.*

311. DATURA L. (*Datura.*)

754. Datura stramonium L., G. G. 2. 546. (*Datura stramoine.*)

Juillet, septembre. A. R. Bords des chemins, décombres, champs incultes; Pont-Barse! *Clément Mullet;* Bar-sur-Aube! *des Etangs;* mail de la Tannerie, à Troyes, sur les décombres, *Corrard de Breban;* Méry! *MM. Hariot;* La Vacherie!! Lusigny!! etc.

V. b. *chalibea* Koch. Méry!!

312. HYOSCYAMUS L. (*Jusquiame.*)

755. Hyoscyamus niger L., G. G. 2. 546. (*Jusquiame noire.*)

Mai, juillet. A. C. Bords des chemins, décombres, lieux incultes, cours des fermes; Troyes! *des Etangs;* Méry! Droupt-Sainte-Marie! Charny! les Grandes-Chapelles! Boulages! *MM. Hariot;* Rosières!! Bréviandes!! Clérey!! etc.

Obs. M. Corrard de Breban a indiqué l'*Hyoscyamus albus* dans la cour des grandes prisons, à Troyes. C'est une plante méridionale qui n'a dû se rencontrer en cet endroit qu'à l'état cultivé.

LXVII. VERBASCÉES

313. VERBASCUM L. (*Molène.*)

756. VERBASCUM THAPSUS L., G. G. 2. 548. (*Molène bouillon blanc.*)

Juin, septembre. C. Lieux incultes, bords des chemins, bois pierreux ; Riceys ! Vosnon ! Foicy ! le Mériot, sur la route de Nogent à Provins ! Vignaux, près de Villenauxe ! Villeloup ! Larrivour ! *des Etangs ;* Méry ! *MM. Hariot ;* talus du chemin de fer, à Troyes !! etc.

757. VERBASCUM THAPSIFORME Schrad., G. G. 2. 549. (*Molène faux thapsus.*)

Juin, septembre. A. C. Bar-sur-Aube ! *des Etangs ;* Méry ! *MM. Hariot ;* champs, près du pont de Saint-Parres-les-Tertres !! Barberey !! etc.

758. VERBASCUM PHLOMOIDES L., G. G. 2. 549. (*Molène phlomoïde.*)

Juin, août. Saint-Nicolas ! Villenauxe ! *des Etangs ;* Méry ! *P. Hariot.*

759. VERBASCUM PULVERULENTUM Vill., G. G. 2. 551. (*Molène pulvérulente.*)

Juin, septembre. C. Lieux incultes et pierreux ; Creney ! Foicy ! Sainte-Maure ! Saint-Pouange ! Saint-Julien !! *des Etangs ;* Vallant ! les Grandes-Chapelles ! *MM. Hariot ;* Montsuzain !! Charmont !! etc.

760. VERBASCUM LYCHNITIS L., G. G. 2. 552. (*Molène lychnite.*)

Juin, août. A. C. Lieux incultes, haies, bois, champs pierreux ; Riceys, près de la ferme du Vannage ! route de Pont-sur-Seine à Villenauxe ! Vosnon ! Villeloup ! *des Etangs ;* Méry ! *MM. Hariot ;* moulin de Pontot !! bois de Pont-sur-Seine !! etc.

761. VERBASCUM NIGRUM L., G. G. 2. 552. (*Molène noire.*)

Juillet, septembre. A. C. Bois, bords des chemins. etc. ; Bercenay-en-Othe, Lusigny ! route de Bar-sur-Aube à Clairvaux, Pouy ! *Corrard de Breban ;* Villenauxe ! Clairvaux !! Sommeval ! *des*

Etangs ; Méry ! Vallant ! Droupt-Saint-Bâle ! *MM. Hariot ;* Payns, près des marais !!

762. VERBASCUM BLATTARIA L., G. G. 2. 553. (*Molène blattaire.*)

Juin, octobre. C. Bords des chemins, fossés, prés ; Montiéramey, *Corrard de Breban ;* Gérosdot ! *des Etangs ;* Méry ! *MM. Hariot ;* Mesnil-Saint-Père !! prairies de Saint-Parres-les-Tertres !! etc.

763. VERBASCUM VIRGATUM With., G. G. 2. 554. (*Molène à baguettes.*)

Syn : *Verbascum blattarioides* Lamk.

Juin, septembre. R. Le Mériot, sur la route de Nogent à Provins; *des Etangs.*

764. VERBASCUM THAPSO-NIGRUM Schiede, G. G. 2. 555. (*M. des coteaux.*)

Juin, août. Pont-sur-Seine ! *P. Hariot.*

765. VERBASCUM NIGRO-THAPSIFORME Fries, G. G. 2. 555 (*M. des coteaux.*)

Juin, septembre. Clairvaux, forge du Haut ! *des Etangs.*

766. VERBASCUM NOTHUM Koch, Boreau, 1786. (*Molène bâtarde.*)

Juillet, septembre. Creney ! Sainte-Maure ! Foicy ! *des Etangs.*

LXVIII. SCROPHULARIACÉES.

314. SCROPHULARIA Tournefort. (*Scrophulaire.*)

767. SCROPHULARIA NODOSA L., G. G. 2. 566. (*Scrophulaire noueuse.*)

Mai, septembre. A. C. Lieux frais et ombragés, bois, fossés, bords des ruisseaux ; Petit-Orient ! *des Etangs ;* Méry ! *MM. Hariot ;* La Vacherie !! Saint-Aventin !! etc.

768. SCROPHULARIA EHRHARTI C. A. Steven., G. G. 2. 566. (*Scrophulaire de Ehrhart.*)

Juin, septembre. R. R. Forêt d'Orient, au bord d'un ruisseau qui traverse la grande ligne du Mesnil-Saint-Père à Radonvilliers ! *des Etangs.*

769. Scrophularia aquatica L., G. G. 2. 566. (*Scrophulaire aquatique.*)

Mai, septembre. C. Lieux humides, fossés, bords des eaux; Troyes!! Saint-André!! Riceys, aux bords de la Laignes!! *des Etangs;* Méry! *MM. Hariot;* très-commun dans les terrains humides de Montier-la-Celle !! etc.

315. ANTIRRHINUM Tournefort. (*Muflier.*)

770. Antirrhinum orontium L., G. G. 2. 569. (*Muflier rubicond.*)

Juin, octobre. C. Lieux cultivés, champs, vignes; Amance! Brienne-Napoléon! *des Etangs;* champs de Sainte-Maure, *Corrard de Breban;* Vallant! les Grandes-Chapelles! les Petites-Chapelles! *MM. Hariot;* très-commun sur les voies ferrées aux environs de Troyes!! à Montiéramey !! à Montreuil!! etc.

771. Antirrhinum majus L., G. G. 2. 569. (*Muflier à grandes fleurs.*)

Juin, septembre. Cultivé comme ornement et devenu spontané sur les vieux murs; Ailleville! Rosières! *des Etangs;* commun sur les talus en maçonnerie, près de la gare de Troyes !! etc.

316. LINARIA Tournefort. (*Linaire.*)

772. Linaria cymbalaria Mill., G. G. 2. 573. (*Linaire cymbalaire.*)

Syn : *Antirrhinum cymbalaria* L.

Mai, octobre. R. Vieux murs humides, qu'elle tapisse élégamment de ses rameaux pendants; Bar-sur-Aube!! *des Etangs;* chaussée des blanchisseurs, à Troyes !! cour du musée!! etc.

773. Linaria spuria Mill., G. G. 2. 574. (*Linaire bâtarde.*)

Syn : *Antirrhinum spurium* L.

Juin, octobre. C. Lieux cultivés, champs calcaires et argileux, partout.

774. Linaria elatine Desf., G. G. 2. 574. (*Linaire élatine.*)

Syn : *Antirrhinum elatine* L.

Juin, octobre. A. C. Lieux cultivés, champs pierreux; Bayel! Amance! Jessains! Montiéramey!! Barberey!! Pont-Barse! Bailly!! Gérosdot! Ervy! *des Etangs;* Méry! *MM. Hariot;* Saint-Parres-les-Tertres!! etc.

775. LINARIA VULGARIS Mœnch, G. G. 2. 576. (*Linaire commune.*)

Syn : *Antirrhinum linaria* L.

Juillet, septembre. C. C. Champs, bois secs, bords des chemins, partout.

776. LINARIA STRIATA D. C., G. G. 2. 579. (*Linaire striée.*)

Syn : *Antirrhinum monspessulanum* et *repens* L.

Juin, septembre. C. C. Lieux pierreux ou sablonneux, champs, haies, bois, partout.

777. LINARIA SUPINA Desf., G. G. 2. 581. (*Linaire couchée.*)

Syn : *Antirrhinum supinum* L.

Juin, septembre. A. C. Lieux secs et sablonneux; Bar-sur-Aube! Saint-Germain!! Montgueux!! Petit-Saint-Julien!! Bétignicourt! Saint-Christophe! *des Etangs;* Méry! Vallant! les Grandes et les Petites-Chapelles! *MM. Hariot;* très-commune sur les voies ferrées aux environs de Troyes!! etc.

778. LINARIA MINOR Desf., G. G. 2. 582. (*Linaire fluette.*)

Syn : *Antirrhinum minus* L.

Juin, octobre. C. Lieux cultivés, champs pierreux ou sablonneux; Riceys! Marcilly-le-Hayer! Bray-sur-Seine! *des Etangs;* Méry! *MM. Hariot;* commun sur les voies ferrées!! dans les champs de Saint-Parres-les-Tertres!! etc.

779. LINARIA PROETERMISSA Delastre, G. G. 2. 582. (*Linaire oubliée.*)

Juin, octobre. A. R. Saint-André! Argentolle! Barberey!! Villechétif!! Foicy!! *des Etangs;* Méry! *MM. Hariot;* commune dans les champs de Saint-Parres-lés-Tertres!! Elle ne diffère de la précédente que par la glabréité de toutes ses parties.

317. GRATIOLA L. (*Gratiole.*)

780. Gratiola officinalis L., G. G. 2. 584. (*Gratiole officinale.*)

Juin, septembre. A. C. Dans les lieux humides et marécageux; Eclance! dans les prairies, à Saceys! *des Etangs;* prairies de Saint-Benoît-sur-Seine, *Corrard de Breban;* Châtres! Droupt-Sainte-Marie!! *MM. Hariot;* Pouan! Rances, près de Brienne! *P. Hariot;* Lusigny!! Pont-sur-Seine!! Barberey-aux-Moines!! Payns!! etc.

318. VERONICA Tournefort. (*Véronique.*)

781. Veronica teucrium L., G. G. 2. 586. (*Véronique teucriette.*)

Mai, juillet. R. R. Pelouses sèches, bords des bois; chaussée du Perthuis-de-l'Hôpital, à Troyes! bois des Herbues, aux Riceys! forêt de Chaource, sur les bords de la route! *des Etangs;* bois de Devois, près des Riceys! *Guyot.*

782. Veronica prostrata L., G. G. 2. 587. (*Véronique couchée.*)

Mai, juin. A. C. Pelouses sèches, coteaux pierreux, bois; champs entre Colombé-le-Sec et Rouvres! Sainte-Germaine, à Bar-sur-Aube! prairies des bords de la Seine, à Troyes! Ailleville! Unienville! Pontot! Montgueux! *des Etangs;* côte de Bouilly, *Corrard de Breban;* garenne de la Perthe! *P. Hariot;* pelouses à Montsusain!! bois Lorgne, près de Fontvannes!! etc.

783. Veronica chamædrys L., G. G. 2. 587. (*Véronique petit chêne.*)

Avril, juin. C. C. Prés secs, bords des bois, des champs, des chemins, haies, pâturages, partout.

784. Veronica beccabunga L., G. G. 2. 588. (*Véronique beccabunga.*)

Mai, octobre. C. Bords des eaux, des fossés et des mares, lieux marécageux, partout.

785. Veronica anagallis L., G. G. 2. 589. (*Véronique mouron.*)

Mai, septembre. C. C. Bords des eaux, lieux mouillés, fossés, ruisseaux, fontaines, partout.

786. VERONICA ANAGALLOIDES Gusson., G. G. 2. 589. (*Véronique faux mouron.*)

Juin, septembre. R. R. Bords des flaques d'eau; parc de Saint-Aventin, 1er septembre 1873 !!

787. VERONICA SCUTELLATA L., G. G. 2. 589. (*Véronique à écusson.*)

Mai, septembre. A. C. Fossés, bords des étangs, lieux marécageux et tourbeux; étang de Barberey-aux-Moines! forêt de Chaource! Lusigny, sur les bords de l'étang de la Noue-des-Champs! Montiéramey! *des Etangs;* côte de Bouilly, dans une mare, *Corrard de Breban;* Châtres! Saint-Oulph! *MM. Hariot;* étang du Petit-Beaumont, dans la forêt de Larrivour!! marais de Pont-sur-Seine!!

788. VERONICA MONTANA L., G. G. 2. 590. (*Véronique de montagne.*)

Mai, juillet. R. R. Bois et forêts humides, lieux ombragés; bois près de l'étang de la Morge-des-Champs, un petit échantillon! forêt d'Orient, sur la ligne du Mesnil-Saint-Père à Radonvilliers! Lusigny, sur les bords des bois! forêt de Soulaines! étang de l'Arlais, près de Vendeuvre! *des Etangs;* bois de Laperrière, près du village!!

789. VERONICA OFFICINALIS L., G. G. 2. 591. (*Véronique officinale.*)

Mai, juillet. A. C. Dans les bois, coteaux ombragés, bords des chemins; la Ville-aux-Bois! *des Etangs;* plaine de Foolz!! forêt de Rumilly!! bois de Pont-sur-Seine!! etc.

790. VERONICA SERPYLLIFOLIA L., G. G. 2. 594. (*V. à feuilles de serpolet.*)

Avril, octobre. C. Prairies, bords des chemins, lieux humides; forêt d'Orient! *des Etangs;* Méry! *MM. Hariot;* parc de Saint-Aventin!! plaine de Foolz!! Villepart!! etc.

V. b. *tenella.* Pelouses et lieux sablonneux; Méry! Pont-sur-Seine! *P. Hariot;* champs de la plaine de Foolz, le 1er août 1875!!

791. VERONICA ARVENSIS L., G. G. 2. 595. (*Véronique des champs.*)

Avril, octobre. A. C. Champs, lieux cultivés ; la Ville-aux-Bois-les-Soulaines ! les Noës !! Foicy ! Vendeuvre ! Lusigny ! Troyes !! *des Etangs ;* Méry ! *MM. Hariot ;* sur le pont de Fouchères !! etc.

792. VERONICA ACINIFOLIA L., G. G. 2. 596. (*Véronique à feuilles d'Acinos.*)

Avril, mai. C. Dans les champs sablonneux, manque ailleurs ; Gérosdot ! plaine de Foolz !! Montiéramey !! Radonvilliers ! Vendeuvre ! la Ville-aux-Bois-les-Soulaines ! Eclance ! Rumilly-les-Vaudes !! Lusigny !! *des Etangs.*

793. VERONICA TRIPHYLLOS L., G. G. 2. 597. (*Véronique à feuilles trilobées.*)

Mars, mai. R. R. Champs sablonneux et surtout siliceux ; Bar-sur-Aube, dans les champs qui bordent la route de Colombé ! champs entre Mathaux et le chemin de fer ! champs entre Chalvaudet et la croix de Soulaines ! Montier-en-l'Isle ! *des Etangs.*

794. VERONICA PRÆCOX All., G. G. 2. 598. (*Véronique précoce.*)

Mars, mai. A. C. Lieux pierreux cultivés, champs, vignes ; Rosières !! Quincey ! Bar-sur-Aube ! Riceys ! Eclance ! vignes de Saint-Martin, à Troyes !! *des Etangs ;* Méry ! *MM. Hariot ;* commune dans les Hauts-Clos, à Troyes !! etc.

795. VERONICA AGRESTIS L., G. G. 2. 599. (*Véronique agreste.*)

Mars, octobre. R. Lieux cultivés, jardins ; champs entre Bayel et Pontot, rive droite de l'Aube ! Saint-André ! Bar-sur-Aube ! Saint-Lyé ! *des Etangs ;* Méry ! *MM. Hariot.*

796. VERONICA DIDYMA Ten., G. G. 2. 599. (*Véronique didyme.*)

Syn : *Veronica polita* Fries.

Mars, octobre. C. C. Lieux cultivés ; Saint-André !! Bar-sur-Aube ! Saint-Parres-les-Terres !! Saint-Julien !! Eclance ! Spoix ! *des Etangs ;* Méry ! *MM. Hariot ;* très abondante à Troyes !! etc.

797. VERONICA HEDERÆFOLIA L., G. G. 2. 599. (*Véronique à feuilles de lierre.*)

Mars, juillet et en automne. C. C. partout.

319. LIMOSELLA L. (*Limoselle.*)

798. Limosella aquatica L., G. G. 2. 600 (*Limoselle aquatique.*)

Mai, septembre. R. Lieux fangeux, flaques d'eau, bords des étangs; Bray-sur-Seine! Brevonne! Mesnil-Saint-Père! chemin humide, près du moulin de Lavau! Bétignicourt! forêt d'Orient, entre Amance et la Ville-aux-Bois! *des Etangs;* bois de Bailly, sur le chemin de Fouchères!! flaques d'eau, sur la grande ligne du Mesnil à Radonvilliers, dans la forêt d'Orient!!

320. DIGITALIS Tournefort. (*Digitale.*)

799. Digitalis purpurea L., G. G. 2. 602. (*Digitale pourprée.*)

Juin, août. R. R. Bois de Pont-sur-Seine, au-dessus de la Chapelle!! *des Etangs.*

800. Digitalis lutea L., G. G. 2. 603. (*Digitale jaune.*)

Juin, août. A. C. Lieux pierreux et montueux; bois de Saint-Nicolas! garenne de Coursan! Riceys-Bas! Bar-sur-Seine! forêt de Fiel! *des Etangs;* Pont-sur-Seine!! *P. Hariot;* bois de Thouan!! etc.

321. EUPHRASIA Tournefort. (*Euphraise.*)

801. Euphrasia officinalis L., G. G. 2. 604. (*Euphraise officinale.*)

Juin, septembre. C. Prairies, pâturages, pelouses sèches, bords des bois, etc.; Gérosdot! marais de Saint-Germain! *des Etangs;* Méry! *MM. Hariot;* chemin de Saint-André à Rosières!! garenne de Villechetif, au bord du champ qui touche la ferme!! friches de Gyé-sur-Seine!! Jessains!! plaine de Foolz!! etc.

802. Euphrasia nemorosa Pers., G. G. 2. 605. (*Euphraise des bois.*)

Juillet, août. A. R. Forêt d'Orient, sur la grande ligne du Mesnil à Radonvilliers!! Belroy, près de Bar-sur-Aube! Creney! *des Etangs;* Méry! *MM. Hariot;* plaine de Foolz!!

322. ODONTITES Hall. (*Odontite.*)

803. Odontites rubra Pers., G. G. 2. 606. (*Odontite rouge.*)

Syn : *Euphrasia odontites* L.

Mai, juillet. R. Les moissons, bords des chemins ; Proverville ! Villechetif ! Bar-sur-Aube ! Villenauxe ! bords du canal à Troyes !! *des Etangs ;* Méry ! *MM. Hariot ;* bois de Thouan !!

804. Odontites serotina Reichb., G. G. 2. 606. (*Odontite tardive.*)

Août, octobre. C. Champs, prés élevés, bois, pâturages, bords des chemins ; Belroy ! Bligny ! *des Etangs ;* chemins des environs du bois de Fouchy !! Moussey !! Villemereuil !! etc., etc.

V. b. *divergens.* Saint-Aventin !! Villebertin !!

805. Odontites lutea Reichb., G. G. 2. 608. (*Odontite jaune.*)

Syn : *Euphrasia lutea* L.

Juillet, septembre. R. R. Lieux secs et incultes des coteaux calcaires ; côte entre Proverville et Jaucourt ! coteaux de Bar-sur-Aube ! *des Etangs ;* Voigny ! *Ant. Le Grand ;* clairières du bois de Thouan !!

323. RHINANTHUS L. (*Rhinanthe.*)

806. Rhinanthus major Ehrh., G. G. 2. 612. (*Rhinanthe à grandes fleurs.*)

V. b. *hirsutus. Rhinanthus hirsuta.* Lamk. *Rh. crista galli* v. c. L.

Mai, juillet. C. C. Dans les prairies humides et dans les moissons ; Riceys, près de Landourau ! Payns !! prairies, rive droite du canal, à Troyes ! forêt d'Orient ! Piney ! Saceys ! Quincey ! *des Etangs ;* Méry ! *MM. Hariot ;* La Vacherie !! Fouchy !! etc.

807. Rhinanthus minor Ehrh., G. G. 2. 612. (*Rh. à petites fleurs.*)

Syn : *Rhinanthus glaber* Lamk. *Rh. crista galli* v. a et b. L.

Mai, juin. C. Prairies humides ; Bar-sur-Aube ! Barberey ! bords du canal, à Troyes ! Fouchy ! Chantemerle ! Sainte-Maure ! Saint-

Lyé! Villechétif! *des Etangs;* Méry! *MM. Hariot;* prairie communale de Bûchères, près de Villebertin!! etc.

V. b. *angustifolius;* Verrières!! Saint-Aventin!! etc.

324. PEDICULARIS Tournefort. (*Pédiculaire.*)

808. Pedicularis palustris L., G. G. 2. 615 (*Pédiculaire des marais.*)

Mai, juillet. R. R. Prés tourbeux et marécageux; Ailleville! marais de Villevoque, près de Piney! marais de Villechetif!! *des Etangs;* ancien étang de Richebourg, *Corrard de Breban.*

809. Pedicularis sylvatica L., G. G. 2. 615. (*Pédiculaire des bois.*)

Avril, juin. A. C. Bois humides, bruyères et prés marécageux; Unienville! Amance! étang de l'Arlais, près de Vendeuvre! forêt de Soulaines! forêt d'Orient! Gérosdot! Bouilly! plaine de Foolz!! *des Etangs;* route de Chaource, près Crogny, *Corrard de Breban;* forêt de Rumilly!!

325. MELAMPYRUM Tournefort. (*Mélampyre.*)

810. Malampyrum cristatum L., G. G. 2. 620. (*Mélampyre à crête.*)

Mai, août. R. R. Bois des coteaux calcaires; Bossancourt! *des Etangs;* bois de Prugny, *Corrard de Breban;* bois Lorgne, près de Fontvannes!! bois de la Grande-Réserve, à Plaines!!

811. Melampyrum arvense L., G. G. 2. 620. (*Mélampyre des champs.*)

Juin, août. C. Moissons, champ pierreux, à peu près partout.

812. Melampyrum pratense L., G. G. 2. 621. (*Mélampyre des prés.*)

Juin, septembre. C. Les bois et les taillis; Clairvaux! forêt de Chaource! Riceys! Montgueux!! *des Etangs;* garenne de la Perthe!! *P. Hariot;* Lusigny!! Thouan!! etc.

LXIX. OROBANCHÉES.

326. PHELIPŒA C. A. Meyer. (*Phélipée.*)

813. Phelipæa cærulea C. A. Meyer, G. G. 2. 624. (*Phélipée bleue.*)

Syn : *Orobanche cærulea* Vill.

Juin, juillet. R. R. Sur les racines de l'*Achillea millefolium;* Villenauxe! Montier-en-l'Isle! Arrentières! *des Etangs.*

814. PHELIPÆA RAMOSA C. A. Meyer., G. G. 2. 627. (*Phélipée rameuse*).

Syn : *Orobanche ramosa* L.

Mai, septembre. A. R. Sur les racines du chanvre et de diverses autres plantes; dans le jardin de l'école primaire des Tauxelles, sur les racines de l'*Arabis alpina! des Etangs;* Montier-la-Celle, dans les chanvres, *Corrard de Breban;* Viâpres-le-Petit! Boulages! *MM. Hariot;* Dienville! *P. Hariot;* sur les racines du chanvre, près des marais de Villechetif!!

327. OROBANCHE L. (*Orobanche.*)

815. OROBANCHE GALII Vauch., G. G. 2. 631. (*Orobanche du gaillet.*)

Mai, juillet, R. Haies des lieux sablonneux, bords des champs et des bois, sur les *Galium;* près du ruisseau d'Arlette-Mutinot! Vailly! bois de Sallières, près de Romilly! Bar-sur-Aube, côte Sainte-Germaine! *des Etangs;* Vallant! *MM. Hariot;* côte de Montgueux!!

816. OROBANCHE EPITHYMUM D. C., G. G. 2. 632. (*Orobanche du serpolet.*)

Mai, juillet. C. Sur les racines du thym; plateau de Sainte-Maure, au-dessus du moulin de Pontot! Montier-en-l'Isle! côte Sainte-Germaine! Villenauxe! *des Etangs;* Méry! *MM. Hariot;* très abondant aux environs de la ferme de Malva, commune de Montsuzain!! etc.

817. OROBANCHE TEUCRII Hol. et Schultz, G. G. 2. 634. (*O. de la germandrée.*)

Mai, juin. R. Sur les racines des *Teucrium chamædrys, montanum,* etc.; Proverville! Arsonval! moulin de Pontot! *des Etangs;* Dienville! *P. Hariot.*

818. OROBANCHE MAJOR, L., G. G. 2. 636. (*Orobanche à grandes fleurs.*)

Juin. A. R. Sur les racines de la centaurée scabieuse; Proverville! Villenauxe! *des Etangs;* Vermoise, commune de Saint-Benoît-sur-Seine, *Corrard de Breban;* Vallant! Petit-Saint-Georges! les Grandes-Chapelles! *MM. Hariot;* Alibaudières! *P. Hariot;* ferme de Malva, commune de Montsuzain !!

819. Orobanche cervariæ Suard., G. G. 2. 637. (*Orobanche du peucédane.*)

Juin. R. R. Sur les racines du *Peucedanum cervaria;* vallon d'Echinvaux, près de Bar-sur-Aube! côte Sainte-Germaine! Proverville! *des Etangs.*

820. Orobanche picridis Vauch., G. G. 2. 638. (*Orobanche de la picride.*)

Juin. R. R. Sur les racines du *Picris hieracioides;* Le Mériot, près de Nogent! Ruvigny! Villenauxe! *des Etangs.*

821. Orobanche minor Sutton, G. G. 2. 640. (*Orobanche à petites fleurs.*)

Juin, juillet. R. R. Sur les racines du trèfle des prés, sur celles de la carotte sauvage, etc.; Villenauxe, sur les racines du *Daucus carotta! des Etangs.*

822. Orobanche amethystea Thuillier, G. G. 2. 641. (*Orobanche améthyste.*)

Juin, juillet. R. Sur les racines du panicaut champêtre; Villenauxe! *des Etangs;* Villemereuil!! Droupt-Saint-Bâle!!

LXX. LABIÉES.

328. MENTHA L. (*Menthe.*)

823. Mentha rotundifolia L., G. G. 2. 648. (*Menthe à feuilles rondes.*)

Juillet, septembre. C. Fossés, lieux humides ou inondés pendant l'hiver; chemin de Bar-sur-Aube à Jaucourt! Foicy!! chaussée du Vouldy! bords de l'Aube, à Fontaine! *des Etangs;* Méry! *MM. Hariot;* marais de Villechetif!! Villemereuil!! etc.

824. Mentha sylvestris L., G. G. 2. 649. (*Menthe sauvage.*)

Juillet, août. R. Bords des ruisseaux; Clairvaux, dans un fossé, près de la gare!! moulin de Fontaine! chemin de Bar-sur-Aube à Jaucourt! Bar-sur-Aube au pont Boudelin! Couvignon! Colombey-le-Sec! *des Etangs*; bords de l'Aube, près du moulin de Pontot!!

825. MENTHA MOLISSIMA Borkhs., Boreau nº 1,913 (*Menthe molle*).

Juillet, septembre. R. R. Bar-sur-Aube, aux bords de l'Aube! *des Etangs*.

826. MENTHA NEMOROSA Willd., Boreau, 1,916. (*Menthe de bois*).

Juillet, septembre. R. R. Proverville! *des Etangs*.

827. MENTHA VIRIDIS L., G. G. 2. 649. (*Menthe verte*).

Août, septembre. R. Couvignon, sur le chemin qui conduit à Urville! Bligny, sur le chemin qui conduit à Bar-sur-Aube! Ville-sur-Terre, entre le village et le moulin à vent, près du lieu où on extrait du sable! *des Etangs*; Méry! les Grandes-Chapelles! *MM. Hariot*; Brienne! *P. Hariot*.

V. c. *canescens* Fries., *mentha candicans* Crantz; Belroy! *des Etangs*; chemin de fer, près de la station de Plaines!!

828. MENTHA SUBSPICATA Weihe., Boreau, nº 1,926. (*Menthe en faux épi*).

Août, septembre. R. Bords des eaux; Eclance, dans le fossé qui longe le bois, à l'extrémité du grand rû! Colombé-le-Sec! *des Etangs*; marais de Rhèges! *P. Hariot*.

829. MENTHA AQUATICA L., G. G. 2. 651. (*Menthe aquatique*).

Juillet, septembre. C. Lieux humides, fossés, bords des rivières et des ruisseaux; bords de l'Aube, à Belroy! au pont Boudelin! Juvancourt! Eclance! Baroville! Fontaine! dans le lit de la Barse, près de Foicy! *des Etangs*; Méry! *MM. Hariot*! bords du canal à Troyes!! marais de Villechétif!! etc.

V. b. *hirsuta* Koch. Ruvigny! marais de Villechétif!! marais de Sainte-Scolastique, près de Rosières!! Fontaine! Colombé-le-Sec! *des Etangs*; commune dans les prairies de Saint-Parres!!

830. MENTHA RUBRA Sm., G. G. 2. 652. (*Menthe rouge*).

Août, septembre. R. R. Un seul échantillon, récolté le 7 septembre 1878, dans un champ qui longe le chemin de fer, près du hameau de Villepart!! Plante nouvelle pour le département.

831. MENTA SATIVA L., G. G. 2. 652. (*Menthe cultivée*).

Juillet, septembre. A. R. Lieux frais, fossés, bords des eaux; Fontaine! Bar-sur-Aube, près du pont Boudelin! Eclance! Arconville! Piney! Bayel! Pontot! *des Etangs;* Méry! *MM. Hariot;* Clérey!! Villechétif!!

832. MENTHA ARVENSIS L., G. G. 2. 653. (*Menthe des champs*).

Juillet, septembre. C. Champs humides, lieux frais; Eclance! Saint-Julien! Foicy! Troyes!! Amance! Bar-sur-Aube! marais de Villechétif!! *des Etangs;* Méry! *MM. Hariot;* Saint-Aventin!! champs de Saint-Parres-les-Tertres!! etc.

833. MENTHA ATROVIRENS Host., Boreau, n° 1,962. (*Menthe vert-foncé*).

Juillet, septembre. R. R. Lieux humides et couverts; Villenauxe, vallée de la Nesle! *A. Le Grand;* forêt d'Orient! *des Etangs.*

NOTA. — La plante de Villenauxe a été déterminée par Boreau (lettre du 15 décembre 1861).

834. MENTHA PULEGIUM L., G. G. 2. 654. (*Menthe pouliot*).

Juillet, septembre. A. C. Bords des eaux, lieux mouillés en hiver, pâturages argileux; Eclance! Brienne! étang de Bligny! bords de la Barse, près de Foicy! *des Etangs;* Méry! Saint-Oulph! *MM. Hariot;* bords de la Seine, au pont de Saint-Parres-les Tertres!! Moussey!! etc.

Obs. M. Paul Hariot a signalé, dans le canton de Méry, et soumis à l'examen de M. Malinvaud qui a bien voulu les déterminer, les menthes suivantes :

835. MENTHA BALLOTÆFOLIA Opiz, Boreau, n° 1,937. (*Menthe ballote*).

Août, septembre. Lieux humides, à Saint-Oulph.

836. MENTHA SALEBROSA Boreau, n° 1,940. (*Menthe des fanges*).

Août, septembre. Lieux fangeux, fossés; Mesgrigny.

837. MENTHA OBTUSA Opiz, Boreau. 1,949. (*Menthe obtuse*).

Juillet, septembre. R. Lieux humides ; Méry !

838. MENTHA SYLVATICA Host., Boreau, 1,955. (*Menthe sylvatique*).

Août, septembre. R. Champs humides; Méry !

839. MENTHA AGRESTIS Sole., Boreau, n° 1,957. (*Menthe agreste*).

Juillet, septembre. C. C. Champs humides ; Méry !

840. MENTHA PARIETARIÆFOLIA Beck., Boreau, n° 1,963. (*Menthe pariétaire*).

Juillet, septembre, R. Lieux humides ; Méry !

329. LYCOPUS L. (*Lycope.*)

841. LYCOPUS EUROPOEUS L., G. G. 2. 655. (*Lycope d'Europe*).

Juillet, septembre. C. C. Lieux humides et bords des eaux, partout.

330. ORIGANUM Mœnch. (*Origan.*)

842. ORIGANUM VULGARE L., G. G. 2. 656. (*Origan commun*).

Juillet, septembre. C. Lieux secs, montueux ou pierreux, ça et là.

V. b. *prismaticum* Gaud. Clairvaux ! Bétignicourt ! garenne de Belroy ! *des Etangs ;* Méry ! *P. Hariot ;* voie ferrée, près Saint-Julien ! ! Barberey ! !

331. THYMUS Benth. (*Thym.*)

843 THYMUS SERPILLUM L., G. G. 2. 657. (*Thym serpolet*).

Juin, octobre. C. C. Pelouses sèches, bois, coteaux, partout.

844. THYMUS CHAMÆDRYS Fries, G. G. 2. 658. (*Thym germandrée*).

Syn : *Thymus serpillum* V. b. L.

Juin septembre. A. C. Lieux secs et sablonneux, pelouses ; Bar-sur-Aube ! Montiéramey ! ! Vendeuvre ! Tranne ! *des Etangs ;* Méry ! *MM. Hariot ;* Rosières ! ! etc.

332. CALAMINTHA Mœnch. (*Calament.*)

845. Calamintha officinalis Mœnch, G. G. 2. 662. (*Calament officinal*).

Syn : *Melissa calamintha* L.

Juillet, octobre. A. C. Bois, haies, coteaux couverts ; forêt de Clairvaux ! ! Bar-sur-Aube ! Argançon ! *des Etangs ;* bois de Prugny ! *Corrard de Breban ;* bois de Pont-sur-Seine ! ! *P. Hariot ;* bois Lorgne, près de Fontvannes ! ! bois de Thouan ! ! etc.

846. Calamintha acinos Clairv. et Gaud., G. G. 2. 666. (*Calament des champs*).

Syn : *Thymus acinos* L.

Juin, septembre. C. Champs, lieux incultes, partout.

847. Calamintha clinopodium Benth., G. G. 2. 667. (*Calament clinopode*).

Syn : *Clinopodium vulgare* L.

Juillet, août. C. Haies, buissons, bords des bois ; Charmont ! *des Etangs ;* Droupt-Saint-Basles, dans le canton de Méry, où il est assez rare ! *MM. Hariot ;* se trouve à Sainte-Savine ! ! bords des chemins, près des Noës ! ! Saint-Parres-les-Tertres ! ! etc.

333. MELISSA L. (*Mélisse.*)

848. Melissa officinalis L., G. G. 2. 668. (*Mélisse officinale*).

Juin, septembre. R. R. Lieux frais, bords des haies et des murs; Ervy ! Piney ! *des Etangs ;* talus du chemin de fer de l'Est, au pied du pont qui conduit aux Marots ! !

334. SALVIA L. (*Sauge.*)

849. Salvia sclarea L., G. G. 2. 671. (*Sauge sclarée*).

Juillet, août. R. R. Montiéramey ! seule localité représentée dans l'herbier de l'Aube de M. des Etangs.

850. Salvia pratensis L., G. G. 2. 672. (*Sauge des prés*).

Mai, Juillet. C. Prés secs, coteaux, bords des chemins ; Rosières ! Saint-Léger ! Saint-Parres-les-Tertres ! Pontet ! Voigny ! *des Etangs;* Méry ! *MM. Hariot ;* Saint-Aventin ! ! Moussey ! ! etc.

335. NEPETA L. (*Népéta.*)

851. Nepeta cataria L., G. G. 2. 675 (*Népéta chataire*).

Juin, septembre. R. R. Chaussée de Fouchy, où elle n'existe plus aujourd'hui ! *Corrard de Breban ;* Saint-Parres-les-Tertres, où elle n'a pas été retrouvée ! *Ant. Le Grand ;* on la trouve dans le parc de Pont-sur-Seine, et sur les bords du chemin qui conduit de la gare à la route de Paris ! ! c'est à la hauteur de cette route qu'on la trouve dans le parc.

336. GLECHOMA L. (*Gléchome.*)

852. Glechoma hederacea L., G. G. 2. 678. (*Gléchome lierre terrestre).*

Avril, mai. C. C. Prés, bois, haies, lieux couverts, partout.

337. LAMIUM L. (*Lamier.*)

853. Lamium amplexicaule L., G. G. 2. 679. (*Lamier ambrassant).*

Mars, octobre. C. Lieux cultivés, champs sablonneux, sur les vieux toits de chaume, partout.

854. Lamium purpureum L., G. G. 2. 680. (*Lamier pourpre.*)

Mars, octobre. C. C. Lieux cultivés, champs, vignes, partout.

855. Lamium album L., G. G. 2. 681. (*Lamier blanc).*

Avril, octobre. C. Lieux incultes, bords des murs et des haies, près des villages, partout.

856. Lamium galeobdolon Crantz, G. G. 2. 682. (*Lamier galéobdolon).*

Avril, juin. A. R. Bois, haies, lieux couverts; bois de Vauchassis, *Corrard de Breban ;* Courcelles ! *Ant. Le Grand;* Pont-sur-Seine ! *P. Hariot;* bois de Lusigny ! ! de Macey ! ! de Thouan ! ! etc.

338. LEONURUS L. (*Agripaume.*)

857. Leonurus cardiaca L., G. G. 2. 683. (*Agripaume cardiaque*).

Juin, septembre. R. R. Haies, décombres, bords des routes et des murs ; vallée entre Saulcy et Baroville ! Chaumesnil, dans le village ! la Ville-aux-bois, près d'Amance ! Arsonval, contre les bâtiments de la ferme de Heurtebise ! *des Etangs ;* dans les rues de Mesnil-Saint-Père ! *l'abbé d'Antessanty.*

339. GALEOPSIS L. (*Galéope.*)

858. Galeopsis angustifolia Ehrh., G. G. 2. 684 (*Galéope à feuilles étroites*).

Syn : *Galeopsis ladanum* Lamk.

Juillet, octobre. C. C. Partout.

V. b. *arenaria* Godron. *Galeopsis canescens* Schultz. Jaucourt ! Engente ! Vendeuvre ! la Ville-aux-Bois ! Riceys ! Bar-sur-Aube ! Baroville ! Arsonval ! etc. *des Etangs ;* Brienne ! *P. Hariot ;* champs de Fouchères ! ! etc. Le type passe à la variété, et réciproquement, par des transitions insensibles. La limite qui les sépare est extrêmement difficile à saisir.

859. Galeopsis glabra *des Etangs* — Extrait du *Bulletin de la Société Botanique de France* — tome XXIII, séance du 9 juin 1876. (*Galéope glabre*).

Juillet, octobre. R. R. Champs de la ferme de Méline, près de Rouvres ! *des Etangs.*

Obs. Cette plante ne diffère de la précédente que par sa glabréité.

860. Galeopsis dubia Leers, G. G. 2. 685. (*Galéope douteuse.*)

Juillet, septembre. R. R. Signalé aux Croûtes, près d'Ervy ! *des Etangs ;* je l'ai récolté le 8 octobre 1878, dans le champ de la Croix-du-Caron-des-Ventes, sur la route de Rumilly à Chaource, dans la forêt — sable siliceux.

861. Galeopsis tetrahit L., G. G. 2. 685. (*Galéope tétrahit*).

Juillet, septembre. C. Haies, bois, lieux frais ; Bétignicourt ! Foicy ! Bar-sur-Aube ! Colombé-le-Sec ! Les Croûtes, près d'Ervy ! Arrentières ! Clairvaux ! Belroy ! *des Etangs ;* Méry ! *MM. Hariot ;* Chaussée des Blanchisseurs à Troyes ! ! bois de Saint-André ! ! etc.

340. STACHYS L. (*Epiaire.*)

862. Stachys germanica L., G. G. 2. 687. (*Epiaire d'Allemagne*).

Juillet, août. A. R. Lieux incultes, bords des chemins, champs pierreux; Larrivour! *des Etangs;* rues de Saint-Benoît-sur-Seine! *Corrard de Breban;* Méry! Droupt-Sainte-Marie! Savières! les Grandes-Chapelles! *MM. Hariot;* talus du chemin de fer, près de Bréviandes!! chemin de Villepart, près du passage à niveau!! etc.

863. STACHYS ALPINA L., G. G. 2. 688. (*Epiaire des Alpes*).

Juin, août. R. R. Bois de Clairvaux, Longchamp, près de la ferme de Tinte-Fontaine! *des Etangs;* bois de Thouan!! (Villemoiron, près de l'église, *l'abbé d'Antessanty*).

864. STACHYS SYLVATICA L., G. G. 2. 688. (*Epiaire des bois*).

Juin, septembre. C. Bois, haies, lieux couverts et humides; Troyes!! Foicy!! *des Etangs;* Méry! *MM. Hariot;* Fouchy!! les Tauxelles!! le Vouldy!! etc.

865. STACHYS PALUSTRI-SYLVATICA Schiede, G. G. 2. 689. (*Epiaire bâtarde*).

Juillet, septembre. R. R. trouvé un seul exemplaire, le 1er septembre 1873, dans le parc de Saint-Aventin, près de la Seine!!

866. STACHYS PALUSTRE L., G. G. 2. 689. (*Epiaire des marais*).

Juin, septembre. C. Lieux humides, fossés, marais, dans la plupart des localités.

867. STACHYS ARVENSIS L., G. G. 2. 689. (*Epiaire des champs*).

Juin, octobre. A. C. Champs sablonneux; Amance! champs de Bailly! Moussey! Petit-Saint-Julien! *des Etangs;* confins du canton de Méry, entre Bessy et Pouan! *P. Hariot;* commun dans les champs de Saint-Parres-les-Tertres, entre le pont de la Seine et le château!! etc.

868. STACHYS ANNUA L., G. G. 2. 691. (*Epiaire annuelle*).

Juillet, octobre. C. Champs pierreux, calcaires et argileux; Amance! Coursan! Riceys! Bar-sur-Aube! *des Etangs;* Méry! *MM. Hariot;* très-commun près la Chapelle-Saint-Luc et aux environs du cimetière de la ville de Troyes!! etc.

869. STACHYS RECTA L., G. G. 2. 692. (*Epiaire redressée*).

Juin, septembre. A. C. Lieux arides et pierreux; Doches! Bar-sur-Aube! etc. *des Etangs;* Méry! *MM. Hariot;* environs de la ville de Troyes, sur le chemin des Noës! sur celui des Marots!! etc.

341. BETONICA L. (*Bétoine.*)

870. Betonica officinalis L. G. G. 2. 695. (*Bétoine officinale*).

Juin, août. C. Bois taillis, landes, pâturages; Montgueux!! Bar-sur-Aube!! Bucey!! forêt d'Orient!! *des Etangs;* garenne de La Perte! *MM. Hariot;* Lusigny!! Fouchy!! etc.

342. BALLOTA L. (*Ballote.*)

871. Ballota foetida Lamk., G. G. 2. 695. (*Ballote fétide*).

Juin, septembre. C. Haies, bords des murs et des chemins, décombres, partout.

343. MARRUBIUM L. (*Marrube.*)

872. Marrubium vulgare L., G. G. 2. 699. (*Marrube commun*).

Juin, septembre. A. C. Lieux incultes, décombres, bords des chemins, au pied des murs; chemin de Saint-Parres-les-Tertres, sur les talus!! Lévigny; *des Etangs;* rue de la Mission, fossés du mail de la Madeleine, *Corrard de Breban;* Méry! la Belle-Etoile! Sainte-Syre! l'Abbaye-sous-Plancy! Viâpres-le-Petit! *MM. Hariot;* Barberey!! la Chapelle-Saint-Luc!! etc.

344. MELITTIS L. (*Melitte.*)

873. Melittis melissophyllum L., G. G. 2. 700. (*Mélitte à feuilles de mélisse*).

Mai, août. A. C. Bois, surtout des terrains calcaires; Bar-sur-Aube! Pont-sur-Seine!! Bucey! *des Etangs;* commun dans les bois de Montgueux! *Corrard de Breban;* bois Lorgne, près de Fontvannes!! bois de Macey!! de Thouan!! La Perrière!! etc.

345. SCUTELLARIA L. (*Scutellaire.*)

874. Scutellaria Columnæ All., G. G. 2. 701. (*Scutellaire de Columna.*)

Juin, juillet. R. R. Dans le bosquet du château d'Ailleville ! *des Etangs.*

875. Scutellaria galericulata L., G. G. 2. 702. (*Scutellaire toque.*)

Juin, septembre. C. Lieux humides, bords des eaux ; Montier-la-Celle ! *Corrard de Breban ;* Méry ! *MM. Hariot ;* bords du canal, à Troyes ! ! etc.

876. Scutellaria minor L., G. G. 2. 702. (*Scutellaire naine.*)

Juillet, septembre. A. R. Lieux marécageux, bords des étangs, bois humides etc. ; Eclance, dans les champs qui bordent la pâture communale ! bois de la Borde ! bois de Chappes ! Petit-Orient ! Gérosdot ! bois de Saint-Julien ! marais de Villevoque, près de Piney ! *des Etangs ;* terrain marécageux, entre Fouchères et la plaine de Foolz ! ! champ de la Croix-du-Caron-des-Ventes, dans la forêt de Rumilly ! !

346. BRUNELLA Tournefort. (*Brunelle.*)

877. Brunella vulgaris Mœnch, G. G. 2. 703. (*Brunelle commune.*)

Syn : *Prunella vulgaris* L.

Juin, octobre. C. C. Prés, bois, pâturages, bords des chemins, partout.

V. b. *pennatifida* Godron. Bois de Bucey ! de Riceys ! de Devois ! *des Etangs.*

878. Brunella alba Pallas, G. G. 2. 704. (*Brunelle blanche.*)

V. b. *pennatifida* Koch. *Prunella laciniata* L.

Juin, août. R. Prés secs, bords des bois, pelouses ; Bar-sur-Aube ! *des Etangs ;* prés de Saint-Parres-les-Vaudes ! ! Montsuzain ! ! etc.

879. Brunella grandiflora Mœnch, G. G. 2. 704. (*Brunelle à grandes fleurs.*)

Syn : *Prunella vulgaris. B. grandiflora* L.

Juin, octobre. A. C. Bois et pelouses sèches ; Coursan ! *des Etangs ;* bois de Fontvannes ! ! *Corrard de Breban ;* Méry !

MM. Hariot; Montsuzain ! ! friches de Gyé ! ! de Neuville ! ! de Plaines !! etc.

V. b. *pennatifida* Koch. Spoix ! Balnot ! *des Etangs;* bois de Fontvannes ! ! *Corrard de Breban*; Gyé-sur-Seine ! ! Neuville ! ! etc.

347. AJUGA L. (*Bugle.*)

880. AJUGA REPTANS L., G. G. 2. 706. (*Bugle rampante.*)

Mai, juillet. C. Prés et bois humides; bois de Saint-Julien ! ! Pontot ! Clairvaux ! garenne de Villechétif ! ! Rivière-de-Corps ! les Tauxelles ! *des Etangs;* Méry ! *MM. Hariot;* bords du canal, près de la chaussée des Blanchisseurs, à Troyes ! ! etc.

881. AJUGA GENEVENSIS L., G. G. 2. 706. (*Bugle de Genève.*)

Mai, juillet. A. R. Bords des chemins, coteaux sablonneux ou pierreux; Pontot ! Torvillers, dans une plantation de pins sylvestre ! La Grange-aux-Rez ! Montgueux ! Bouilly ! Saint-Usage ! *des Etangs;* garennes de la Perthe ! de Droupt-Saint-Bâle ! *MM. Hariot;* Montsuzain ! ! plaine de Foolz ! ! etc.

882. AJUGA CHAMÆPITYS Schreb., G. G. 2. 707. (*Bugle fauxpin.*)

Syn : *Teucrium chamæpitys* L.

Mai, septembre. C. Champs pierreux; Bar-sur-Aube ! Pont-Hubert ! Orvilliers ! *des Etangs;* Méry ! *MM. Hariot;* Torvilliers ! ! Le Pavillon ! ! Montsuzain ! ! etc.

348. TEUCRIUM L. (*Germandrée.*)

883. TEUCRIUM BOTRYS L., G. G. 2. 709. (*Germandrée botryde.*)

Juillet, octobre. C. Champs pierreux et calcaires; champs de Saint-Martin, à Troyes ! ! Doches ! *des Etangs;* dans les chaumes à Chevillèle, *Corrard de Breban;* Méry ! *MM. Hariot;* Jessains ! ! Montiéramey ! ! etc.

884. TEUCRIUM SCORDIUM L., G. G. 2. 709. (*Germandrée scordium.*)

Juin, septembre. A. C. Prairies humides et marécageuses, fossés, étangs; Bayel ! Eclance ! Brienne-Napoléon ! Pont-Barse ! Villechétif ! *des Etangs ;* Châtres ! *MM. Hariot ;* marais de Pont-sur-Seine !! de Barberey !! etc.

885. Teucrium scorodonia L., G. G. 2. 710. (*Germandrée des bois.*)

Juin, octobre. C. C. Dans la plupart de nos bois ; Montiéramey !! Mesnil-Saint-Père !! *des Etangs ;* Lusigny !! Montgueux !! Fontvannes !! etc.

886. Teucrium camædrys L., G. G. 2. 711. (*Germandrée petit chêne.*)

Juillet, septembre. C. Bords des bois et coteaux calcaires ; Bouilly ! Spoix ! Montiéramey ! Clairvaux ! Doches ! Coursan ! *des Etangs ;* garenne de la Perthe ! Droupt-Saint-Bâle ! les Grandes et les Petites-Chapelles ! *MM. Hariot ;* Montsuzain !! Fontvannes !! abondant sur les coteaux jurassiques, Gyé-sur-Seine !! Neuville !! etc.

887. Teucrium montanum L., G. G. 2. 713. (*Germandrée de montagne.*)

Juin, septembre. A. C. Lieux secs et pierreux des collines calcaires ; Bétignicourt ! carrières de Saint-Parres-les-Tertres ! Thenellières ! Riceys ! Villery ! Rouvres ! *des Etangs ;* vallées de Laines-au-Bois, *Corrard de Breban ;* Méry ! Vallant ! Droupt-Saint-Bâle ! Les Grandes-Chapelles ! Chapelle-Vallon ! *MM. Hariot* Montsuzain !! Gyé-sur-Seine, etc.

LXXI. VERBENACÉES.

349. VERBENA Tournefort. (*Verveine.*)

888. Verbena officinalis L., G. G. 2. 718. *Verveine officinale.*)

Juin, octobre. C. C. Bords des chemins et décombres, partout.

LXXII. PLANTAGINÉES.

350. PLANTAGO L. (*Plantain*).

889. Plantago major L., G. G. 2. 720. (*Plantain à larges feuilles.*)

Juin, octobre. C. C. Lieux incultes, bords des chemins, partout.

890. Plantago intermedia Gilib., G. G. 2. 720. (*Plantain intermédiaire.*)

Juin, octobre. A. C. Pelouses fraîches ; bois entre le Petit-Mesnil et celui de Beaulieu, commune de Trannes ! champs de la Ville-aux-Bois, près d'Amance ! Bossancourt ! Couvignon ! marais de Villechétif ! Pontot ! *des Etangs ;* terrains humides de Montier-la-Celle ! ! etc.

891. Plantago media L., G. G. 2. 721. (*Plantain moyen.*)

Mai, août. C. C. Prés secs, bords des chemins, pelouses des terrains calcaires, partout.

892. Plantago coronopus L., G. G. 2. 722. (*Plantain corne de cerf.*)

Mai, octobre. R. R. Un seul exemplaire recueilli sur les scories du charbon de terre dans la gare de Bar-sur-Aube ! *des Etangs.*

893. Plantago lanceolata L., G. G. 2. 727. (*Plantain lancéolé.*)

Avril, octobre. C. C. Prés, pâturages, pelouses, partout.

Cetteplante varie beaucoup dans la forme de ses feuilles et de ses épis. Nous n'en avons pas fait la distinction. La variété *timbali* Jord. se rencontre assez souvent sur nos terrains crayeux.

LXXIII. GLOBULARIÉES.

351. GLOBULARIA L. (*Globulaire.*)

894. Globularia vulgaris L., G. G. 2. 754. (*Globulaire commune.*)

Avril, juin. C. Sur les coteaux stériles du calcaire jurassique ; rare ou nul sur les autres terrains ; Bar-sur-Aube ! Pontot ! Neuville-sur-Seine ! ! Montier-en-l'Isle ! *des Etangs ;* Gyé-sur-Seine ! ! Plaines ! ! etc.

CLASSE 4. — MONOCHLAMYDÉES.

« Périgone nul, rudimentaire, ou simple et herbacé ou pétaloïde, libre ou soudé à l'ovaire (double dans quelques genres). » *Flore de France* de Grenier et Godron, 3e vol., page 1.

LXXIV. AMARANTACÉES.

352. AMARANTUS L. (*Amarante.*)

895. Amarantus blitum L., G. G. 3. 3. (*Amarante blite.*)
Juillet, octobre. A. C. Pieds des murs, décombres, voisinage des habitations ; Bar-sur-Aube ! Courtenot ! Troyes, au bas des murs du Varveu, près de Saint-Nicolas ! *des Etangs ;* Méry ! *MM. Hariot ;* jardin de Chicherey ! ! Montier-la-Celle ! ! etc.

896. Amarantus sylvestris Desf., G. G. 3. 4. (*Amarante sauvage.*)
Syn : *Amarantus viridis* L.
Juillet, octobre. A. C. Lieux cultivés, décombres ; Troyes, dans les Hauts-Clos ! le Paraclet ! Villenauxe ! Saint-Martin ! ! mail de Preize ! Chessy ! *des Etangs ;* Méry ! *MM. Hariot ;* sur le chemin de fer, à Troyes, près de la gare ! ! etc.

897. Amarantus retroflexus L., G. G. 3. 5. (*Amarante recourbée.*)
Juillet, septembre. C. Lieux cultivés, mouillés pendant l'hiver et desséchés en été, décombres, bords des murs et des chemins, voisinage des habitations ; Bar-sur-Aube ! Vaudes ! mail de Preize, à Troyes ! ! *des Etangs ;* bords du canal, près de la loge de l'éclusier, en haut du bassin ! ! etc.

898. Amarantus sanguineus L., Boreau n° 2068. (*Amarante sanguine.*)
Juillet, septembre. Cultivée et devenue spontannée dans quelques localités ; notamment dans un champ, à la sortie du village de Maisons-Blanches, sur la route de Chaource, où nous la voyons se reproduire depuis plus de dix années.

353. POLYCNEMUM L. (*Polycnème.*)

899. Polycnemum majus Al. Braun., G. G. 3. 6. (*Polycnème robuste.*)
Juin, septembre. R. Lieux sablonneux ou pierreux ; plateau de Sainte-Maure, au-dessus du moulin de Pontot ! Argançon ! Jessains ! Nogent-sur-Seine ! Bouilly ! champs de la Grange-au-Rez ! Mont-

gueux! bords du bois de Bucey! Bayel! Lignol! *des Etangs ;* champs de Fouchères, près du bois de Bailly!! plaine de Foolz!!

900. Polycnemum arvense L., G. G. 3. 6. (*Polycnême des champs.*)

Juin, septembre. R. R. Courtenot! La Ville-aux-Bois-les-Vendeuvre! *des Etangs.*

LXXV. SALSOLACÉES.

354. ATRIPLEX Tournefort. (*Arroche.*)

901. Atriplex hortensis L., G. G. 3. 9. (*Arroche des jardins.*)

Août. Cette plante, cultivée dans les jardins, se trouve à l'état subspontané dans quelques localités. Nous l'avons récoltée dans ces conditions sur les talus du chemin de fer, près du passage à niveau du faubourg Saint-Martin!! dans les pépinières de MM. Baltet, au faubourg Croncels, sur des décombres!! etc.

902. Atriplex hastata L., G. G. 3. 12. (*Arroche hastée.*)

Juin, octobre. C. Çà et là, le long des chemins, sur les décombres, etc.; Bar-sur-Aube, près de la Croix-de-Soulaines! Saint-André! Lavau! aux Jacobins, à Troyes!! au faubourg Saint-Martin!! *des Etangs ;* commune à Montier-la-Celle!! Saint-André!! la chaussée des Blanchisseurs!! etc.

903. Atriplex patula L., G. G. 3. 13. (*Arroche étalée.*)

Juillet, octobre. C. Décombres, au pied des murs, champs, haies; sur les bords du canal, à Troyes!! La Chapelle-Saint-Luc!! Saint-André!! *des Etangs ;* Méry! *MM. Hariot ;* talus du chemin de fer, à Troyes!! Saint-Julien!! etc.

V. c. *angustissima* Wallr. Marais de Villechétif! Gérosdot! Chevillèle, commune de Saint-Germain! Vosnon! Bar-sur-Aube! La Chapelle-Saint-Luc! Courtenot! etc., *des Etangs.* Trés-commun dans les champs sablonneux qui avoisinent la plaine de Foolz!!

355. SPINACIA Tournefort. (*Epinard.*)

904. Spinacia oleracea L., G. G. 3. 15. (*Epinard potager.*)

Juin, septembre. Cultivé et quelquefois subspontané autour des habitations.

356. BETA Tournefort. (*Bette.*)

905. Beta vulgaris L., G. G. 3. 16. (*Bette commune.*)

Juillet, septembre. Cultivé et subspontané autour des habitations.

357. CHENOPODIUM L. (*Ansérine.*)

906. Chenopodium polyspermum L., G. G. 3. 18. (*Ansérine polysperme.*)

Juillet, octobre. C. Lieux cultivés, sables humides; Eclance! Bar-sur-sur-Aube! Ville-sur-Terre! Clairvaux! Chessy! *des Etangs;* Méry! *MM. Hariot;* commun dans les terrains humides de Montier-la-Celle!! etc.

V. b. *cymosum* Chevall. Eclance! forêt de Clairvaux, sur une place à fourneau, vers le haut du Val-Jacquet! *des Etangs.* Cette variété est très-rare dans le département.

907. Chenopodium vulvaria L., G. G. 3. 18. (*Ansérine vulvaire.*)

Juillet, octobre. A. C. Lieux cultivés, fumiers, décombres, bords des chemins et des murs; ruelles de Sainte-Jules!! de la Mission!! *Corrard de Breban;* Méry! *MM. Hariot;* se rencontre communément au pied des murs, dans le faubourg Saint-Martin, à Troyes!! etc.

908. Chenopodium album L., G. G. 3. 19. (*Ansérine blanche.*)

Août, octobre. C. Lieux cultivés, voisinage des habitations, bords des chemins, décombres; champs de Saint-Julien! Verrières!! Tonr-Boileau, à Troyes! *des Etangs;* Méry! *MM. Hariot;* au Vouldy!! etc.

V. b. *viride;* Bar-sur-Aube! *des Etangs;* Méry! *MM. Hariot;* bords du canal, à Troyes!! mail de la Tannerie!! au Vouldy!! etc.

V. c. *lanceolatum;* Troyes, place du Théâtre! *des Etangs;* Méry! *MM. Hariot.* Talus du chemin de fer, à Troyes!! etc.

909. Chenopodium opulifolium Schrad., G. G. 3. 20. (*A. à feuilles d'obier.*)

Juin, septembre. R. R. Troyes, sur des décombres, à la porte de la Madeleine! *des Etangs.*

910. Chenopodium hybridum L., G. G. 3. 20. (*Ansérine hybride.*)

Juillet, octobre. R. R. Lieux cultivés, voisinage des habitations; Vosnon! *des Etangs*; sur les parois d'une carrière, pour l'extraction de la pierre, dans la forêt de Clairvaux!! pépinières de MM. Baltet, au faubourg Croncels, à Troyes! *P. Hariot.*

911. Chenopodium urbicum, v. b. *intermedium* G. G. 3. 21. (*A. des villages.*)

Août, septembre. R. Bords des chemins, pied des murs, etc.; bords du canal, à Troyes! emplacement de la Tour-Boileau! Gérosdot! Bligny! *des Etangs.*

912. Chenopodium murale L., G. G. 3. 21. (*Ansérine des murs.*)

Juillet, octobre. C. Décombres, bords des chemins, pieds des murs, voisinage des habitations; Paraclet! Nogent-sur-Seine! Troyes!! La Chapelle-Saint-Luc! *des Etangs;* Méry! *MM. Hariot;* les Noës, etc.

913. Chenopodium glaucum L., G. G. 3. 21. (*Ansérine glauque.*)

Juillet, octobre. R. Terrains gras, fumiers; Montreuil! *des Etangs;* Montier-la-Celle!! pépinières de MM. Baltet, à Troyes!!

914. Chenopodium rubrum L., G. G. 3. 22. (*Ansérine rougeâtre.*)

Juillet, septembre. A. R. Lieux gras et limoneux, lit des étangs, décombres; Le Gâty, près de Gérosdot! Eclance! Soulaines! Troyes, à la Tour-Boileau! Mesnil-Saint-Père, autour de la mare de la ferme de M. de Paillot! *des Etangs;* commun dans le canton de Méry, *MM. Hariot.*

915. Chenopodium bonus-henricus L., G. G. 3. 22. (*Ansérine bon Henri.*)

Mai, septembre. A. C. Bords des chemins et des murs près des villages; Bar-sur-Aube! Troyes sur le rempart Saint-Jacques! *des Etangs;* route de Bréviandes!! cimetière de Saint-Jean de Bonneval, Bierne, *Corrard de Breban*; Droupt-Sainte-Marie! *MM. Hariot*; Saint-Julien!! Saint-Aventin!! Villebertin!! etc.

358. BLITUM Tournefort. (*Blite.*)

916. Blitum virgatum L., G. G. 3. 23. (*Blite effilée.*)

Juin, septembre. R. R. Lieux cultivés, bords des chemins, décombres ; faubourg Sainte-Savine, sur les décombres ! *des Etangs.*

LXXVI. POLYGONÉES.

359. RUMEX L. (*Patience.*)

917. Rumex maritimus L., G. G. 3. 34. (*Patience maritime.*)

Juillet, septembre. R. Bords des étangs et des mares, terrains gras ; Brienne-Napoléon ! Eclance, vis-à-vis la grille du château ! le Gâty, près de Gérosdot ! Troyes, porte de la Madeleine, sur les décombres ! forêt d'orient ! *des Etangs.*

918. Rumex palustris Smith, G. G. 3. 35. (*Patience des marais.*)

Julllet, septembre. R. Bords des fossés et des mares, souvent avec l'espèce précédente ; Mesnil-Saint-Père, dans une mare du village ! Brienne-Napoléon ! Eclance ! La Chaise, près de Soulaines ! bords de l'étang de Ramerupt ! Radonvilliers ! *des Etangs.*

919. Rumex pulcher L., G, G. 3. 35. (*Patience en violon.*)

Juin, septembre. R. Bords des chemins, terrains arides et pierreux, pied des murs ! Courceroy, près de Nogent ! rempart Saint-Jacques, à Troyes ! Montigny ! *des Etangs.*

920. Rumex Friesii Grenier et Godron, 3. 36. (*Patience de Fries.*)

Juillet, août. A. C. Bords des chemins et des fossés, lieux humides ; Verrières ! Montier-la-Celle ! Bar-sur-Aube ! cimetière de Sainte-Savine ! fossés de la route de Pont à Nogent ! bois de Fontvannes ! Ageville ! *des Etangs ;* Méry ! *MM. Hariot ;* village de Neuville-sur-Seine !! etc.

921. Rumex conglomeratus Mur., G. G. 3. 37. (*Patience agglomérée.*)

Juillet, septembre. C. C. Bords des eaux, fossés, bois humides, partout.

922. Rumex nemorosus Schrad., G. G. 3. 37. *(Patience des forêts.)*

Juin, août. A. C. Bois humides, bords des fossés, des mares; Rivière-de-Corps! *des Etangs;* Méry! *MM. Hariot;* bois de Fouchy!! etc.

923. Rumex crispus L., G. G. 3. 38. (*Patience crépue.*)
Juillet, septembre. C. Prés, champs, fossés, bords des chemins; Jessains! Sainte-Maure! Riceys! Sainte-Savine! *des Etangs;* Méry! *MM. Hariot;* Saint-Aventin!! Gyé-sur-Seine!! etc.

924. Rumex hydrolapatum Huds., G. G. 3. 38. (*Patience des rivières.*)

Juillet, août. A. C. Bords des eaux, rivières paisibles, canaux; Bétignicourt! Nogent-sur-Seine! Foicy! *des Etangs;* Méry!! *MM. Hariot;* Montier-la-Celle!! etc.

925. Rumex scutatus L., G. G. 3. 42. (*Patience à écussons*).

Mai, août. R. Sur les vieux murs, sur les côteaux pierreux; Arrentières! Bar-sur-Seine! Boudignon! Piney! Ricey-Bas! dans les trous des anciennes carrières de craie, sur le chemin de la Grange-l'Evêque et à Montgueux! *des Etangs.*

926. Rumex acetosa L., G. G. 3. 43. (*Patience oseille*).
Mai, juin et en automne. C. Prés, bois humides, lieux herbeux, partout.

927. Rumex acetosella L., G. G. 3. 45. (*Patience petite oseille.*)

Mai, Juin et automne. C. Pâturages secs, lieux cultivés, terrains sablonneux; Soulaines! Arsonval! *des Etangs;* Montgueux, *Corrard de Breban;* très-abondant dans tous les terrains sablonneux de la plaine de Foolz!! Forêt de Rumilly!! etc.

360. POLYGONUM L. (*Renouée.*)

928. Polygonum amphibium L., G. G. 3. 46. (*Renouée amphibie.*)

Juin, août. C. Le type se trouve dans les rivières et dans les étangs; la variété *terrestris* se rencontre sur la terre, dans les lieux humides, à peu près partout.

929. Polygonum lapatifolium L., G. G. 3. 47. (*R. à feuilles de patience.*)

Juillet, septembre. C. C. Lieux humides, bords des eaux; Méry! *MM. Hariot*; Saint-Aventin!! bords du canal près du pont de la Chapelle-Saint-Luc!! etc.

V. b. *virescens*; bords du canal, près de la Chapelle-Saint-Luc!!

V. c. *nodosum*; Bouilly! Courtenot! Gérosdot! marais de Villechétif!! *des Etangs*; Méry! *MM. Hariot*; bords de la Seine, près de Saint-Julien!! etc.

V. d. *incanum*; Piney! Montiéramey! Amance! *des Etangs*; Méry! *MM. Hariot*; étang de la Morge des Bois, dans la forêt d'Orient!! etc.

930. Polygonum persicaria L., G. G. 3. 47. (*Renouée persicaire.*)

Juillet, octobre. C. Lieux frais, terrains humides, bords des eaux, etc. Rivière-de-Corps! Villechétif! *des Etangs*; Méry! *MM. Hariot*; dans les fossés, le long du canal, à Troyes!! etc.

931. Poligonum dubium Stein., G. G. 3. 48. (*Renouée douteuse.*)

Juillet, octobre. C. Bords des eaux et lieux humides; Méry! *MM. Hariot*; parc de Saint-Aventin!! prairies de Saint-Parres-les-Tertres!! etc.

932. Polygonum hydropiper L.,G. G. 3. 49. (*Renouée poivre d'eau.*)

Juillet, octobre. C. Bords des eaux, des fossés, des mares, etc.; Méry! *MM. Hariot*; Bar-sur-Aube!! plaine de Foolz!! Montiéramey!! Mesnil-Saint-Père!! forêt d'Orient!! etc.

933. Polygonum hydropiperi-dubium Grenier et Godron, 3. 50. (*Renouée bâtarde.*)

Août, septembre. R. Se trouve avec ses congénères, entre Foicy et la Vacherie! *des Etangs.*

934. Polygonum aviculare L., G. G. 3. 53. (*Renouée des oiseaux.*)

Juin, octobre. C. C. Lieux vagues, rues, bords des chemins, partout.

935. POLYGONUM HUMIFUSUM Jordan, Boreau, n° 2,146. (*Renouée humifuse.*)

Juillet, octobre. Forêt de Clairvaux ! *des Etangs.*

936. POLYGONUM CONVOLVULUS L., G. G. 3. 54. (*Renouée liseron.*)

Juin, octobre. C. Champs, lieux cultivés, partout.

937. POLYGONUM DUMETORUM L., G. G. 3. 55. (*Renouée des buissons.*)

Juin, septembre. A. R. Bois de Pont-sur-Seine ! ! *P. Hariot.*

938. POLYGONUM FAGOPYRUM L., G. G. 3. 55. (*Renouée sarrasin.*)

Juillet, août. Cultivé et subspontané, dans la plupart des localités.

LXXVII. DAPHNOIDÉES.

361. DAPHNE L. (*Daphné.*)

939. DAPHNE MEZEREUM L., G. G. 3. 57. (*Daphné bois-gentil.*)

Février, avril. R. R. Bois montueux ; Clairvaux, au Val-Jacquet ! Voigny ! Souligny ! *des Etangs ;* Verpillières ! *Ant. Le Grand.*

940. DAPHNE LAUREOLA L., G. G. 3. 57. (*Daphné lauréole.*)

Février, avril. R. Bois montueux et pierreux, surtout des terrains calcaires ; bois du Val-Perdu, à Bar-sur-Aube ! Riceys ! Bar-sur-Seine ! Clairvaux ! Couvignon ! *des Etangs ;* bois de Thouan ! !

362. PASSERINA L. (*Passérine.*)

941. PASSERINA ANNUA Spreng., G. G. 3. 60. (*Passérine annuelle.*)

Juillet, septembre. A. C. Champs et terrains arides ; Laines-aux-Bois ! *Corrard de Breban* ; Petit-Mesnil ! La Ville-aux-Bois, près d'Amance ! Brienne ! Chappes ! Nogent ! Doches ! Pont-Barse ! Gérosdot ! Auxon ! Pontot ! *des Etangs ;* Villechétif ! *Ant. Le Grand* ;

Méry ! Saint-Oulph ! Les Grandes-Chapelles ! *MM. Hariot ;* Pont-sur-Seine ! *P. Hariot ;* Jessains ! !

LXXVIII. SANTALACÉES

363. THESIUM L. (*Thésion.*)

942. THESIUM HUMIFUSUM D. C., G. G. 3. 66. (*Thésion couché.*)

Juin, septembre. A. C. Pelouses arides et incultes, clairières des bois, etc. ; carrières de Saint-Parres-les-Tertres ! coteau de Sainte-Maure, au-dessus de Pontot ! Proverville ! Riceys ! Montgueux ! Arsonval ! *des Etangs ;* Méry ! Les Grandes-Chapelles ! Chapelle-Vallon ! *MM. Hariot ;* Montsuzain ! ! bords du bois de Macey ! ! etc.

LXXIX. ARISTOLOCHIÉES

364. ASARUM Tournefort. (*Asaret.*)

943. ASARUM EUROPOEUM L., G. G. 3. 71. (*Asaret d'Europe.*)

Avril, mai. R. R. Lieux pierreux et couverts, bois montueux ; bois du Mont, entre Champignol et Arconville ! *des Etangs ;* garenne de La Perthe ! ! *MM. Hariot.*

365. ARISTOLOCHIA Tournefort. (*Aristoloche.*)

944. ARISTOLOCHIA CLEMATITIS L., G. G. 3. 72. (*Aristoloche clématite.*)

Mai, septembre. R. R. Clairvaux, au chevet de la chapelle, en dehors du mur d'enceinte ! ! *Jules Ray* ; Villenauxe ! *des Etangs ;* Larrivour, près des murs de l'ancien couvent ! *P. Hariot.*

LXXX. EUPHORBIACÉES

366. EUPHORBIA L. (*Euphorbe.*)

945. EUPHORBIA HELIOSCOPIA L., G. G. 3. 76. (*Euphorbe réveil-matin.*)

Mai, septembre. C. C. Partout.

946. EUPHORBIA PLATYPHYLLA L., G. G. 3. 77. (*Euphorbe à larges feuilles.*)

Juillet, octobre. C. Champs humides, haies, fossés; Champignol! Ruvigny! Chappes! bois de Bailly! Les Noës! Courtenot! Gérosdot! Villechétif! Amance! Mesnil-Sellières; *des Etangs; Méry! MM. Hariot;* Fouchy! prairies de Saint-Parres-les-Vaudes!! etc.

947. EUPHORBIA STRICTA L., G. G. 3. 78. (*Euphorbe roide.*)

Mai, septembre. A. R. Bords des champs, haies, fossés, lieux argileux; Vaudes! les Tauxelles! Clairvaux! Verrières! *des Etangs;* Méry! *MM. Hariot;* Saint-Aventin!!

948. EUPHORBIA PALUSTRIS L., G. G. 3. 80. (*Euphorbe des marais.*)

Mai, juillet. A. C. Dans les marais; Villechétif!! *des Etangs;* Méry! *MM. Hariot;* Pont-sur-Seine!!

949. EUPHORBIA DULCIS L., G. G. 3. 80. (*Euphorbe doux.*)

Avril, juin. R. R. Bois de Fourretière, à Auberive! Sainte-Germaine, à Bar-sur-Aube! bois, entre Brienne et Mathaux! *des Etangs.*

950. EUPHORBIA VERRUCOSA Lamk., G. G. 3. 82. (*Euphorbe verruqueux.*)

Avril, juin. C. Bois, prairies, bords des chemins, terrains argileux; Bar-sur-Aube! Sainte-Maure, au-dessus du moulin de Pontot! Villechétif!! *des Etangs;* Méry! *MM. Hariot;* Fouchy!! Saint-Aventin!! etc.

951. EUPHORBIA GERARDIANA Jacq., G. G. 3. 83. (*Euphorbe de Gérard.*)

Mai, juillet. C. Lieux secs, pierreux ou sablonneux; Saint-Julien!! La Chapelle-Saint-Luc! marais de Saint-André! *des Etangs;* Méry! *MM. Hariot;* abondante dans les plantations de sapins, à Malva, commune de Montsuzain!! Villepart!! Villebertin!! etc.

952. EUPHORBIA ESULA L., G. G. 3. 87. (*Euphorbe esule.*)

Mai, juillet. R. R. Pentes du coteau de Sainte-Maure, au-dessus du moulin de Pontot!! *des Etangs*; garenne de La Perthe!! *P. Hariot.*

953. Euphorbia cyparissias L., G. G. 3. 90. (*Euphorbe cyprès.*)

Avril, juin. C. Lieux stériles, sablonneux, bords des chemins; Couvignon! Arsonval! Troyes!! Pont-Hubert!! Riceys! etc., *des Etangs;* Méry! *MM. Hariot;* Rosières!! Saint-Germain!! etc.

954. Euphorbia exigua L., G. G. 3. 91. (*Euphorbe fluet.*)

Mai, octobre. C. C. Champs et moissons, partout.

955. Euphorbia falcata L., G. G. 3. 92. (*Euphorbe en faux.*)

Juin, octobre. A. C. Champs pierreux, moissons; ferme de Molin, à Bar-sur-Aube! Clairvaux! près de l'écluse de Barberey! Jessains! Amance! Saint-Christophe! Brienne! champs entre Rouvres et Voigny! Lignol! Bouranton! *des Etangs;* Méry! Droupt-Saint-Bâle! Les Grandes-Chapelles! Viâpres-le-Petit! *MM. Hariot.*

956. Euphorbia peplus L., G. G. 3. 93. (*Euphorbe peplus.*)

Juin, octobre. C. C. Lieux cultivés, jardins, haies, partout.

957. Euphorbia amygdaloides L., G. G. 3. 97. (*Euphorbe amandier.*)

Avril, juin. C. Bois dans tout le département.

958. Euphorbia lathyris L., G. G. 3. 98. (*Euphorbe épurge.*)

Juin, juillet. R. R. Près des lieux habités. Les paysans se purgent avec ses graines; *Corrard de Breban;* spontané dans le jardin de M. Mandonnet, à Chicherey!!

367. MERCURIALIS Tournefort. (*Mercuriale.*)

959. Mercurialis perennis L., G. G. 3. 99. (*Mercuriale vivace.*)

Mars, avril. A. C. Lieux ombragés, bois, haies des terrains calcaires; Clairvaux, au Val-Jaquet! Bar-sur-Aube! Pontot! *des Etangs;* garenne de La Perthe! *MM. Hariot;* bois de Thouan!! de Pont-sur-Seine!! etc.

960. Mercurialis annua L., G. G. 3. 99. (*Mercuriale annuelle.*)

Mai, octobre. C. C. Dans les lieux cultivés, champs, vignes, jardins, partout.

368. BUXUS Tournefort. (*Buis.*)

961. Buxus sempervirens L., G. G. 3. 101. (*Buis toujours vert.*)

Mars, avril. A. C. Dans les bois, dans les haies, etc.

LXXXI. MORÉES

369. MORUS Tournefort. (*Murier.*)

962. Morus alba L., G. G. 3. 103. (*Murier blanc.*)

Juillet, août. Cultivé par quelques personnes pour l'élevage des vers à soie.

LXXXII. ULMACÉES

370. ULMUS L. (*Orme.*)

963. Ulmus campestris Smith., G. G. 3. 105. (*Orme des champs.*)

Mars, avril. C. Ça et là, le long des chemins et dans les bois.

V. b. *Suberosa* Koch. Doches! Saint-Phal! *des Etangs;* Méry! *MM. Hariot;* au Labourat, à Troyes!! etc.

964. Ulmus montana Smith, G. G. 3. 106. (*Orme de montagne.*)

Mars, avril. A. C. Bords des chemins et dans les bois; Belroy! Champignol! Pontot! cimetière de Bar-sur-Aube! forêt de Soulaines! *des Etangs.*

V. b. *major* Fries. Garenne du château d'Ailleville! *des Etangs.* Méry! *P. Hariot.*

965. Ulmus effusa Willd., G. G. 3. 106. (*Orme à fruits épars.*)

Mars, avril. R. R. Belroy! bois au-dessous de Pontot! Bayel! Clairvaux, entre la forge du Haut et celle du Bas! *des Etangs.*

LXXXIII. URTICÉES

371. URTICA Tournefort. (*Ortie.*)

966. Urtica urens L., G. G. 3. 107. (*Ortie brûlante.*)

Mai, octobre. C. Lieux cultivés, décombres, dans la plupart des localités.

967. Urtica dioica L., G. G. 3. 108. (*Ortie dioique.*)
Juin, octobre. C. C. Partout, dans les lieux incultes, les chemins, les décombres, etc.

372. PARIETARIA Tournefort (*Pariétaire.*)

968. Parietaria erecta M. K., G. G. 3. 109. (*Pariétaire dressée.*)
Juin, octobre. R. Chaussée des blanchisseurs, à Troyes! Soulaines! Arrentières! la Rothière! Trannes! Barbercy! Valentigny! la Chapelle-Saint-Luc! Arsonval! *des Etangs;* Charny-le-Bachot! *MM. Hariot.*

969. Parietaria diffusa M. et K., G. G. 3. 109. (*Pariétaire diffuse.*)
Juillet, octobre. R. Vieux murs et décombres; Fouchères!! Troyes, au bas des murs du Petit-Séminaire!! *des Etangs;* Boulages! Charny! *MM. Hariot;* Neuville-sur-Seine!! etc.

LXXXIV. CANNABINÉES

373. CANNABIS L. (*Chanvre.*)

970. Cannabis sativa L., G. G. 3. 112. (*Chanvre cultivé.*)
Juin, septembre. Cultivé dans quelques localités, et subspontané dans les cultures et autour des habitations.

374. HUMULUS L. (*Houblon.*)

971. Humulus lupulus L., G. G. 3 112. (*Houblon grimpant.*)
Juillet, août. C. Dans les haies et dans les buissons.

LXXXV. JUGLANDÉES

375. JUGLANS L. (*Noyer.*)

972. Juglans regia L., G. G. 3. 113. (*Noyer commun*).
Fleurs en mai; fruits août, septembre. C. Très-cultivé dans le département.

LXXXVI. CUPULIFÈRES

376. FAGUS Tournefort. (*Hêtre.*)

973. Fagus sylvatica L., G. G. 3. 115. (*Hêtre des forêts.*)

Fl. avril ; fruct. juillet, août. C. Dans nos bois et dans nos forêts.

377. CASTANEA Tournefort. (*Chataignier.*)

974. Castanea vulgaris Lamk., G. G. 3. 115. (*Chataignier commun.*)

Fl. mai, juin; fruct. septembre, octob. R. R. Montgueux ! Villenauxe ! *des Etangs;* bois de Nogent-en-Othe, *Corrard de Breban.*

378. QUERCUS Tournefort. (*Chêne.*)

975. Quercus sessiflora Sm., G. G. 3. 116. (*Chêne à fruits sessiles.*)

Fleurs, avril, mai; fruct. août, septembre. C. Dans les bois et dans les forêts; Amance ! Montier-en-l'Isle ! Bar-sur-Aube ! Clairvaux ! Mesnil-Saint-Père ! forêt d'Orient ! Proverville ! *des Etangs;* Méry ! Plancy ! *MM. Hariot;* bois de Thouan !! etc.

976. Quercus pubescens Wild., G. G. 3. 116. (*Chêne pubescent.*)

Fl. en avril et mai; fruits, août, septembre. A. R. Bar-sur-Aube ! Ailleville ! Couvignon ! *des Etangs;* garenne de la Perthe !! Pont-sur-Seine ! *P. Hariot.*

977. Quercus pedunculata Ehrh., G. G. 3. 116. (*Chêne pedonculé.*)

Fl. avril, mai; fruct. août, septembre. C. Bois et forêts ! Amance ! Couvignon ! Mesnil-Saint-Père ! *des Etangs;* Méry ! Plancy ! *MM. Hariot;* bois de Thouan !! etc.

379. CORYLUS Tournefort. (*Coudrier.*)

978. Corylus avellana L., G. G. 3. 120. (*Coudrier noisetier.*)

Fl. février, avril; fruct. août, septembre. C. Bois taillis, haies et buissons, à peu près partout.

380. CARPINUS L. (*Charme.*)

979. Carpinus betulus L., G. G. 3. 120. (*Charme commun.*)

Fl. avril, mai; fruct. juillet, août. C. dans les forêts, les bois, les taillis.

LXXXVII. SALICINÉES

381. SALIX Tournefort. (*Saule.*)

980. Salix pentandra L., G. G. 3. 124. (*Saule pentandrique.*)

Mai, juin. R. R. Planté à la gare de Bar-sur-Aube! *des Etangs.*

981. Salix fragilis L., G. G. 3. 124. (*Saule fragile.*)

Avril, mai. C. Bois humides, bords des cours d'eau; Bar-sur-Aube, près de Mataux et des Varennes! entre Brienne-la-Vieille et Dienville! Basse-Fontaine, près de Brienne-Napoléon! Rosières, près de Sainte-Scolastique! rempart Saint-Jacques, à Troyes! *des Etangs;* Méry! *MM. Hariot.*

V. b. *pendula* Fries; oseraie de M. Arnaud, près de la garenne de Belroy! Mataux, près de Bar-sur-Aube! Rivière-de-Corps! Notre-Dame-des-Près! la Moline, près de la filature de M. Dupont! Clairvaux! Brienne-la-Vieille! Proverville! Troyes, à la Porte de la Tannerie! *des Etang;* cette variété se trouve aussi à Méry, mais beaucoup plus rarement que le type, *MM. Hariot.*

982. Salix alba L., G. G. 3. 125. (*Saule blanc.*)

Avril, mai. C. C. Bords des eaux, des fossés, des prés; Saint-André! chaussée du Vouldy! Foicy!! Rivière-de-Corps! Bar-sur-Aube, aux bords de l'Aube et près de l'allée de Mataux! *des Etangs;* Méry! *MM. Hariot;* marais de Saint-Germain!! etc.

V. b. *vitellina;* Bar-sur-Aube, au pont Boudelin! garenne de Belroy! *des Etangs;* Méry! *MM. Hariot.*

983. Salix babylonica L., G. G. 3. 125. (*Saule de Babylone.*)

Mars, mai. Patrie inconnue, selon MM. Cosson et Germain, *Flore parisienne,* page 615. Originaire d'Orient, d'après MM. Grenier et Godron. Souvent planté dans les parcs, au bord des eaux. Récolté aux bord de la Seine, près du moulin de la Pielle, par

M. des Etangs. On ne possède que l'individu femelle. Il se reproduit de bouture.

984. SALIX AMYGDALINA L., G. G. 3. 126. (*Saule amandier.*)

Avril, mai. C. Bords des eaux, sables des rivières et dans les saussaies; chaussée des Moulins à Bar-sur-Aube! Vosnon! chaussée de Saint-Julien, à Troyes! Nogent-sur-Seine! Charmont! chaussée des Blanchisseurs, à Troyes! etc., *des Etangs*.

V. b. *concolor* Grenier. Bar-sur-Aube! Proverville! Brienne! Bayel! Lusigny! Saint-André! Nogent! Foicy! *des Etangs;* Méry! *MM. Hariot*.

985. SALIX TRIANDRA-FRAGILIS Wimmer., G. G. 3. 126. Obs. 2. (*Saule bâtard.*)

Avril, mai. R. R. Bar-sur-Aube, près de la ferme des Mez! Ailleville! *des Etangs*.

986. SALIX HIPPOPHÆFOLIA Thuill., G. G. 3. 127. (*Saule à feuille d'Argousier.*)

Avril, mai. C. Les Noës! Pertuis-Saint-Etienne, à Troyes! forêt de Chaource! bords de la Seine en allant au moulin Saint-Quentin! chaussée de Foicy! etc. *des Etangs*.

987. SALIX INCANA Schrank, G. G. 3. 128. (*Saule blanchâtre*).

Mars, avril. R. R. Parc du château de Béton, près de Villenauxe! jardin de M. Thyébaut à Jaucourt! *des Etangs;* bords d'une ancienne carrière de sable, près du passage à niveau, sur le chemin de Bréviandes à Villepart!!.

988. SALIX PURPUREA L., G. G. 3. 128. (*Saule pourpre.*)

Mars, avril. A. C. Bords des eaux, alluvions! la Moline! Saint-Julien! bords de la Seine, au-dessous de Troyes!! Pertuis Saint-Etienne! Les Tauxelles! Foicy! Bar-sur-Aube! Belroy! Clairvaux! *des Etangs ;* Méry! *MM. Hariot*.

V. b. *lambertiana* Grenier; prairie de Barberey! Basse-Fontaine, près de Brienne! garenne de Belroy! *des Etangs*.

V. c. *helix* Grenier; garenne de Belroy! *des Etangs ;* marais de Villechétif!!

989. SALIX RUBRA Huds., G. G. 3. 129. (*Saule rouge.*)

Mars, avril. A. R. Bords des eaux, oseraies; les Tauxelles! Payns! Ailleville! Brienne-la-Vieille! garenne de Belroy! Bar-sur-Aube! Clairvaux! Foicy! Perthuis-Saint-Etienne! *des Etangs;* Méry! *MM. Hariot.*

V. b. *purpuroïdes* Grenier., Brienne-la-Vieille! *des Etangs.*

990. Salix viminalis L., G. G. 3. 131. (*Saule des vanniers.*)

Avril, mai. C. Lieux humides, bords des eaux, oseraies; chaussée de Foicy! marais de Saint-André! les Tauxelles! Pré-Dillon! Brienne-Napoléon! Bar-sur-Aube! etc. Méry! *MM. Hariot.*

991. Salix smithiana Willd., G. G. 3. 131. (*Saule de Smith.*)

Mars, avril. A. R. Lieux frais; Saint-André! Charmont! Pré-Dillon! Notre-Dame-des-Prés! Bar-sur-Aube, au pont Boudelin! *des Etangs;* Méry! Droupt-Sainte-Marie! *MM. Hariot.*

V. b. *obscura* Grenier., Bligny, sur les bords du ruisseau qui va du village à l'étang! *des Etangs.*

992. Salix affinis Grenier Godron., 3. 132. (*Saule voisin.*)

Syn : *Salix acuminata* Koch.

Mars, avril. R. Bar-sur-Aube, sur les bords de la route de Couvignon et sur ceux du chemin de Fontaine! Belroy! Bligny! Pré-Dillon! Creney! Saint-André! *des Etangs.*

V. b. *capræformis* Wimm., Saint-André, entre Montier-la-Celle et Notre-Dames-des-Prés! *des Etangs.*

993. Salix cinerea L., G. G. 3. 134. (*Saule cendré.*)

Mars, avril. C. Bois humides, haies des prés, bords des fossés, surtout dans les terrains maigres; Charmont! Marais de Villechétif! d'Argentolles! Gérosdot! chemin de Montier-la-Celle à Notre-Dame-des-Prés! Pré-Dillon! Foicy! Bar-sur-Aube! etc. *des Etangs;* les Grandes et les Petites-Chapelles! *MM. Hariot;* bois de Fouchy!! etc.

994. Salix pontederana Schl., G. G. 3. 134. obs. 2. (*Saule de Pontederana.*)

Mars, avril. R. R. Garennes entre Creney et Luyères! Troyes, dans les prairies, près de la Ruelle-aux-Moines! Bar-sur-Aube, derrière le jardin du chef de gare! Belroy! *des Etangs.*

995. Salix capræa L., G. G. 3. 135. (*Saule marceau.*)

Mars, avril. C. C. Forêts; bois, bords des eaux; Villechétif! Rumilly! Charmont! Pré-Dillon! Saint-André! etc. *des Etangs;* Méry! *MM. Hariot.* Cet arbre forme la plupart des garennes de nos terrains crayeux.

996. Salix aurita L., G. G. 3. 136. (*Saule à oreillette.*)

Mars, avril. A. C. Bois humides, lieux tourbeux, bords des eaux; les Rigoles, près de Proverville! Eclance! bois entre Lusigny et Gérosdot! Pré-Dillon! forêt d'Orient! forêt de Chaource! Rumilly-les-Vaudes! Etang du Baudet! Bar-sur-Aube! Brienne! *des Etangs;* Châtres! Méry! MM. *Hariot;* plaine de Foolz!! etc.

997. Salix repens L., G. G. 3. 137. (*Saule rampant.*)

Avril, mai. R. Prés humides et tourbeux; Sainte-Scholastique, près de Rosières! marais entre Saint-Lyé et Riancey! marais de Villevoque près de Piney! marais de Villechétif!! *des Etangs.*

382. POPULUS Tournefort. (*Peuplier.*)

998. Populus tremula L., G. G. 3. 143. (*Peuplier tremble.*)

Mars, avril. C. Bois et terrains humides dans la plupart des localités.

999. Populus alba L., G. G. 3. 144. (*Peuplier blanc.*)

Mars, avril. A. C. Bois humides, bords des eaux; souvent planté dans les parcs et le long des chemins! Belroy! Colombé-le-Sec! Saint-Julien!! Fuligny! Valsuzenay! Eclance! Villechétif!! Foicy! Lévigny! allée du parc de Rosières! etc. *des Etangs.*

1000. Populus canescens Smith, G. G. 3. 144. (*Peuplier blanchâtre.*)

Mars, avril. R. Lieux frais, bois humides; Bligny! Vendeuvre! Belroy! Villepart! marais de Villechétif!! Pré-Dillon! *des Etangs.*

1001. Populus virginiana Desf., G. G. 3. 144. (*Peuplier de Virginie.*)

Mars, avril. R. Originaire d'Amérique; cultivé aux bords des eaux et dans les sols humides; Bligny! Bar-sur-Aube! bords du canal, à Troyes! etc., *des Etangs.*

1002. Populus nigra L., G. G. 3. 145. (*Peuplier noir.*)

Mars, avril. R. Bois humides, souvent planté dans les promenades; Bar-sur-Aube! marais de Villechétif! Voigny! Baroville! des Etangs.

1003. Populus pyramidalis Rosier et Lamk., G. G. 3. 145. (*Peuplier pyramidal.*)

Mars, avril. A. C. Planté aux bords des eaux et le long des chemins, à peu près partout.

LXXXVIII. PLATANÉES

383. PLATANUS L. (*Platane.*)

1004. Platanus orientalis L., G. G. 3. 145. (*Platane d'Orient.*)

Avril, mai. Originaire d'Orient. Planté dans les promenades.

LXXXIX. BÉTULACÉES

384. BETULA Tournefort. (*Bouleau.*)

1005. Betula alba L., G. G. 3. 147. (*Bouleau blanc.*)

Avril, mai. C. Bois humides, à sol sablonneux et surtout siliceux, ainsi que sur nos terrains crayeux.

385. ALNUS Tournefort. (*Aulne.*)

1006. Alnus glutinosa Gœrtn., G. G. 3. 149. (*Aulne glutineux..*

Février, mars. C. Lieux humides, marais, bords des eaux, partout.

XC. ABIÉTINÉES

386. PINUS L. (*Pin.*)

1007. Pinus sylvestris L., G. G. 3. 152. (*Pin sauvage.*)

Mai. C. Fait l'objet de cultures étendues, sur nos terrains les plus ingrats.

1008. Pinus laricio Poir., G. G. 3. 153. (*Pin laricio.*)

Mai. On cultive aussi cette espèce sur plusieurs points, notamment dans les environs de Jessains! des Riceys! de Luyères! etc., *des Etangs*.

1009. Pinus picea L., G. G. 3. 155. (*Sapin commun.*)

Mai. Planté ça et là dans les bois et les parcs. Spontané dans les hautes montagnes de la France.

1010. Pinus abies L., G. G. 3. 156. (*Epicéa commun.*)

Mai. Comme le précédent, il se trouve planté dans les parcs et les bois, notamment dans la forêt de Rumilly-les-Vaudes!!.

1011. Pinus larix L., G. G. 3. 156. (*Mélèze d'Europe.*)

Juin. Planté çà et là dans les parcs et les bois. Se trouve aussi mélangé aux *Pinus laricio et sylvestris* dans les plantations culturales.

XCI. CUPRESSINÉES

387. JUNIPERUS L. (*Genévrier.*)

1012. Juniperus communis L., G. G. 3. 157 (*Genévrier commun.*)

Avril. A. C. Bois, coteaux stériles, bruyères; garenne de La Perthe!! les Grandes et les Petites-Chapelles! château des Ruez! *MM. Hariot;* Montsuzain!! forêt de Rumilly-les-Vaudes!! plaine de Foolz!! etc.

EMBRANCHEMENT 2

ENDOGÈNES PHANÉROGAMES

OU

MONOCOTYLÉDONÉES

« Tige ordinairement herbacées, très-rarement ligneuse, non
» séparables en deux zones distinctes d'écorce et de bois, constituée
» par des faisceaux fibro-vasculaires épars dans le tissu cellulaire
» et ne formant pas de couches concentriques. Feuilles à nervures
» presque toujours simples et parallèles, souvent longuement
» engaînentes à la base. Fleurs distinctes; enveloppes florales
» (périgone), formées de parties ordinairement en nombre ternaire,

» souvent remplacées par des bractées ou des soies, ou nulles. » Organes reproducteurs distincts, constitués par des étamines et » des pistils. Embryon composé de parties distinctes, pourvu d'un » seul cotyledon. » (Grenier Godron. *Flore de France*, 3e volume, p. 163.

XCII. ALISMACÉES

388. ALISMA L. (*Fluteau.*)

1013. ALISMA PLANTAGO L., G. G. 3. 164. (*Fluteau plantain d'eau.*)

Juin, septembre. C. Fossés, mares et lieux inondés ; Brienne-Napoléon ! *des Etangs ;* Méry ! *MM. Hariot ;* environs de Troyes !! etc.

V. b. *lanceolatum*, beaucoup plus rare que le type. Se trouve aux bords d'une mare, entre le Petit-Mesnil et Trannes ! dans les fossés de Mathaux, près de Bar-sur-Aube ! *des Etangs.*

1014. ALISMA RANUNCULOIDES L., G. G. 3. 166. (*Fluteau renoncule.*)

Juin, septembre. A. R. Etangs, fossés, lieux inondés l'hiver ; Villechétif ! Beaulieu, près de Nogent ! *des Etangs ;* Méry ! Châtres ! Droup-Sainte-Marie ! *MM. Hariot;* marais de Pont-sur-Seine !! Saint-Mesmin !! Payns !! etc.

389. SAGITTARIA L. (*Sagittaire.*)

1015. SAGITTARIA SAGITTÆFOLIA L., G. G. 3. 167. (*Sagittaire fléchière.*)

Juin, août. C. Bords des eaux, lieux marécageux, partout.

V. b. *valisneriifolia* Cosson et Germain. R. R. Nogent-sur-Seine, dans les noues ! *des Etangs ;* ruisseau de la Vienne, près de Chicherey !!

XCIII. BUTOMÉES

390. BUTOMUS L. (*Butome.*)

1016. BUTOMUS UMBELLATUS L., G. G. 3. 168. (*Butome à ombelle.*)

Juin, août. A. C. Etangs, bords des rivières, lieux marécageux; Marcilly-le-Hayer ! étang du Grand-Bar, à Lusigny ! *des Etangs ;*

commun sur les bords de la Seine, *Corrard de Breban;* Méry ! *MM. Hariot;* bords du canal, à Troyes !! fossés du mail de la Tannerie !! etc.

XCIV. COLCHICACÉES

391. COLCHICUM Tournefort. (*Colchique.*)

1017. Colchicum autumnale L., G. G. 3. 170. (*Colchique d'automne.*)

Fleurs, août, septembre; fruits, mai-juin. C. Prairies, pâturages humides, partout.

XCV. LILIACÉES

392. TULIPA Tournefort. (*Tulipe.*)

1018. Tulipa sylvestris L., G. G. 3. 177. (*Tulipe sauvage,*)

Avril, mai. R. R. Champs et vignes; Gérosdot ! *des Etangs;* vignes de Saint-Martin, *Corrard de Breban;* vignes, près de Rosières !! talus du chemin de fer de l'Est, près de la gare, côté de Croncels !!

393. ADENOSCILLA Grenier et Godron. (*Adenoscille.*)

1019. Adenocilla bifolia Grenier et Godron, 3. 187. (*Adenoscille à deux feuilles.*)

Syn : *Scilla bifolia* L.

Mars, avril. R. R. Coteaux, taillis, bois ombragés; bois de Sainte-Maure, au-dessus du moulin de Pontot ! *des Etangs;* bois de Thouan !!

394. ORNITHOGALUM L. (*Ornithogale.*)

1020. Ornitogalum pyrenaicum L., G. G. 3. 189. (*Ornithogale des Pyrénées.*)

Juin, juillet. A. R. Prés, champs, buissons, bois ; près de la ferme de Pont-Barse ! champs de Bagneux-sur-Sarce ! bois de Fouchy !! *des Etangs ;* Champigny, canton d'Arcis ! *P. Hariot ;* commun dans les champs de Saint-Parres-les-Vaudes, près de la ferme de Chaussepierre !!

1021. Ornithogalum umbellatum L., G. G. 3. 191. (*Ornithogale en ombelle.*)

Avril, mai. A. R. Champs, vignes, terrains pierreux; champs de Creney! champs de Sainte-Maure, près de Troyes! *des Etangs;* Vallant! *P. Hariot.;* Saint-Martin-ès-Vignes!! bois de Fouchy!! etc.

1022. Ornithogalum affine Boreau, n° 2383. (*Ornithogale voisin.*)

Mai, juin. R. R. Proverville, dans les prés, en allant aux Rigolles! *des Etangs.* La plante dont il s'agit a été vue et nommée par Boreau.

395. GAGEA Salisbury. (*Gagée.*)

1023. Gagea arvensis Schultz, G. G. 3. 194. (*Gagée des champs.*)

Mars, avril. R. Dans les champs et surtout dans les endroits non labourés, où la terre est tassée; champs bordant la route de Clairvaux, près de Bar-sur-Aube! Saint-Léger! Champignol! champs entre la station de Jessains et Amance! *des Etangs;* commune à Laines-aux-Bois, dans les chaumes, *Corrard de Breban;* champs de Saint-Martin! de Saint-Parres! *Ant. Le Grand;* vignes de Premierfait! *P. Hariot;* nouveau cimetière de Troyes, dans les allées, et sur les accottements du chemin qui en précède l'entrée!!

396. ALLIUM L. (*Ail.*)

1024. Allium sativum L., G. G. 3. 196. (*Ail cultivé.*)

Juillet. Cultivé pour les usages domestiques; subspontané dans les vignes des Riceys! *des Etangs.*

1025. Allium vineale L., G. G. 3. 197. (*Ail des vignes.*)

Juin, août. A. C. Champs, vignes; Sainte-Maure! Barberey! Saint-Lyé! Beauvoir! vignes des Riceys! Bagneux, sur les bords de la Sarce! Pont-Hubert! Vauchonvilliers! Amance! *des Etangs;* Méry! *MM. Hariot;* bois de Fouchy!! etc.

1026. Allium porum L., G. G. 3. 197. (*Ail poireau.*)

Juin, août. Cultivé pour les usages domestiques.

1027. Allium rotundum L., G. G. 3. 199. (*Ail rond.*)

Juin, août. A. R. Lieux cultivés, vignes; moulin de Pontot! Riceys! Clairvaux! Bayel! *des Etangs;* vignes de Verrières où il est très-rare!! commun dans les vignes de Plaines et de Gyé-sur-Seine !!

1028. Allium sphærocephalon L., G. G. 3. 200. (*Ail à tête ronde.*)

Juin, août. A. C. Lieux secs et pierreux, vignes, bois, etc.; pré Dillon, prés des Marots! vignes des Hauts-Clos! parc de Rosières! Barberey! Riceys-Bas! La Rothière! Valsuzenay! Vendeuvre! *des Etangs;* champs de Méry! *P. Hariot;* talus du chemin de fer, près de la gare, à Troyes!! etc.

Obs. On trouve, dans les champs de Saint-Parres-les-Tertres, une forme à sertule globuleux, serré, à pédicelles égaux, ou peu inégaux, qui se rapproche beaucoup de l'*Allium approximatum* de Grenier Godron, 3e v. p. 200; mais nous ne nous croyons pas suffisamment autorisé pour le séparer de l'*Allium sphærocephalon,* dont il a tous les caractères, à l'exception des fleurs qui sont toutes subsessiles.

1029. Allium escalonicum L., G. G. 3. 201. (*Ail échalote.*)

Juin, juillet. Cultivé pour les usages domestiques.

1030. Allium cepa L., G. G. 3. 202. (*Ail ognon,*)

Juillet, août. Cultivé dans les jardins et dans les vignes, pour les usages domestiques.

1031. Allium ursinum L., G. G. 3. 206. (*Ail des ours.*)

Avril, mai. R. Bois frais, haies et prés couverts; Bligny! Unienville! Mathaux, dans les bois, en allant à Brienne! bois de Valdry! *des Etangs;* bois de l'Ajou et de Chaumesnil, près de Brienne! *P. Hariot.*

1032. Allium oleraceum L., G. G. 3. 207. (*Ail des cultures.*)

Août. A. C. Champs, vignes, prés, bords des chemins; Nogent-sur-Seine! Saint-Julien! Jessains, au-dessous de la gare! Proverville, dans le vallon Queue-de-Renard! Bois du Val-Perdu! faubourg de Preize! chaussée des Tauxelles! Bar-sur-Aube! *des Etangs;* Méry! Droupt-Sainte-Marie! *MM. Hariot;* bords de la Seine, dans les prairies au-dessous de Troyes!! etc.

1033. Allium complanatum Boreau., G. G. 3. 207. (*Ail à feuilles planes.*)

Juillet, août. R. R. Proverville, dans le vallon dit : Queue-de-Renard ! *des Etangs.*

1034. Allium paniculatum L., G. G. 3. 209. (*Ail en panicule.*)

Juin, août. R. R. Signalé pour la première fois, dans l'Aube, le 2 août 1877, sur le talus du chemin de fer de l'Est, près de la gare, à Troyes !!

1035. Allium acutangulum Schrad., G. G. 3. 212. (*Ail anguleux.*)

Juin, août. A. C. Dans nos prairies marécageuses ; Pont-sur-Seine !! prairies entre Larrivour et Pont-Barse ! marais de Villechetif ! *des Etangs ;* marais de Droupt-Saint-Bâle ! de Châtres ! de Méry ! *MM. Hariot ;* prairies de Saint-Parres-les-Tertres !!

397. ENDYMION Dumort. (*Endymion.*)

1036. Endymion nutans Dumort., G. G. 3. 214. (*Endymion penché.*)

Syn : *Hyacinthus non scriptus* L.

Mai, juin. R. R. Parc de Rosières où il est spontané !! on le rencontre quelquefois sur les talus du chemin de fer, aux environs de Troyes !!

398. MUSCARI Tournefort. (*Muscari.*)

1037. Muscari racemosum D. C., G. G. 3. 218. (*Muscari à grappe.*)

Syn : *Hyacinthus racemosus* L.

Avril, mai. A. C. Dans les champs et les vignes des environs de Troyes !! Jessains ! *des Etangs ;* Méry ! *MM. Hariot ;* Barberey !! Montgueux !! etc.

1038. Muscari comosum Mill., G. G. 3. 219. (*Muscari à toupet.*)

Syn : *Hyacinthus comosus* L.

Mai, juillet. C. C. Dans les champs et les vignes, partout.

399. HEMEROCALLIS L. (*Hémérocalle.*)

1039. Hemerocallis fulva L., G. G. 3. 220. (*Hémérocalle fauve.*)

Juin. Naturalisé sur plusieurs mètres d'étendue, dans un bois, à Méry ! *P. Hariot.*

400. PHALANGIUM Tournefort. (*Phalangère.*)

1040. Phalangium liliago Schreb., G. G. 3. 221. (*Phalangère fleurs de Lys.*)

Syn : *Anthericum liliago* L.

Mai, juin. R. R. Côte de Sainte-Maure, au-dessus du moulin de Pontot ! *des Etangs.*

1041. Phalangium ramosum Lamk., G. G. 3. 222. (*Phalangère rameux.*)

Syn : *Anthericum ramosum* L.

Juin, juillet. R. Coteaux arides des terrains jurassiques, bois montueux ; Cunfin ! Riceys-Bas ! Voigny ! *des Etangs ;* Val-de-Gloire ! *Ant. Le Grand ;* bois de Thouan !! et des environs de Plaines !!

XCVI. SMILACÉES

401. PARIS L. (*Parisette.*)

1042. Paris quadrifolia L., G. G. 3. 227. (*Parisette à quatre feuilles.*)

Avril, mai. R. R. Bois et lieux couverts ; Clairvaux, au Val-Jacquet ! Pontot ! bois de Seillières, près de Romilly-sur-Seine ! Villenauxe ! *des Etangs ;* bois de Devois ! *docteur Cartereau ;* bois de l'Ajou, près de Chaumesnil ; *l'abbé d'Antessanty.*

402. POLYGONATUM Tournefort. (*Polygonier.*)

1043. Polygonatum vulgare Desf., G. G. 3. 228. (*Polygonier commun.*)

Syn : *Convallaria polygonatum* L.

Avril, mai. A. C. Dans la plupart de nos bois ; Bar-sur-Seine, au Val-Verrières ! forêt de Chaource ! de Rumilly-les-Vaudes ! *des Etangs ;* garenne de la Perthe ! *P. Hariot ;* bois de Thouan !! etc.

1044. Polygonatum multiflorum All., G. G. 3. 229. (*Polygonier multiflore.*)

Syn : *Convallaria multiflora* L.

Mai, juin, A. C. Bois, lieux frais et couverts; garennes de Montgueux!! *Corrard de Breban;* garenne de la Perthe! *MM. Hariot;* forêt de Rumilly-les-Vaudes!! bois de Laperrière!! de Fontvannes!! garenne de Villechétif!! etc.

403. CONVALLARIA L. (*Muguet.*)

1045. Convallaria majalis L., G. G. 3. 229. (*Muguet de mai.*)

Mai, juin. C. Dans la plupart de nos bois; Proverville! Chappes! etc., *des Etangs;* garenne de la Perthe! Droupt-Saint-Bâle! *MM. Hariot;* Lusigny!! Fontvannes!! Rumilly-les-Vaudes!! etc.

404. MAIANTHEMUM Wiggers. (*Maianthême.*)

1046. Maianthemum bifolium D. C., G. G. 3. 230. (*Maianthême à deux feuilles.*)

Syn : *Convallaria bifolia* L.

Mai, juin. R. R. Dans les bois; forêt d'Orient! *Clément-Mullet*; *des Etangs*; *Ant. Le Grand;* bois de Chappes! bords de la plaine de Foolz ! forêt de Rumilly-les-Vaudes !! *des Etangs.*

405. ASPARAGUS L. (*Asperge.*)

1047. Asparagus tenuifolius Lamk., G. G. 3. 230. (*Asperge à feuilles menues.*)

Mai, juin. R. R. Riceys, dans les bois du Hailler! d'Herbues! de Devois! *des Etangs;* bois de Thouan!!

1048. Asparagus officinalis L., G. G. 3. 231. (*Asperge officinale.*)

Juin, juillet. R. R. Clairvaux, sur le chemin de ronde, à l'extérieur de la maison de détention! *des Etangs;* marais de Saint-Germain, *M. Fliche;* Méry-sur-Seine! *MM. Hariot;* un exemplaire dans une pépinière, à Montier-la-Celle!!

406. RUSCUS L. (*Fragon.*)

1049. Ruscus aculeatus L., G. G. 3. 233. (*Fragon piquant.*)

Mars, avril. R. R. Bois, buissons ombragés; friches du Petit-Morvilliers! pâtures de Dienville, dans les buissons! Clairvaux, près du Val-Jacquet ! forêt de Soulaines ! forêt d'Aumont ! *des Etangs.*

XCVII. DIOSCORÉES

407. TAMUS L. (*Tamier.*)

1050. Tamus communis L., G. G. 3. 235. (*Tamier commun.*)

Avril, mai. R. Bois de Pont-sur-Seine !! *P. Hariot;* bois de Thouan !!

XCVIII. IRIDÉES

408. IRIS L. (*Iris.*)

1051. Iris germanica L., G. G. 3. 241. (*Iris d'Allemagne.*)

Avril, mai. Partage, avec le *sempervivum tectorum,* l'emploi de consolider les toits de chaume !! *Corrard de Breban ;* spontané sur les murs recouverts en terre dans quelques villages !! *MM. Hariot.*

1052. Iris pseudo-acorus L., G. G. 3. 242. (*Iris faux-acore.*)

Mai, juin. C. C. Fossés, étangs, lieux humides, partout.

1053. Iris fœtidissima L., G. G. 3. 242. (*Iris fétide.*)

Mai, juillet. R. R. Bois de Pont-sur-Seine !! *des Etangs ;* sur le petit coteau boisé qui domine la rive gauche de l'Hozain, près et au-dessus du château de Villebertin !!

1054. Iris sambucina L., G. G. 3. 249. (*Iris sureau.*)

Plante trouvée par M. des Etangs, le 12 juin 1841, dans le bois des Herbues, près des Riceys. N'a pas été retrouvée depuis.

XCIX. AMARYLLIDÉES

409. LEUCOIUM L. (*Nivéole.*)

1055. Leucoium vernum L., G. G. 3. 251. (*Nivéole printanière.*)

Février, mars. R. R. Clairvaux, au Val-Jacquet, *des Etangs.*

410. NARCISSUS L. (*Narcisse.*)

1056. Narcissus pseudo-narcissus L., G. G. 3. 253. (*Narcisse faux-narcisse.*)

Mars, avril. R. R. Petit bois de Linçon, près de Saint-Germain !! bois de Voigny ! bois près Bar-sur-Aube, à droite de la route de Clairvaux ! *des Etangs.*

1057. Narcissus poeticus L., G. G. 3. 256. (*Narcisse des poètes.*)

Avril, mai. R. R. Bar-sur-Aube, dans une prairie longeant le chemin latéral à la voie ferrée ! *des Etangs ;* bois de Thouan, sur le plateau qui domine la Laignes faisant face aux Riceys !! On trouve encore cette plante, à l'état subspontané, sur les talus du chemin de fer, à hauteur du faubourg de Croncels !!

C. ORCHIDÉES

411. SPIRANTHES L. C. Richard. (*Spiranthe.*)

1058. Spiranthes æstivalis Richard, G. G. 3. 267. (*Spiranthe d'été.*)

Juillet, août. R. R. Marais de Villechétif ! *Ant. Le Grand ;* Villemoiron, *l'abbé d'Antessanty.*

1059. Spiranthes autumnalis Richard, G. G. 3. 267. (*Spiranthe d'automne.*)

Syn : *Ophrys spiralis* L.

Août, octobre. R. R. Pelouses sèches, collines incultes ; Villenauxe ! *Ant. Le Grand;* Gérosdot ! Vosnon ! *des Etangs ;* ancien étang de Richebourg, *Corrard de Breban ;* bords de la plaine de Foolz !!

412. CEPHALANTHERA L. C. Richard. (*Céphalanthère.*)

1060. Cephalanthera ensifolia Richard, G. G. 3. 268. (*Céphalanthère en glaive.*)

Syn : *Serapias xylophyllum* L.

Mai, juin. R. R. Bois, entre Baroville et Urville ! Riceys ! *des Etangs;* Verpillières ! Essoyes ! Mussy ! Cunfin ! *docteur Cartereau;* bois de Fontvannes !!

1061. CEPHALANTHERA GRANDIFLORA Bab., G. G. 3. 269. (*Céphalanthère à grandes fleurs.*)

Syn : *Serapias grandiflora* L.

Mai, juin. A. R. Bois, buissons, pelouses sèches ; Torvilliers ! Rosson, près de Saccys ! parc de Rosières ! *des Etangs* ; Méry ! Droupt-Saint-Bâle ! les Grandes et les Petites-Chapelles ! *MM. Hariot* ; entre Montgueux et la Grange-au-Rez, dans les sapins !! bois de Fontvannes !! (Villechétif ! *Ant. Le Grand*).

1062. CEPHALANTHERA RUBRA Rich., G. G. 3. 269. (*Céphalanthère rouge.*)

Syn : *Serapias rubra* L.

Juin, juillet. R. R. Se trouve dans les bois montueux, les buissons des coteaux calcaires ; bois de Sainte-Maure, au-dessus du moulin de Pontot ! forêt de Clairvaux ! bois de Thouan !! *des Etangs.*

413. EPIPACTIS L. C. Richard. (*Epipactis.*)

1063. EPIPACTIS LATIFOLIA All., G. G. 3. 270. (*Epipactis à larges feuilles.*)

Syn : *Serapias latifolia* L.

Juillet, août. C. La Chapelle-Saint-Luc ! sur les bords du canal, à Troyes !! bois de Saint-André !! de Fouchy !! etc., *des Etangs* ; garennes de vodres ! *MM. Hariot.*

1064. EPIPACTIS ATRORUBENS Hoffm., G. G. 3. 270. (*Epipactis pourpre.*)

Juin, juillet. A. C. Sur les collines, sur les pelouses de nos terrains crayeux, plus rare ailleurs ; Saint-Benoît-sur-Seine, *Corrard de Breban* ; Riceys-Bas ! côte Sainte-Germaine, à Bar-sur-Aube ! *des Etangs* ; garennes de vodres ! *MM. Hariot* ; commun sur la commune de Montsuzain !! et généralement dans les plantations de saule marceau.

1065. EPIPACTIS PALUSTRIS Crantz, G. G. 3. 271. (*Epipactis des marais.*)

Syn : *Serapias longifolia* L.

Juin, juillet. A. R. Prés marécageux, Villechétif !! Riancey ! Piney ! *des Etangs* ; dans les gros prés, à Chevillèle, *Corrard de Breban* ; Châtres ! Droupt-Sainte-Marie ! *MM. Hariot.*

414. LISTERA R. Br. (*Listère.*)

1066. Listera ovata R. Br.. G. G. 3. 272. (*Listère à feuilles ovales.*)

Syn : *Ophrys ovata* L.

Mai, juillet. A. C. Bois et prés couverts; Fouchy! Rosières!! etc., *des Etangs* ; Méry ! *MM. Hariot* ; Villemereuil !! Villebertin!! etc.

415. NEOTTIA L. C. Richard. (*Néottie.*)

1067. Neottia nidus-avis Rich., G. G. 3. 273. (*Néottie nid-d'oiseau.*)

Syn : *Ophrys nidus-avis* L.

Mai, juin. R. Lieux couverts et ombragés dans les bois; Bar-sur-Aube, côte de Troyes! bois Vallon ! bois de Notre-Dame, à Bar-sur-Seine! bois de Devois! *des Etangs;* Laperrière!! Lusigny!! Pont-sur-Seine!! Larrivour !!

416. LIMODORUM L. C. Rich. (*Limodore.*)

1068. Limodorum abortivum Swartz., G. G. 3. 273. (*L. à feuilles avortées.*)

Syn : *Orchis abortiva* L.

Mai, juillet. R. R. Clairières des bois ; Pont-sur-Seine !! Bar-sur-Seine, au Val-Verrières ! entre Proverville et Jaucourt ! bois de Sainte-Maure, près du moulin de Pontot ! *des Etangs.*

417. ACERAS R. Br. (*Acéras.*)

1069. Aceras anthropophora R. Br., G. G. 3. 281. (*Acéras homme-pendu.*)

Syn : *Ophrys anthropophora* L.

Mai, juin. R. Côte Sainte-Germaine, à Bar-sur-Aube ! Bar-sur-Seine! bois de Fiel ! *des Etangs* ; abondant dans les garennes de Droupt-Saint-Basles!! *MM. Hariot* ; Pont-sur-Seine ! *P. Hariot* ; Villechétif !! *Ant. Le Grand.*

1070. Aceras anthropophoro-militaris Gren. Godr., 3 281. (*Acéras hybride.*)

Le 25 mai 1877, j'ai trouvé un seul échantillon de cette plante dans la garenne de Villechétif, parmi l'*orchis militaris*, qui est abondant dans cette localité. Je n'ai pu trouver, sur le même lieu, qu'un seul pied de l'*acéras anthropophora*.

1071. Aceras hircina Lindl., G. G. 3. 283. (*Acéras bouquin.*)

Syn : *Satyrium hircinum* L.

Juin, juillet. R. R. Bords des bois, haies et pâturages buissonneux ; Bar-sur-Aube, côte de Troyes ! route de Soulaines, près de la ferme de Vernon ! *des Etangs* ; garenne entre Droupt-Saint-Basle et le château des Ruez !! *MM. Hariot.*

1072. Aceras pyramidalis Reichb., G. G. 3. 283. (*Acéras pyramidalis.*)

Syn : *Orchis pyramidalis* L.

Mai, juin. A. R. Bois, pelouses sèches, coteaux arides ; Pont-sur-Seine !! Bar-sur-Aube, côte de Troyes ! Riceys ! *des Etangs* ; bois de Thouan !! de Fontvannes !!

418. ORCHIS L. (*Orchis.*)

1073. Orchis morio L., G. G. 3. 285. (*Orchis bouffon.*)

Avril, juin. C. Prés, bois, pâturages ; plaine de Bouilly ! Gérosdot ! Saceys ! *des Etangs* ; Chaource ! *Corrard de Breban* ; commun dans la plaine de Foolz !! environs de Montiéramey !! de Montreuil !! etc.

1074. Orchis ustulata L., G. G. 3. 287. (*Orchis brûlé.*)

Mai, juin. R. R. Pelouses sèches du Corroy de Polisot ! *docteur Cartereau* ; Bar-sur-Aube ! Arsonval ! *des Etangs.*

1075. Orchis coriophora L., G. G. 3. 287. (*Orchis punaise.*)

Mai, juin. A. R. Dans les prés ; Arsonval ! Eclance ! Gérosdot ! Saceys ! Lusigny ! *des Etangs* ; Chevillèle, *Corrard de Breban* ; Châtres !! *P. Hariot* ; Montiéramey !! plaine de Foolz !!

1076. Orchis simia Lamk., G. G. 3. 288. (*Orchis singe.*)

Mai. R. R. Bois de Pontot ! Bar-sur-Seine ! *des Etangs.*

1077. Orchis militaris L., G. G. 3. 289. (*Orchis militaire.*)

Mai, juin. A. R. Bois, buissons, prés ; Sainte-Scholastique, près de Rosières ! Saceys ! marais, entre Saint-Lyé et Riancey ! Saint-

André ! garenne de Villechétif !! Belroy ! Pontot ! Champignol ! Bar-sur-Aube, côte Sainte-Germaine ! *des Etangs ;* bois de Fouchy ! Bouranton, *Corrard de Breban ;* Bar-sur-Seine, dans les près du Val-Verrières ! *docteur Cartereau ;* Droupt-Saint-Basles ! *P. Hariot.*

1078. ORCHIS PURPUREA Huds., G. G. 3. 289. (*Orchis brun.*)

Syn : *Orchis militaris* v. b. et c. L.

Mai, juin. C. Bords des bois, coteaux buissonneux ; garenne de Villechétif ! Bar-sur-Seine, au Val-Verrières ! Belroy ! Pontot ! Champignol ! côte Sainte-Germaine, à Bar-sur-Aube ! Montier-en-l'Isle ! *des Etangs ;* garenne de Droupt-Saint-Basles ! parc des Ruez ! *P. Hariot ;* Rosières ! etc.

1079. ORCHIS MASCULA L., G. G. 3. 292. (*Orchis mâle.*)

Avril, juin. A. R. Prés, bois, haies ; la Vendue-Mignot ! Bucey ! Montier-en-l'Isle ! Sacey ! Montgueux ! Bar-sur-Seine ! Montiéramey ! *des Etangs ;* Notre-Dame-des-Prés, *Corrard de Breban ;* bois de Lusigny !! bois de Thouan !!

1080. ORCHIS PALUSTRIS Jacq., G. G. 3. 294. (*Orchis des marais.*)

Juin, juillet. A. C. Dans les marais et les prairies tourbeuses ; prairies de Rumilly-les-Vaudes ! Saceys ! Sainte-Scholastique ! *des Etangs ;* abondant dans les prairies de Châtres !! Droup-Sainte-Marie !! *MM. Hariot ;* marais de Pont-sur-Seine !!.

1081. ORCHIS LATIFOLIA L., G. G. 3. 295. (*Orchis à larges feuilles.*)

Mai, juin. A. C. Prairies humides ou marécageuses ; Nago, près de Torvilliers ! Pont-Hubert ! marais de Rosières et de Viélaines ! Bar-sur-Seine ! Bucey ! prairies entre Saint-Aventin et Clérey ! étang de Bligny ! *des Etangs ;* Notre-Dame-des-Prés, *Corrard de Breban ;* terrain marécageux, près de Fouchères, au bas de la plaine de Foolz !! commun dans les prairies de Montreuil, sur la rive gauche de la Barse !! etc.

1082. ORCHIS INCARNATA L., G. G. 3. 296. (*Orchis incarnat.*)

Mai, juin. A. C. Prairies humides ou tourbeuses ; marais de Villechétif !! Saceys ! Bar-sur-Seine ! prairies de la Barse, près de

Menois! Saint-André! Pré-Dillon! Saint-Phal! Saint-Pouange! Gérosdot! prairies de la ferme de l'Apostolle! forêt d'Orient! Rouilly-Saint-Loup! Le Paraclet! Quincey! *des Etangs;* Châtres! *MM. Hariot.*

V. b. *angustifolia* Reich. Saceys! *des Etangs;* marais de Droupt-Saint-Basle!!

1083. ORCHIS MACULATA L., G. G. 3. 296. (*Orchis taché.*)

Mai, juin. C. Bois taillis, prairies; Saint-Phal! *des Etangs;* bois de Prugny, *Corrard de Breban;* forêt de Rumilly!! très-commun dans la plaine de Foolz!! etc.

1084. ORCHIS BIFOLIA L., G. G. 3. 297. (*Orchis à deux feuilies.*)

Juin, juillet. C. Bois taillis, lieux herbeux, prairies humides; bois de Fouchy!! *des Etangs;* Montgueux! Chevillèle, *Corrard de Breban;* Méry! Droupt-Saint-Basle! *P. Hariot;* très-commu n dans la plaine de Foolz!! etc.

1085. ORCHIS MONTANA Schmidt, G. G. 3. 297. (*Orchis de montagne.*)

Syn: *Orchis bifolia* v. c. L.

Mai, juin. R. Marais de Villechétif! *des Etangs;* garenne de Droupt-Saint-Basles! *MM. Hariot.*

1086. ORCHIS CONOPSEA L., G. G. 3. 298. (*Orchis moucheron.*)

Mai, juillet. C. Prairies sèches ou humides, coteaux; marais de Villevoque, près de Piney! Bar-sur-Aube! Lirey! *des Etangs;* Laines-aux-Bois, *Corrard de Breban;* prairies de Droupt-Sainte-Marie!! *MM. Hariot;* garennes de Villechétif!! bois de Thouan!! de Plaines!! etc.

1087. ORCHIS ODORATISSIMA L., G. G. 3. 298. (*Orchis odorant.*)

Mai, juin. R. R. Bords des bois montueux, coteaux calcaires; Pont-sur-Seine! Cunfin! Riceys, rive droite de la Laignes! Landonreau! *des Etangs;* bois de la Grande-Réserve, à Plaines!! (côte Sainte-Germaine, à Bar-sur-Aube, l'*abbé d'Antessanty*).

1088. ORCHIS VIRIDIS Crantz, G. G. 3. 298. (*Orchis vert.*)

Syn: *Satyrium viride* L.

Mai, juin. R. R. Près du village de Moussey, dans un pré! Saint-Phal! Saceys, près de la ferme de l'Apostolle! *des Etangs;* bois de Montgueux, près du village! *Ant. Le Grand;* bois de Fouchy, *Corrard de Breban.*

419. OPHRYS L. *Ophrys.*

1089. Ophrys aranifera Huds., G. G. 3. 301. (*Ophrys araignée.*)

Mai, juin. A. C. Pelouses sèches, coteaux herbeux; Bar-sur-Aube, sur les coteaux de Troyes! et de Sainte-Germaine! Pont-sur-Seine! Jaucourt! Rosières! Riceys! Arsonval! Brienne-la-Vieille! *des Etangs;* garennes de Droupt-Saint-Basle! *MM. Hariot;* bois dit Corroy-de-Polisot! *docteur Cartereau;* ferme de Malva, commune de Montsuzain!!

1090. Ophrys arachnites Reich., G. G. 3. 302. (*Ophrys frêlon.*)

Mai, juin. A. R. Bois et pelouses sèches des terrains calcaires; Bar-sur-Aube! friches de Proverville! marais de Saint-André! *des Etangs;* Bar-sur-Seine! *docteur Cartereau;* parc de Sainte-Maure, *Corrard de Breban;* garennes de Droupt-Saint-Basle! de La Perthe! *MM. Hariot;* Pont-sur-Seine!! *P. Hariot;* ferme de Malva, commune de Montsuzain!! bois de Thouan!! etc.

1091. Ophrys apifera Huds., G. G. 3. 303. (*Ophrys abeille.*)

Mai, juillet. R. Bois de Fouchy! *des Etangs;* garennes de Droupt-Saint-Basle!! *MM. Hariot;* Bréviandes!!

1092. Ophrys muscifera Huds.. G. G. 3. 304. (*Ophrys mouche.*)

Mai, juin. A. R. Marais de Villechétif! *des Etangs;* Essoyes! Mussy-sur-Seine! *docteur Cartereau;* garennes d'Argentolles! *Corrard de Breban*; garennes de Droupt-Saint-Basle! de La Perthe! *MM. Hariot;* ferme de Malva, commune de Montsuzain!! bois de Fouchy!!

CI. HYDROCHARIDÉES

420. HYDROCHARIS L. (*Hydrocharis.*)

1093. Hydrocharis morsus-ranæ L., G. G. 3. 306. (*Hydrocharis morène.*)

Juillet, août. R. R. Mares, fossés, étangs ; étang de la Morge-du-Mesnil-Saint-Père ! pâtures de Dienville ! étang de Bligny ! *des Etangs ;* fossés des prairies de Saint-Parres-les-Tertres, près des marais de Villechétif !!

421. ELODEA Rich. (*Elodée.*)

1094. Elodea canadensis Rich., *Flore de l'Ouest*, page 290. (*Elodée du Canada.*)

Juin, juillet. C. C. Dans le canal et les cours d'eau qui environnent la ville de Troyes !! Cette plante, originaire de l'Amérique du Nord, est extrêmement commune dans le département, où elle existe depuis quelques années seulement. M. P. Hariot l'a signalée, en 1875, à Méry-sur-Seine !

CII. JUNCAGINÉES

422. TRIGLOCHIN L. (*Troscart.*)

1095. Triglochin palustre L., G. G. 3. 309. (*Troscart des marais.*)

Juillet, septembre. R. R. Prairies d'Argançon ! Villechétif !! *des Etangs ;* marais de Saint-Germain, *Corrard de Breban ;* Droupt-Sainte-Marie ! *MM. Hariot.*

CIII. POTAMÉES

423. POTAMOGETON L. (*Potamot.*)

1096. Potamogeton natans L., G. G. 3. 312. (*Potamot nageant.*)

Juillet, août, A. C. Mares, étangs, eaux stagnantes des rivières ; Villenauxe ! faubourg Saint-Jacques, à Troyes ! Villepart, dans l'Hozain ! Barberey ! *des Etangs ;* Méry ! *MM. Hariot ;* La Vacherie !! Saint-Aventin !! etc.

1097. Potamogeton fluitans Roth., G. G. 3. 312. (*Potamot flottant.*)

Juillet, septembre. A. C. Eaux stagnantes ou courantes ; Villepart, dans la Seine !! dans l'Hozain ! étang desséché de la Morge-du-Mesnil ! ruisseau qui longe la rive droite du canal, entre Fouchy et Barberey ! Troyes, cours de la Bâtarde ! Saint-Julien, près du deversoir! Bétignicourt! etc., *des Etangs;* fontaine Saint-Thibault, près de Mesgrigny! *MM. Hariot.*

1098. Potamogeton polygonifolius Pourr., G. G. 3. 312. (*P. à feuilles de Renouée.*)

Juin, août. R. R. Brienne, dans une mare de la plaine du Jars, au pied des vignes! *des Etangs, P. Hariot.*

† 1099. Potamogeton rufescens? Schrad., G. G. 3. 313. (*Potamot roussâtre.*)

Juillet, août. Marais de Saint-Germain; cours d'eau, dans un bois, près de Belley, commune de Villechétif, *des Etangs.*

Obs. La plante inscrite sous ce nom, dans l'herbier de l'Aube de M. des Etangs, est appuyée d'une étiquette portant qu'elle a été déterminée par M. Gay.

Malgré l'autorité dont il s'agit, nous pensons qu'il y a erreur, et que notre plante n'est autre que le *P. plantagineus* Ducros.

1100. Potamogeton gramineus L., G. G. 3. 314. (*Potamot graminé.*)

V. c. *zizii* Koch. Syn : *Potamogeton rufescens,* Pesneau.

Juin, août. R. R. Dans l'étang de Barberey-aux-Moines, à l'état stérile, le 12 août 1878!!

1101. Potamogeton plantagineus Ducros, G. G. 3. 315. (*Potamot plantain.*)

Juillet, septembre. A. C. Fossés des marais de Villechétif!! Bossancourt! Chappelle-Saint-Luc, à la ferme de l'hospice! *des Etangs;* fossés des marais de Droupt-Saint-Bâle! *P. Hariot;* fossés des marais de Payns!! mare près de la station de Verrières!! etc.

1102. Potamogeton lucens L., G. G. 3. 315. (*Potamot luisant.*)

Juillet, août. A. C. Saint-Lyé! Nogent-sur-Seine! Pont-Hubert! Bar-sur-Aube! *des Etangs;* fossé vert, à Châtres! dans la Seine, à Méry! rivière du Melda! *MM. Hariot;* dans le canal, à Troyes, à hauteur du quai des Comtes-de-Champagne!! etc.

V. b. *fluitans* Cosson et Germain. Dans la Seine, à Saint-Julien! La Motte-Thilly! *des Etangs.*

1103. Potamogeton perfoliatus L., G. G. 3. 316. (*Potamot perfolié.*)

Juin, septembre. C. Etangs et rivières; Bar-sur-Aube! La Motte Thilly! *des Etangs;* Méry! *MM. Hariot;* dans la Seine à Troyes!! dans le bassin du canal!! etc.

1104. POTAMOGETON CRISPUS L., G. G. 3. 316. (*Potamot crépu.*)

Juin, Juillet. A C. Fossés, mares, étangs, rivières; marais de Saint-Pouange! marais de Villechétif!! *des Etangs;* marais de Saint-André!! de Montier-la-Celle!! etc.

1105. POTAMOGETON ACUTIFOLIUS Link, G. G. 3. 317. (*Potamot à feuilles aigues.*)

Juin, août. R. R. Etang du parc de Gérosdot! étang de Fontaine, près de Villenauxe! *des Etangs.*

1106. POTAMOGETON OBTUSIFOLIUS Mert. et Koch., G. G. 3. 317. (*P. à feuilles obtuses.*)

Juin, août. R. R. Nogent-sur-Seine, dans la Noue de Bout-de-Villain! *des Etangs.*

1107. POTAMOGETON PUSILLUS L., G. G. 3. 317. (*Potamot fluet.*)

Juin, août. A. C. Marais, étangs, ruisseaux; Villechétif! fossés de Saint-Lyé! Bar-sur-Aube, au pont Boudelin! Ailleville! Proverville! etc., *des Etangs;* la Vacherie! *Ant. Le Grand;* Méry! Saint-Oulph! Droupt-Sainte-Marie! *MM. Hariot;* dans la Seine, près de Villepart!! dans un fossé, près du pont de la Chappelle-Saint-Luc, sur le canal!! etc.

1108. POTAMOGETON PECTINATUS L., G. G. 3. 319. (*Potamot pectiné.*)

Juillet, septembre. A. R. Eaux vives, rivières, canaux; Clairvaux, forge du Haut! Lamotte-Tilly! Saint-Julien, dans la Seine! *des Etangs;* ruisseau d'un jardin, à Méry! *MM. Hariot;* cours de la Seine, près de Foicy!!

1109. POTAMOGETON DENSUS L., G. G. 3. 319. (*Potamot serré.*)

Juillet, septembre. C. Eaux vives et stagnantes, fontaines; Villechétif!! bief du moulin de Pontot, etc., *des Etangs;* Méry! *MM. Hariot;* dans la Laignes, à hauteur du bois de Thouan!! dans la Seine, à Foicy!! Blives, commune de Saint-Mesmin!! etc.

V. b. *laxifolius*. Syn : *P. serratum* L. Dans le canal, près du Pont-Vert, à Troyes !!

424. ZANICHELLIA L. (*Zanichellie.*)

† 1110. Zanichellia palustris ? L., G. G. 3. 320. (*Zanichellie des marais.*)

Mai, juin. Vendeuvre, dans une mare, au bord du chemin de Piney, *des Etangs*.

1111. Zanichellia dentata Willd., G. G. 3. 320. (*Zanichellie dentée.*)

Mai, juillet. R. R. Vendeuvre, dans la Barse ! Spoy ! bief du moulin de Pontot ! *des Etangs* ; Villepart, dans la Seine !!

CIV. NAJADÉES

425. CAULINIA Willd. (*Caulinie.*)

1112. Caulinia fragilis Willd., G. G. 3. 322. (*Caulinie fragile.*)

Juillet, septembre. R. R. Se trouve dans le canal de la Haute-Seine, à Méry, au-dessous du bassin, où il est assez abondant !! *MM. Hariot.*

426. NAJAS Willd. (*Naïade.*)

1113. Najas major Roth., G. G. 3. 322. (*Naïade majeure.*)

Juillet, septembre. R. R. Canal de la Haute-Seine, à Méry !! Droupt-Sainte-Marie ! Saint-Oulph ! *MM. Hariot.*

CV. LEMNACÉES

427. LEMNA L. (*Lenticule.*)

1114. Lemna trisulca L., G. G. 3. 327. (*Lenticule à trois lobes.*)

Avril, mai. C. Mares et eaux stagnantes ; Eclance ! Ailleville ! *des Etangs* ; Méry ! *MM. Hariot* ; commune dans les fossés de Montier-la-Celle ! etc.

1115. Lemna minor L., G. G. 3. 327. (*Lenticule petite.*)

Avril, juin. C. C. A la surface des eaux stagnantes, partout.

1116. Lemna gibba L., G. G. 3. 327. (*Lenticule gonflée.*)

Avril, juin. A. R. A la surface des eaux stagnantes; Lignol, dans une mare, à droite du chemin de Rouvre ! Brienne-Napoléon, dans une mare auprès de l'église ! Bierne, eaux de Villemereuil ! *des Etangs ;* Etrelles ! *P. Hariot.*

1117. Lemna polyrhiza L., G. G. 3. 327. (*Lenticule à plusieurs racines.*)

Mai, juin. A. C. Surface des eaux stagnantes; Saint-André !! dans le canal, à Troyes ! *des Etangs;* dans les fossés de la Chapelle-Saint-Luc, le long du canal !! etc.

CVI. AROIDÉES

428. ARUM L. (*Gouet.*)

1118. Arum maculatum L., G. G. 3. 330. (*Gouet taché.*)

Avril, mai. C. Bois, haies, lieux ombragés ; à peu près partout.

429. ACORUS L. (*Acore.*)

1119. Acorus calamus L., G. G. 3. 332. (*Acore roseau.*)

Juin, août. R. R. Lesmont ! Rosnay ! bords de la Voire ! *des Etangs*; Chalette ! *Ant. Le Grand ;* Rances ! *P. Hariot.*

CVII. TYPHACÉES

430. TYPHA L. (*Massette.*)

1120. Typha latifolia L., G. G. 3. 333. (*Massette à larges feuilles.*)

Juin, août. C. Marais, étangs, fossés profonds; Villechétif ! Courtchamp ! Montier-en-l'Isle ! *des Etangs ;* dans le canal, à Troyes !! *Corrard de Breban ;* fossés de Saint-Oulph ! mares de la prairie de Boulages ! Châtres ! *MM. Hariot ;* mares entre Saint-Julien et Verrières !! etc.

1121. Typha angustifolia L., G. G. 3. 334. (*Massette à feuilles étroites.*)

Juin, août. R. R. Amance ! étang de Bailly, à Saint-Lyé ! étang de Gérosdot ! *des Etangs* ; marais de Saint-Germain ! *Ant. Le Grand.*

431. SPARGANIUM L. (*Rubanier.*)

1122. Sparganium ramosum Huds., G. G. 3. 336. (*Rubanier rameux.*

Juin, août. C. Bords des eaux stagnantes, fossés; marais de Saint-Germain ! *des Etangs ;* Méry ! *MM. Hariot;* marais de Saint-André !! étang du Petit-Beaumont !! etc.

1123. Sparganium simplex Huds., G. G. 3. 336. (*Rubanier simple.*)

Juin, août. R. Eclance ! Amance ! Villepart, dans la Seine ! *des Etangs* ; dans la Seine, près de Saint-Parres-les-Tertres ! *P. Hariot;* fossés du bois de Fouchy !!

1124. Sparganium minimum Fries., G. G. 3. 337. (*Rubanier nain.*)

Juin, août. R. R. Sainte-Scholastique, près de Rosières, dans un fossé d'eau stagnante ! *des Etangs.*

CVIII. JONCÉES

432. JUNCUS L. (*Jonc.*)

1125. Juncus conglomeratus L., G. G. 3. 338. (*Jonc aggloméré.*)

Juin, août. A. R. Fossés, bois humides ; Méry ! *MM. Hariot ;* fossés du bois de Lusigny !! forêt de Larrivour !! etc.

1126. Juncus effusus L., G. G. 3. 339. (*Jonc épars.*)

Juin, août. A. C. Fossés, lieux humides, bords des eaux ; forêt de Soulaines ! Montiéramey ! Amance ! *des Etangs ;* bois de Lusigny !! *Corrard de Breban ;* Méry ! *MM. Hariot.*

1127. Juncus glaucus Ehrh., G. G. 3. 339. (*Jonc glauque.*)

Juin, août. C. Lieux humides inondés pendant l'hiver, bords des eaux. C'est le jonc des jardiniers qui se rencontre à peu près partout.

1128. Juncus capitatus Weigel, G. G. 3. 343. (*Jonc en tête.*)

Mai, juillet. R. R. Coteaux sablonneux et humides, près de la station de Montiéramey, 4 juillet 1878 !! Plante nouvelle pour le département.

1129. JUNCUS SUPINUS Mœnch, G. G. 3. 344. (*Jonc couché.*)

Syn : *Juncus uliginosus* Meyer.

Juin, août. R. R. Droupt-Sainte-Marie ! *MM. Hariot.*

V. b. *repens.* Vendeuvre, étang desséché du château de l'Arlais ! *des Etangs.*

1130. JUNCUS LAMPROCARPUS Ehrh., G. G. 3. 345. (*Jonc à fruits brillants.*)

Syn : *Juncus articulatus* L.

Juin, septembre. C. Lieux humides ou marécageux ; Proverville ! Bar-sur-Aube ! Villechétif !! Vendeuvre ! Baroville ! Etang de Bligny ! Montier-la-Celle !! Ailleville ! etc., *des Etangs ;* Méry ! *MM. Hariot.*

1131. JUNCUS SYLVATICUS Reich., G. G. 3. 347. (*Jonc des bois.*)

Syn : *Juncus articulatus,* v. c. L.

Juin, août. A. R. Lieux humides et marécageux ; étang de la Borde, près d'Eclance ! Amance ! fossés entre le Petit-Mesnil et Trannes ! Ville-sur-Terre ! *des Etangs ;* Méry ! *MM. Hariot ;* terrain humide de la plaine de Foolz, près de Fouchères !!

1132. JUNCUS ALPINUS Vill., G. G. 3. 348. (*Jonc des Alpes.*)

Juillet, août. R. R. Bar-sur-Aube, dans les fossés de la tranchée d'Ailleville ! *des Etangs.*

1133. JUNCUS OBTUSIFLORUS Ehrh., G. G. 3. 348. (*Jonc à fleurs obtuses.*)

Juin, août. A. C. Fossés, étangs, lieux marécageux ; Rouvres ! Brienne, dans les mares de la plaine du Jars ! marais de Villechétif, où il est commun !! *des Etangs ;* Droupt-Sainte-Marie ! Châtres ! *MM. Hariot ;* marais de Saint-Lyé !! de Payns !! etc.

1134. JUNCUS COMPRESSUS Jacquin, G. G. 3. 350. (*Jonc comprimé.*)

Syn : *Juncus bulbosus* L.

Juin, septembre. A. C. Lieux humides; Eclance ! allée de Mataux, près de Bar-sur-Aube ! Riceys, près de Landourau ! bois de Fouchy !! Montier-la-Celle !! *des Etangs ;* Méry ! *MM. Hariot ;* dans le lit du nouveau canal, au-dessus de la ville de Troyes !! etc.

1135. Juncus tenageia L., G. G. 3. 351. (*Jonc des boues.*)

Juin, septembre. R. Lieux humides ou mouillés en hiver, chemin des bois, bords des étangs; Amance, dans un fossé et sur les bords de l'étang situé non loin de la ferme de la Lignerie ! Vendeudre, dans un bois situé sur le chemin de la Ville-aux-Bois ! Gérosdot ! *desEtangs.*

1136. Juncus bufonius L., G. G. 3. 351. (*Jonc des crapauds.*)

Juin, septembre. C. Lieux humides, presque partout.

V. b. *fasciculatus.* Etang de la Morge-des-Champs ! Soulaines ! Nogent-sur-Seine ! forêt d'Orient ! Saint-Julien, près des Cours ! *des Etangs ;* La Chapelle-Saint-Luc !!

433. LUZULA D. C. (*Luzule.*)

1137. Luzula pilosa Wild., G. G. 3. 352. (*Luzule poilue.*)

Syn : *Juncus pilosus* L.

Mars, mai. C. Dans les bois; Amance ! la Loge-aux-Chèvres ! Saint-Phal ! Eclance ! forêt de Soulaines ! forêt de Chaource ! etc., *des Etangs ;* bois de Bouilly ! *Corrard de Breban ;* Lusigny !! Rumilly-les-Vaudes !! etc.

1138. Luzula Forsteri D. C., G. G. 3. 352. (*Luzule de Forster.*

Avril, Juin. A. R. Dans les bois ; Bar-sur-Seine, au Val-Verrières ! Eclance ! *des Etangs ;* Montgueux ! *Ant. Le Grand ;* bois de Lusigny !! forêt de Rumilly !!

1139. Luzula sylvatica Gaud., G. G. 3. 353. (*Luzule des bois.*)

Syn : *Luzula maxima* D. C.

Mai, juin. A. R. Dans les bois; forêt de Chaource ! forêt d'Orient ! bois de Bouilly ! *des Etangs ;* forêt de Rumilly-les-Vaudes !! de Larrivour !!

1140. Luzula campestris D. C. G. G. 3. 355. *Luzule des champs.*)

Syn : *Juncus campestris* L.

Mars, mai. C. Pelouses des bois, pâturages, bruyères; garennes de Montgueux ! plaine de Bouilly ! *des Etangs ; Corrard de Breban;* marais de Saint-Germain !! bois de Lusigny !! plaine de Foolz !! etc.

1141. Luzula multiflora Lej., G. G. 3. 556. (*Luzule multiflore.*)

Mai, juin. A. C. Dans les bois et dans les pâturages ; forêt d'Orient ! Bligny ! forêt de Soulaines ! Bar-sur-Aube ! Gérosdot ! Saint-Phal ! bois des Bordes ! Lusigny ! Bar-sur-Seine ! etc., *des Etangs.*

V. d. *pallescens* ; bois de Lusigny !!

CIX. CYPÉRACÉES

434. CYPERUS L. (*Souchet.*)

1142. Cyperus fuscus L., G. G. 3. 360. (*Souchet brun.*)

Juillet, septembre. C. Lieux humides, fangeux ou marécageux ; Saint-Pouange, dans un ancien étang, *Corrard de Breban ;* étang de Bligny ! Ailleville ! pâtures de Baroville ! Saint-André !! Villechétif !! *des Etangs ;* Châtres ! Droupt-Sainte-Marie ! *MM. Hariot;* Brienne ! *P. Hariot.*

1143. cyperus flavescens L., G. G. 3. 362. (*Souchet jaunâtre.*)

Juillet, septembre. R. R. Marais de Villechétif, près du chemin qui conduit à Belley ! *des Etangs.*

435. SCHŒNUS L. (*Choin.*)

1144. Schoenus nigricans L., G. G. 3. 363. (*Choin noirâtre.*

Mai, juillet. R. R. Marais de Villechétif où il est commun !! Etiefs, près de Rouvres ! Bar-sur-Aube ! *des Etangs.*

436. CLADIUM R. Brown. (*Cladie.*)

1145. Cladium mariscus R. Br., G. G. 3. 364. (*Cladie marisque.*)

Syn : *Schœnus mariscus* L.

Juillet, août. A. R. Marais, bords des étangs ; marais de Villechétif !! Boulages ! *des Etangs ;* Droup-Sainte-Marie !! *MM. Hariot.*

437. ERIOPHORUM L. (*Linaigrette.*)

1146. Eriophorum angustifolium Roth, G. G. 3. 367. (*L. à feuilles étroites.*)

Syn : *Eriophorum polystachyon* L.

Avril, juin. R. Lieux tourbeux et marécageux*;* marais de Saint-Germain ! Sainte-Scholastique, près de Rosières ! marécages près de Clairvaux ! *des Etangs;* marais de Villechétif ! *Corrard de Breban ; des Etangs ;* marais de Droupt-Saint-Basle !! *MM. Hariot.*

1147. Eriophorum latifolium Hoppe, G. G. 3. 368. (*L. à larges feuilles.*)

Syn : *Eriophorum polystachyon* v. b. L.

Avril, mai. R. Prairies marécageuses ; marais de Villevoque, près de Piney ! prairies du Vannage, près des Riceys ! marais, près de l'hôtel Saint-Bernard, à Clairvaux ! marais de Villechétif ! de Saint-André ! *des Etangs ;* marais de Droupt-Saint-Basle !!

438. SCIRPUS L. (*Scirpe.*)

1148. Scirpus sylvaticus L., G. G. 3. 369. (*Scirpe des bois.*)

Mai, juillet. A. C. Ruisseaux, fossés, prés et bois humides ; étangs près de Vendeuvre ! étang du Rossignol, dans la forêt d'Orient ! Gérosdot ! marais de Villechétif ! *des Etangs ;* forêt de Rumilly-lès-Vaudes !! forêt de Larrivour !! Montreuil !! etc.

1149. Scirpus Michelianus L., G. G. 3. 370. (*Scirpe de Micheli.*)

Juillet, septembre. R. R. Gérosdot, dans l'étang desséché de Montmarché !! *des Etangs.*

1150. Scirpus maritimus L., G. G. 3. 370. (*Scirpe maritime.*)

Juillet, septembre. A. C. Etangs, fossés, bords des eaux ; Lusigny, dans l'étang de la Morge-des-Champs ! *des Etangs ;* Châtres ! Droup-Sainte-Marie ! Méry ! *MM. Hariot ;* commun dans les fossés et les étangs de la forêt de Larrivour !! ainsi que dans l'étang de la Morge-des-Bois, forêt d'Orient !! etc.

1151. Scirpus compressus Pers., G. G. 3. 371. (*Scirpe comprimé.*)

Syn : *Schœnus compressus* L. *Blysmus compressus* Panzer.

Juin, août. A. R. Prés humides et tourbeux ; Pré-Dillon ! étang de Bligny ! pâtures de Bréviandes ! Mataux, près de Bar-sur-Aube ! fontaine Saint-Bernard, dans la forêt de Clairvaux ! *des Etangs.*

1152. Scirpus lacustris L., G. G. 3. 372. (*Scirpe des lacs.*)

Mai, juillet. C. Bords des eaux, étangs, marais, partout.

V. b. *digynus. Scirpus Tabernæmontani* Gmel. Marais de Villechétif !! *des Etangs ;* le long des fossés de la prairie de Châtres ! Méry ! *MM. Hariot.*

1153. Scirpus setaceus L., G. G. 3. 376. (*Scirpe sétacé.*)

Juin, septembre. A. R. Lieux sablonneux et humides ; forêt de Soulaines ! Eclance ! forêt d'Orient ! *des Etangs ;* Brienne ! *P. Hariot ;* plaine de Foolz !! *Ant. Le Grand.*

1154. Scirpus pauciflorus Lightfoot, G. G. 3. 379. (*Scirpe pauciflore.*)

Juin, août. R. R. Lieux tourbeux et marécageux ; marais de Villechétif ! *des Etangs ; Ant. Le Grand ;* pâtures de Bréviandes ! *des Etangs ;* marais de Droupt-Sainte-Marie ! Châtres ! *MM. Hariot.*

439. ELEOCHARIS R. Brown. (*Eléocharis.*)

1155. Eleocharis palustris R. Br., G. G. 3. 380. (*Eléocharis des marais.*)

Syn : *Scirpus palustris* L.

Mai, septembre. C. Bords des eaux, marais, prairies humides ; Saint-Phal ! Villechétif !! Lusigny ! étang de l'Arlais, près de Vendeuvre ! forêt d'Orient ! Eclance ! Bligny ! Brienne ! *des Etangs ;* Méry ! *MM. Hariot ;* bois de Fouchy !! bords du canal !! etc.

1156. Eleocharis uniglumis Koch, G. G. 3. 380. (*Eléocharis à large écaille.*)

Juin, septembre. A. R. Lieux marécageux et tourbeux ; Pré-Dillon ! Bréviandes ! Barberey ! Saceys ! Villechétif !! marais de Saint-Germain ! Piney ! Montiéramey ! *des Etangs ;* marais de Pont-sur-Seine !!

1157. Eleocharis ovata R. Br., G. G. 3. 381. (*Eléocharis ovale.*)

Juin, septembre. R. Bords des étangs, lieux inondés pendant l'hiver; Montiéramey! étang de la Morge-des-Champs, en culture! étang, près d'Eclance! étang desséché de Charlieu, dans la forêt d'Orient! *des Etangs.*

1158. Eleocharis acicularis R. Br., G. G. 3. 382. (*Eléocharis épingle.*)

Syn : *Scirpus acicularis* L.

Juin, septembre. R. Marais, bords des rivières; étang de Bligny! Villechétif! Gérosdot! *des Etangs;* bords du canal de la Haute-Seine, entre Droupt-Sainte-Marie et Saint-Oulph! mares de Châtres! *MM. Hariot;* dans le lit du canal, à Méry!!

440. CAREX Mich. (*Laiche* ou *Carex.*)

1159. Carex Davalliana Sm., G. G. 3. 385. (*Carex de Davall.*)

Avril, juin. R. Prés tourbeux et marécageux; marais de Saint-Pouange! Viélaines! Sainte-Scholastique! Saint-Germain! prairies du Vannage, près des Riceys! Villechétif! *des Etangs;* pâtures de Chevillèle, *Corrard de Breban;* marais tourbeux de Droupt-Sainte-Marie!! *MM. Hariot.*

Obs. C'est à tort que M. Corrard de Breban a signalé le *Carex dioica*, dans les pâtures de Chevillèle : c'est le *Carex davalliana* qui se trouve dans cette localité.

1160. Carex disticha Huds., G. G. 3. 391. (*Carex distique.*)

Mai, Juin, C. Prairies humides et marécageuses, bords des étangs; étang de Bligny! Montgueux, dans une mare du bois! Bar-sur-Aube! forêt d'Orient! Colombé-le-Sec! etc., *des Etangs;* Méry! *MM. Hariot;* prairies de Saint-Parres-les-Tertres!! plaine de Foolz!! etc.

1161. Carex brizoides L., G. G. 3. 393. (*Carex brize.*)

Mai, juin. R. R. Lieux humides; forêt d'Orient! forêt de Chaource! *des Etangs.*

1162. Carex vulpina L., G. G. 3. 393. (*Carex jaunâtre.*)

Mai, juin. C. Prés humides, marais, fossés; Riceys, près de Landourau! Bar-sur-Aube! *des Etangs;* bords du canal, à

Troyes!! *Corrard de Breban;* Méry! *MM. Hariot;* Lusigny!! Fouchy!! etc.

1163. Carex muricata L., G. G. 3. 394. (*Carex rude.*)

Mai, juin. C. Prairies, bois, bords des chemins; Bligny! plaine de Foolz! Riceys! Rumilly-les-Vaudes! Champignol! etc., *des Etangs;* Méry! *MM. Hariot;* fossés, le long du canal, près de La Chapelle-Saint-Luc!! La Vacherie!! etc.

V. b. *Virens* Koch. Bois de Fouchy!!

1164. Carex divulsa Good., G. G. 3. 394. (*Carex écarté.*)

Mai, juin. A. C. Bois, bords des haies et des chemins; Gérosdot! environs de Troyes!! bois de Pont-sur-Seine! Saint-Phal! bois de Macey! Ville-sur-Terre! Eclance! *des Etangs;* Méry! *MM. Hariot;* bois de Lusigny!! de Vaux!!

1165. Carex paniculata L., G. G. 3. 395. (*Carex paniculé.*)

Mai, juin. R. Prairies spongieuses; Villechétif!! Etiefs, près de Rouvres! Arsonval! *des Etangs;* bords du canal, au-dessus du bassin, à Troyes!!

1166. Carex paradoxa Willd., G. G. 3. 395. (*Carex paradoxal.*)

Mai, juin. R. R. Lieux tourbeux ou humides; marais de Saint-André! marais entre Saint-Lyé et Riancey! *des Etangs;* marais de Bréviandes!!

1167. Carex elongata L., G. G. 3. 397. (*Carex allongé.*)

Mai, juin. R. R. Lieux vaseux et marécageux; forêt d'Orient, le long de la ligne qui conduit du Mesnil-Saint-Père à Radonvilliers! mares de la forêt de Soulaines! La Loge-aux-Chèvres! forêt de Chaource! *des Etangs.*

1168. Carex leporina L., G. G. 3. 397. (*Carex de lièvre.*)

Mai, juillet. A. C. Lieux humides; Vauchonvilliers! Brienne-Napoléon! forêt de Soulaines! forêt d'Orient! etc., *des Etangs;* Pont-sur-Seine! Dienville! *P. Hariot;* forêt de Rumilly-les-Vaudes!! plaine de Foolz!! Montreuil!! etc.

V. b. *pallescens* Godron. *Carex argyroglochin* Hornem. 24 juin 1876, dans les bois de Pont-sur-Seine, aux bords des mares, à droite de l'allée qui conduit à Nogent!!

1169. Carex remota L., G. G. 3. 399. (*Carex espacé.*) Mai, juin. A. R. Lieux couverts et humides, bois ; étang du Reculot, près de Vendeuvre ! forêt d'Orient, près de La Ville-aux-Bois ! forêt de Soulaines ! *des Etangs;* Fouchy ! *Ant. Le Grand;* forêt de Rumilly !! La Vacherie !!

1170. Carex cyperoïdes L., G. G. 3. 401. (*Carex souchet.*)
Mai, juin. R. R. Etang de la Morge-des-Champs, près du Mesnil-Saint-Père ! *des Etangs.* Ru des Roises, près de Gérosdot ! *P. Hariot.*

1171. Carex Goodenowii Gay, G. G. 3. 402. (*Carex de Goodenough.*)
Avril, mai. R. R. Marais de Saint-Germain ! pâturages de Bréviandes, côté de Rosières ! pâtures de Villechétif ! mares de la plaine de Foolz ! *des Etangs ;* Méry ! *MM. Hariot.*

1172. Carex stricta Good., G. G. 3. 402. (*Carex raide.*)
Avril, mai. C. Lieux marécageux, où il forme des ilots ; Villechétif !! aux Gayettes, à Troyes !! marais de Bréviandes !! de Saint-Germain ! de Sainte-Scholastique ! de Saint-André !! etc., *des Etangs ;* Méry ! *MM. Hariot.*

1173. Carex acuta Fries, G. G. 3. 403. (*Carex aigu.*)
Mai, juin. C. Bords des eaux, lieux marécageux; marais de Bréviandes !! marais de Villechétif ! dans les fossés de Lavau ! aux Gayettes ! Fuligny ! Belroy ! etc., *des Etangs;* Méry ! Châtres ! Droupt-Saint-Bâle ! *MM. Hariot.*

V. b. *prolixa* Hartm. Dans les fossés des marais de Saint-André !!

1174. Carex glauca Scop., G. G. 3. 404. (*Carex glauque.*)
Avril, juin, C. C. Prairies humides, bois, pâturages argileux, partout.

1175. Carex maxima Scop., G. G. 3. 405. (*Carex géant.*)
Mai, juillet. R. Bords des ruisseaux ; forêt d'Orient, près de La Ville-aux-Bois ! bords de la Fontaine-aux-Chèvres, dans la forêt de Larrivour ! *des Etangs ;* Méry ! *MM. Hariot ;* ruisseau, au-dessous de l'étang de la Morge-des-Bois, près de la bonde !!

1176. Carex strigosa Huds., G. G. 3. 406. (*Carex à épis grêles.*)

Mai, juin. R. R. Bois humides; La Chaise, dans le bois en allant à Eclance! forêt d'Orient, près de La Ville-au-Bois! *des Etangs.*

1177. Carex alba Scop., G. G. 3. 406. (*Carex blanc.*)

Avril, juin. R. R. Bar-sur-Seine, côte de Notre-Dame! *des Etangs.*

1178. Carex pallescens L., G. G. 3. 407. (*Carex pâle.*)

Mai, juin et en septembre. A. C. Bois et prairies humides; Eclance! forêt de Soulaines! Gérosdot! l'Apostolle! Vauchonvilliers! Jessains! plaine de Foolz! Larrivour! etc., *des Etangs;* Lusigny!! forêt de Rumilly!! etc.

1179. Carex panicea L., G. G. 3. 408. (*Carex panic.*)

Mai, juin. C. Marais et pâturages humides; marais de Saint-André! de Villechétif!! l'Apostolle! *des Etangs;* marais de Saint-Germain; *Corrard de Breban;* Méry! *MM. Hariot;* plaine de Foolz!! etc.

1180. Carex præcox Jacquin, G. G. 3. 412. (*Carex précoce.*)

Mars, mai. C. C. Coteaux, bois et prairies, lieux secs; bois de Bouilly! Bar-sur-Aube! Fontaine! Montiéramey! etc., *des Etangs;* La Perthe! *P. Hariot;* plaine de Foolz!! etc.

1181. Carex polyrhiza Wallr., G. G. 3. 413. (*Carex à racines touffues.*)

Mars, juin. R. R. Bois humides; forêt d'Orient, aux environs de La Loge-aux-Chèvres, où il est commun! bois d'Auxon! des Bordes! *des Etangs.*

1182. Carex tomentosa L., G. G. 3. 413. (*Carex tomenteux.*)

Avril, juin. A. C. Lieux humides, bois, prés, pâturages; Bar-sur-Aube! Clairvaux! Bayel! La Vacherie! forêt d'Orient! Pré-Dillon! etc., *des Etangs;* Méry! *MM. Hariot;* Villechétif!! Champigny!! Villy-en-Trodes!! etc.

1183. Carex pilulifera L., G. G. 3. 414. (*Carex à pilules.*)

Avril, mai. A. R. Bois; forêt de Soulaines! forêt de Chaource! forêt d'Orient, près de La Loge-aux-Chèvres! plaine de Foolz! *des Etangs*; forêt de Rumilly!! etc.

1184. CAREX MONTANA L., G. G. 3. 415. (*Carex de montagne.*)

Avril, mai, R. R. Bois des terrains calcaires; Longchamp! Fontaine! bois de la côte de Couvignon! bois de Riceys-Bas! *des Etangs*! bois de Thouan!!

1185. CAREX HALLERIANA Asso, G. G. 3. 416. (*Carex de Haller.*)

Mars, avril. R. R. Bords des bois des terrains calcaires; Bar-sur-Seine! Pontot! Riceys, chemin de Bagneux! *des Etangs;* Gyé-sur-Seine, au pied des coteaux, au-dessous des vignes, en allant au bois de Thouan!!

1186. CAREX HUMILIS Leysser, G. G. 3. 417. (*Carex bas.*)

Mars, mai. R. R. Se trouve dans les bois de Bayel et du moulin de Pontot! *des Etangs.*

1187. CAREX DIGITATA L., G. G. 3. 417. (*Carex digité.*)

Avril, mai. R. Bois des coteaux calcaires; Amance! Pontot! Bouilly! Sommeval! Bar-sur-Seine! bois de Devois! *des Etangs.*

1188. CAREX SYLVATICA Huds., G. G. 3. 422. (*Carex des bois.*)

Mai, juillet. A. C. Bois et lieux couverts; pâtures de Bréviandes! Vendeuvre! bois du Val-Perdu! taillis entre Le Petit-Mesnil et Beaulieu! *des Etangs;* bois de Fouchy!! etc.

1189. CAREX FLAVA L., G. G. 3. 423. (*Carex jaune.*)

Mai, juillet. C. Prairies humides et marécageuses; plaine de Foolz!! Villechétif!! marais de Bréviandes! de Saint-Germain! de Saint-Pouange! chemin de Bar-sur-Aube à Lignol! Brienne-Napoléon! *des Etangs;* bois de Crogny, *Corrard de Breban;* Droupt-Sainte-Marie! Boulages! *MM. Hariot.*

1190. CAREX ŒDERI Ehrh., G. G. 3. 424. (*Carex d'dŒer.*)

Mai, août. A. R. Marais asséchés, bords des étangs; marais de Villechétif!! marais de Saint-Germain! *des Etangs;* Méry! *MM. Hariot;* mare, près de la station de Verrières!! etc.

1191. Carex Hornschuchiana Hopp., G. G. 3. 425. (*Carex de Hornschuch.*)

Mai, juin. A. C. Prairies tourbeuses ou marécageuses ; marais de Saint-Germain! Sainte-Scholastique, près de Rosières! Villechétif!! Saceys! Brienne-Napoléon! Riceys, dans les prairies du Vannage! Bar-sur-Aube, près de la ferme de Molin! marais de Villevoque, près de Piney! *des Etangs*; Droupt-Sainte-Marie! *MM. Hariot.*

1192. Carex distans L., G. G. 3. 425. (*Carex distant.*)

Mai, juin. A. C. Prairies humides; Villechétif!! pâturages de Bréviandes! plaine de Foolz!! Arsonval! Vendeuvre! Bligny! Bar-sur-Aube! Ailleville! Voigny! Rouvres! *des Etangs;* Châtres! Droupt-Sainte-Marie! *MM. Hariot.*

1193. Carex pseudocyperus L., G. G. 3. 428. (*Carex faux-souchet.*)

Juin, août. A. R. Lieux humides, bords des étangs; forêt d'Orient! Villechétif!! forêt de Soulaines! étang du Reculot, près de Vendeuvre! bords de l'Hozain, à Villepart! *des Etangs;* dans les fossés des pâtures de Chevillèle, *Corrard de Breban ;* sur les bords du canal, à Troyes, à hauteur du Vouldy!!

1194. Carex ampullacea Good, G. G. 3. 428. (*Carex ampoulé.*)

Mai, juin. A. R. Prés marécageux et tourbeux ; Bar-sur-Seine! marais de Villechétif!! Etiefs, près de Rouvres! Bréviandes!! étang de Bligny! *des Etangs;* marais de Saint-Germain! *Ant. Le Grand.*

1195. Carex vesicaria L., G. G. 3. 429. *Carex vésiculeux.*)

Avril, juillet. A. C. Lieux fangeux et marécageux; Amance! Bréviandes! forêt d'Orient! Proverville! *des Etangs ;* mares de Rumilly! *Ant. Le Grand;* Châtres! *P. Hariot;* forêt de Rumilly, sur les bords du ru de Verrien!!

1196. Carex paludosa Good, G. G. 3. 429. (*Carex des marécages.*)

Mai, juin. C. Marais, bords des fossés et des rivières ; Pontot! Nago, près de Torvilliers! Villechétif!! Saint-André!! Bréviandes !! Sainte-Scholastique, près de Rosières ! Arsonval ! *des Etangs* ; Méry ! *MM. Hariot.*

V. b. *Kochiana* Gaud. Les Gayettes, à Troyes ! La Vacherie ! Sainte-Scholastique ! *des Etangs;* jardin de M. Mandonnet, à Chicherey !!

1197. Carex riparia Curt., G. G. 3. 430. (*Carex des rives.*)

Avril, juin. C. Bords des eaux ; les Gayettes ! Clairvaux ! forêt d'Orient ! Troyes, aux Charmilles ! Bligny ! *des Etangs* ; Méry ! *MM. Hariot ;* Fouchy !! etc.

1198. Carex hirta L., G. G. 3. 431. (*Carex hérissé.*)

Mai, juin. C. Lieux sablonneux et humides ; Gérosdot ! fontaine de Nago, près de Torvilliers ! marais de Villechétif !! Dienville ! Bligny ! *des Etangs ;* Méry ! *MM. Hariot ;* prairies de Saint-Parres-les-Tertres !! plaine de Foolz !! dans le lit du canal sec, entre Troyes et les Cours !! etc.

CX. GRAMINÉES

441. LEERSIA Soland. (*Léersie.*)

1199. Leersia oryzoides Soland, G. G. 3. 437. (*Léersie à fleurs de riz.*)

Août, septembre. R. Bords des eaux ; bords des fossés qui entourent la ferme du château de Fontaine ! bords du bief du moulin de Pontot ! bords de l'Aube, près de Bar-sur-Aube !! *des Etangs ;* bords du canal, à Troyes ! *Ant. Le Grand ;* bords du canal, à Méry !! *P. Hariot.*

442. PHALARIS Pal. Beauv. (*Alpiste.*)

1200. Phalaris arundinacea L., G. G. 3. 441. (*Alpiste roseau.*)

Juin, juillet. C. Bords des eaux ; Eclance ! Villechétif ! *des Etangs ;* le long de la Vienne, près de la Tour-Boileau !! *Corrard de Breban ;* Méry ! *MM. Hariot ;* bords du canal, à Troyes !! etc.

443. ANTHOXANTHUM L. (*Flouve.*)

1201. Anthoxanthum odoratum L., G. G. 3. 442. (*Flouve odorante.*)

Mai, juin et en automne. C. Prés, bois, lieux herbeux ; Amance ! forêt d'Orient ! Bouilly ! *des Etangs* ; Méry ! *MM. Hariot* ; bois de Fouchy !! plaine de Foolz !! etc.

444. PHLEUM L. (*Fléole.*)

1202. PHLEUM PRATENSE L., G. G. 3. 446. (*Fléole des prés.*)

Mai, juillet. C. Prairies de Troyes !! Riancey ! Montiéramey ! Bar-sur-Seine ! Bouilly ! marais de Saint-André ! *des Etangs* ; Méry ! *MM. Hariot* ; Villechétif !! Montsuzain !! etc.

V. b. *nodosum* Gaud. Troyes, dans les Hauts-Clos ! Luyères ! *des Etangs* ; Méry ! *MM. Hariot* ; Saint-André !! Montsuzain !! etc.

1203. PHLEUM BOEHMERI Wibel, G. G. 3. 446. (*Fléole de Bœhmer.*)

Syn : *Phalaris phleoides* L.

Mai, juillet. R. Lieux secs, bords des bois, coteaux calcaires ; Bar-sur-Seine ! Bar-sur-Aube ! *des Etangs* ; Orvilliers, *Jules Benoît* ; bois Lorgne, près de Fontvannes !! etc.

1204. PHLEUM ASPERUM Jacquin, G. G. 3. 447. (*Fléole rude.*)

Avril, juillet. R. R. Dans un champ de sainfoin, entre la Charme et le faubourg de Preize, à Troyes ! le 1er juillet 1840, *des Etangs.*

445. ALOPECURUS L. (*Vulpin.*)

1205. ALOPECURUS PRATENSIS L., G. G. 3. 450. (*Vulpin des prés.*)

Mai, juillet. A. C. Dans les prairies et dans les bois ; forêt de Chaource ! *des Etangs* ; Méry ! *MM. Hariot* ; parc de Saint-Aventin !! Montiéramey !! etc.

1206. ALOPECURUS AGRESTIS L., G. G. 3. 450. (*Vulpin des champs.*)

Mai, octobre. C. C. Champs, vignes, lieux cultivés, partout.

1207. ALOPECURUS GENICULATUS L., G. G. 3. 450. (*Vulpin genouillé.*)

Mai, septembre. A. R. Marais, lieux humides; forêt de Soulaines ! Les Noës ! forêt de Chaource ! Saint-Phal ! étang desséché de la Morge-des-Champs ! *des Etangs ;* à La Grande-Planche, *Corrard de Breban ;* Méry ! *MM. Hariot.*

1208. Alopecurus fulvus Sm., G. G. 3. 451. (*Vulpin fauve.*)

Mai, septembre. A. R. Mares, fossés, flaques d'eau; étang de la Morge, à Lusigny ! étang de Bailly ! Montiéramey ! *des Etangs;* ruisseau, au-dessous de la bonde de l'étang de la Morge-des-Bois !! flaques d'eau, sur la grande ligne de la forêt d'Orient, près du Mesnil-Saint-Père !!

1209. Alopecurus utriculatus Pers., G. G. 3. 451. (*Vulpin à utricules.*)

Syn : *Phalaris utriculata* L.

Mai, juin. A. C, Prairies, clairières des bois; Montier-la-Celle, *Corrard de Breban ;* Eclance ! Payns ! Bar-sur-Aube ! *des Etangs;* bois de Lusigny ! *P. Hariot;* prairies de Saint-Parres-les-Tertres, où il est commun !!

446. SESLERIA Scop. (*Seslérie.*)

1210. Sesleria coerulea Arduin, G. G. 3. 453. (*Seslérie bleue.*)

Syn : *Cynosurus cœruleus* L.

Mars, juin. R. R. Lieux secs et rochers des terrains calcaires ; côte de Sainte-Maure, au-dessus du moulin de Pontot ! vallon de Clairvaux, à Arconville ! *des Etangs.*

447. SETARIA P. Beauv. (*Sétaire.*)

1211. Setaria glauca P. Beauv., G. G. 3. 456. (*Sétaire glauque.*)

Syn : *Panicum glaucum* L.

Juin, septembre. A. C. Lieux sablonneux ; Petit-Mesnil ! Eclance ! Brévonne ! Courtenot ! *des Etangs;* Dienville ! *P. Hariot ;* champs sablonneux de Montiéramey !! de Mesnil-Saint-Père, où il est commun !!

1212. Setaria viridis P. Beauv., G. G. 3. 457. (*Sétaire verte.*)

Syn : *Panicum viride* L.

Juillet, octobre. C. C. Lieux cultivés, champs, vignes, jardins, partout.

1213. Setaria ambigua Guss., G. G. 3. 457. (*Sétaire ambiguë.*)

Juin, août. R. R. Récolté le 20 juillet 1874, dans le gazon d'un jardin, à Troyes !!

1214. Setaria verticillata P. Beauv., G. G. 3. 458. (*Sétaire verticillée.*)

Syn : *Panicum verticillatum* L.

Juin, octobre. C. Lieux cultivés, champs, jardins, partout.

1215. Setaria italica P. Beauv., G. G. 3. 458. (*Sétaire d'Italie.*)

Syn : *Panicum italicum* L.

Juillet, août. Originaire de l'Inde. Cultivé pour ses graines qui servent de nourriture aux oiseaux, et devenu subspontané çà et là, notamment dans les terrains de Montier-la-Celle !!

448. PANICUM L. (*Panic.*)

1216. Panicum crus-galli L., G. G. 3. 460. (*Panic pied de coq.*)

Juillet, septembre. A. C. Lieux humides et sablonneux; Montiéramey ! *Corrard de Breban;* champs, entre Saint-Julien et le château des Cours ! La Villeneuve-aux-Chênes, près de Vendeuvre! *des Etangs ;* Méry ! *MM. Hariot ;* Bar-sur-Aube ! *Ant. Le Grand;* Troyes !! La Moline !! forêt d'Orient !! etc.

1217. Panicum sanguinale L., G. G. 3. 461. (*Panic sanguin.*)

Juillet, octobre. C. Lieux cultivés, champs, vignes, jardins, pied des murs, dans la plupart des localités.

1218. Panicum glabrum Gaud., G. G. 3. 462. (*Panic glabre.*)

Août, octobre. R. Lieux cultivés des terrains sablonneux; moissons du Petit-Mesnil, près de La Giberie ! Eclance ! Amance ! Brévonne! *des Etangs;* Villenauxe ! *A. Le Grand;* champs de Fouchères, près du bois de Bailly !! *P. Hariot.*

449. CYNODON Rich. (*Chiendent.*)

1219. Cynodon dactylon Pers., G. G. 3. 463, (*Chiendent commun.*)

Syn : *Panicum dactylon* L.

Juillet, septembre. R. R. Bords de la Seine, à Foicy !! *P. Hariot.*

450. PHRAGMITES Trinius. (*Roseau.*)

1220. Phragmites communis Trinius, G. G. 3. 473. (*Roseau commun.*)

Syn : *Arundo phragmites* L.

Août, septembre. C. Lieux aquatiques, fossés, étangs, bords des rivières, partout.

451. CALAMAGROSTIS Adans. (*Calamagrostis.*)

1221. Calamagrostis epigeios Roth, G. G. 3. 475. (*Calamagrostis terrestre.*)

Syn : *Arundo epigeios* L.

Juillet, août. A. R. Lieux secs ou humides, bois, fossés, coteaux ; Brienne-Napoléon ! Eclance ! forêt d'Orient, près de la Ville-aux-Bois ! Longchamp ! Villenauxe ! Quincey ! bois de Saint-Julien ! etc., *des Etangs ;* Mesgrigny ! Premierfait ! Méry ! *P. Hariot;* bois de Villy-en-Trodes !! bords de la forêt d'Orient, près de la ferme des Granges !! etc.

1222. Calamagrostis lanceolata Roth, G. G. 3. 476. (*Calamagrostis lancéolé.*)

Syn : *Arundo calamagrostis* L.

Juin, août. R. R. Petit étang de la Morge, près du Pavillon-Saint-Charles ! *des Etangs.*

452. AGROSTIS L. (*Agrostis.*)

1223. Agrostis alba L., G. G. 3. 480. (*Agrostis blanche.*)

Juin, septembre. C. C. Prés, champs, bords des eaux, partout.

V. b. *gigantea* Mey. *Agrostis gigantea* Gaud.

Bar-sur-Aube, sur le chemin de Fontaine ! *des Etangs ;* petit bois de Saint-Aventin, en face le château !!

1224. AGROSTIS VULGARIS With., G. G. 3. 482. (*Agrostis commune.*)

Syn : *Agrostis stolonifera* L.

Juin, septembre. A. C. Lieux secs et sablonneux; bois de Lusigny! bois de Macey! Pont-Barse! Villenauxe! Villepart! Montiéramey! forêt d'Orient! bois de Pont-sur-Seine! Vauchonvilliers! Ville-sur-Terre! *des Etangs*; plaine de Foolz!!

1225. AGROSTIS CANINA L., G. G. 3. 483. (*Agrostis de chien.*)

Juin, août. A. R. Prés et bois humides, forêt d'Orient, près de la Ville-aux-Bois! étang de Fontaine, près de Villenauxe! bois de Lusigny! Chantemerle! étang de la Morge-des-Champs! prairies de Mesnil-Saint-Père! Montiéramey!! *des Etangs*; étang de la Morge-des-Bois!! prairies près de Vendeuvre!!

1226. AGROSTIS SPICA-VENTI L., G. G. 3. 486. (*Agrostis jouet des vents.*)

Juin, juillet. C. Dans les terrains sablonneux; rare ou nul ailleurs; Bar-sur-Aube! Montiéramey!! moissons de Lusigny! Chaource! Amance! *des Etangs*; chemin de fer de l'Est, près de la gare!!

453. GASTRIDIUM Gaud. (*Gastridion.*)

1227. GASTRIDIUM LENDIGERUM Gaud., G. G. 3. 488. (*Gastridion ventru.*)

Syn : *milium lendigerum* L.

Mai, août. R. R. Les Croûtes, près d'Ervy! *des Etangs.*

454. MILIUM L. (*Millet.*)

1228. MILIUM EFFUSUM L., G. G. 3. 498. (*Millet étalé.*)

Mai, juillet. A. R. Dans les bois; forêt de Rumilly-les-Vaudes! bois Lorgne, près de Fontvannes!! forêt de Larrivour!!

455. AIRA L. (*Canche.*)

1229. AIRA CARYOPHYLLEA L., G. G. 3. 503. (*Canche caryophyllée.*)

Mai, juin. A. R. Lieux sablonneux; champs de Rumilly-les-Vaudes! Bailly! Montiéramey!! bois de Chappes! forêt et champs de Soulaines! Eclance! Lusigny! Villenauxe! *des Etangs.*

Obs. M. Ant. Le Grand a placé dans l'herbier de l'Aube, du musée, sous le nom d'*Aira multiculmis* Dumort., une plante récoltée à Montiéramey, où nous l'avons nous-mêmes observée. Comparée à l'*Aira caryophyllea* des diverses localités précitées, nous n'avons pu constater aucune différence dans les caractères. (Voir à ce sujet Duval-Jouve, bul. soc. bot. Fr., 1865. p. 83.

1230. AIRA PRÆCOX L., G. G. 3. 506. (*Canche précoce.*)

Avril, juin. R. R. Laville-aux-Bois-les-Soulaines! plaine de Foolz!! *des Etangs.*

456. DESCHAMPSIA P. Beauv. (*Deschampsie.*)

1231. DESCHAMPSIA CÆSPITOSA P. Beauv., G. G. 3. 507. (*D. gazonnante.*)

Juin, août. C. Lieux frais, prés, bords des haies, bois; Arsonval! marais de Villechétif! *des Etangs;* Méry *MM. Hariot;* bois de Fouchy!! Rumilly-les-Vaudes!! etc.

V. b. *pallida.* Eclance! Bossancourt! *des Etangs.*

1232. DESCHAMPSIA MEDIA Rœm., et Schultz, G. G. 3. 507. (*D. intermédiaire.*)

Juin, juillet. R. R. Bois et pâturages humides; dans un pré, à Sainte-Scholastique, près de Rosières! Brienne-Napoléon! *des Etangs.*

1233. DESCHAMPSIA THUILLIERI Godr. et Grenier, 3. 508. (*D. de Thuillier.*)

Juillet, septembre. R. R. Dans un pré, entre le pont de Chalvaudet et la Croix-de-Soulaines, à Bar-sur-Aube! *des Etangs.*

1234. DESCHAMPSIA FLEXUOSA Gris., G. G. 3. 508. (*Deschampsie flexueuse.*)

Syn : *Aira flexuosa* L.

Mai, août. A. R. Dans les bois; ligne ferrée, entre Vendeuvre et Montiéramey! bois de Pont-sur-Seine! *des Etangs;* forêt de Rumilly-les-Vaudes!!

457. AVENA L. (*Avoine.*)

1235. AVENA SATIVA L., G. G. 3. 510. (*Avoine cultivée.*)

Juin, août. Cultivé et subspontané presque partout.

1236. Avena orientalis Schreb., G. G. 3. 511. (*Avoine d'Orient.*)

Juillet, août. Cultivé et subspontané dans la plupart des localités.

1237. Avena fatua L., G. G. 3. 512. (*Avoine folle.*)

Juin, septembre. A. C. Dans les moissons; Meurville! champs des Hauts-Clos, à Troyes! champs de Rosières! *des Etangs;* moissons, à Méry! *MM. Hariot.*

1238. Avena pubescens L., G. G. 3. 517. (*Avoine pubescente.*)

Mai, juin. A. C. Prairies, bois; garennes de Villechétif! Saint-Parres-les-Tertres! Landoureau, aux Riceys! bords du bois de Montgueux! côte de Sainte-Maure, au moulin de Pontot! *des Etangs;* Bar-sur-Seine! *docteur Cartereau;* Châtres! *Jules Benoît;* Droupt-Saint-Basle!! *P. Hariot.*

1239. Avena pratensis L., G. G. 3. 519. (*Avoine des prés.*)

Juin, juillet. A. C. Prés secs, bois; Bouilly! coteaux, près de Torvilliers! Laisnes-aux-Bois! Mesnil-Sellières! les Crottières, à Bar-sur-Aube! voie ferrée, entre Jessains et Vendeuvre! Bar-sur-Seine! *des Etangs;* bords des chemins, à Châtres! *Jules Benoît;* bois Lorgne, près de Fontvannes!! Montsuzain!! Sainte-Julie, près de Villeloup!! etc.

458. ARRHENATHERUM P. Beauv. (*Arrhénathère.*)

1240. Arrhenatherum elatius Mert. et Koch, G. G. 3. 520. (*A élevée.*)

Syn : *Avena elatior* L.

Juin, juillet. C. C. Haies, buissons, prés, bois, champs, partout.

V. b. *bulbosum* Gaud. Champs de la ferme de Pont-Barse, près de Courteranges! *des Etangs;* Méry! *MM. Hariot;* Clérey!! Maisons-Blanches!! etc.

459. TRISETUM Pers. (*Trisète.*)

1241. Trisetum flavescens P. Beauv., G. G. 3. 523. (*Trisète jaunâtre.*)

Syn : *Avena flavescens* L.

Mai, juillet. C. Prairies, bois, bords des chemins ; Bar-sur-Aube ! bords du canal, à Troyes ! Lusigny ! *des Etangs;* Méry ! *MM. Hariot*; bois de Fouchy !! bords des chemins, près de Saint-Aventin !! etc.

460. HOLCUS L. (*Houlque.*)

1242. HOLCUS LANATUS L., G. G. 3. 524. (*Houlque laineuse.*)

Juin, septembre. C. Prairies, bois, buissons, partout.

1243. HOLCUS MOLLIS L., G. G. 3. 524. (*Houlque molle.*)

Juin, septembre. A. R. Bois sablonneux ; Pont-sur-Seine ! Montiéramey ! forêt de Soulaines ! *des Etangs ;* bois de Villy-en-Trodes !!

461. KŒLERIA Pers. (*Kélérie.*)

1244. KOELERIA CRISTATA Pers., G. G. 3. 525. (*Kélérie à crête.*)

Syn : *Aira cristata* L.

Juin, août. C. Prairies, pelouses, bords des chemins ; garenne de Belroy ! les Crottières, près de Bar-sur-Aube ! bois de Pont-sur-Seine !! Riceys ! carrières de Sainte-Maure ! Mesnil-Sellières ! *des Etangs ;* Saint-Parres-les-Tertres ! *Ant. Le Grand ;* Méry ! *MM. Hariot;* Fontvannes !! Montgueux !! Montsuzain !! Laperrière !! etc.

462. CATABROSA P. Beauv. (*Catabrose.*)

1245. CATABROSA AQUATICA P. Beauv., G. G. 3. 529. (*Catabrose aquatique.*)

Syn : *Aira aquatica* L.

Mai, août. A. R. Marais, fossés, flaques d'eau ; dans le canal, à Troyes ! Riceys ! Bréviandes ! fossés de Saint-André ! *des Etangs ;* fossés près de La Chapelle-Saint-Luc !!

463. GLYCERIA R. Brown. (*Glycérie.*)

1246. GLYCERIA FLUITANS R. Brown, G. G. 3. 531. (*Glycérie flottante.*)

Syn : *Festuca fluitans* L.

Mai, août. C. Marais, fossés, étangs, mares ; Clairvaux ! La Ville-aux-Bois ! Brienne ! forêt de Soulaines ! Bar-sur-Aube ! forêt d'Orient!! bords du canal, à Troyes!! *des Etangs;* Méry! *MM. Hariot;* fossés de Saint-André !! etc.

1247. GLYCERIA PLICATA Fries, G. G. 3. 531. (*Glycérie pliée.*)

Mai, août. A. R. Fossés, mares, flaques d'eau; Eclance! *des Etangs;* flaques d'eau sur la grande ligne de la forêt d'Orient!! flaques d'eau dans les chemins des bois de la plaine de Foolz!!

1248. GLYCERIA LOLIACEA Godron, G. G. 3. 532. (*Glycérie ivraie.*)

Mai, juin. R. Prairies, bords des ruisseaux; Bar-sur-Aube! Dans un pré, près de la Croix-de-Soulaines! Villechétif! bois de Lusigny! *des Etangs.*

1249. GLYCERIA AQUATICA Wahlberg, G. G. 3. 533. (*Glycérie aquatique.*)

Syn : *Poa aquatica* L.

Juin. août. C. Lieux marécageux, bords des rivières et des ruisseaux, partout.

464. POA L. (*Paturin.*)

1250. POA ANNUA L., G. G. 3. 539. (*Paturin annuel.*)

Avril, octobre. C. C. Partout.

1251. POA NEMORALIS L., G. G. 3. 541. (*Paturin des bois.*)

Mai, septembre. C. Bois, murs, lieux secs; forêt d'Orient! bois de Riceys-Bas! Villechétif! Gérosdot! bois de Rumilly-les-Vaudes!! *des Etangs;* Méry! *MM. Hariot;* parc de Pont-sur-Seine!! Villemereuil!! bois de Montreuil!! etc.

V. b. *rigidula.* Bois de Vaux, près de Fouchères!!

1252. POA SEROTINA Ehrh., G. G. 3. 542. (*Paturin tardif.*)

Juin, septembre. A. C. Buissons des lieux fangeux, bords des eaux; Bar-sur-Aube! Villechétif! bois de Lusigny! Pont-Barse! La Chapelle-Saint-Luc! étang de Barberey-aux-Moines! bords du canal, à Troyes! Saint-Martin-ès-Vignes! Soulaines! *des Etangs;* Méry! *MM. Hariot;* sur un ilot de la Seine, à Clérey!!

1253. POA BULBOSA L.. G. G. 3. 543. (*Paturin bulbeux.*)

Avril, juin. A. R. Murs, lieux secs; Barberey-Saint-Sulpice! Montier-en-l'Isle! vignes de Saint-André! vignes, près de Bréviandes! *des Etangs;* Châtres! *Jules Benoit;* au pied du mur du parc de Rosières!! bords du bois de Massey!!

1254. Poa compressa L., G. G. 3. 543. (*Paturin comprimé.*)

Juin, août. A. C. Prés secs, sables, murs; Pont-Barse! champs de La Villeneuve-aux-Chênes! Bar-sur-Aube! *des Etangs;* sur un talus, près de la station de Verrières!! sur le mur du cimetière de Clamart, à Troyes!!

1255. Poa pratensis L., G. G. 3. 544. (*Paturin des prés.*)

Mai, juin et en automne. C. C. Prés, pâturages, bords des chemins, partout.

V. b. *angustifolia* Sm. Plateau de Sainte-Maure au-dessus du moulin de Pontot! Montgueux! bords du canal, à Troyes!! Luyères! bois de Chanet, près de Saint-Phal! *des Etangs;* Méry! *P. Hariot*; prairies de Saint-Parres-les-Tertres!!

1256. Poa trivialis L., G. G. 3. 545. (*Paturin commun.*)

Mai, juillet. C. Lieux humides; Bar-sur-Aube! marais et garennes de Villechétif! bords du canal, à Troyes!! La Chapelle-Saint-Luc! Chantemerle! Les Noës, dans les fossés! etc., *des Etangs*; Méry! *MM. Hariot;* terrains humides de Montier-la-Celle!! etc.

465. BRIZA L. (*Brize.*)

1257. Briza media L., G. G. 3. 549. (*Brize intermédiaire.*)

Mai, juillet. C. C. Bois, coteaux incultes, pâturages, partout.

466. MELICA L. (*Mélique.*)

1258. Melica nebrodensis Parl., G. G. 3. 551. (*Mélique des Nebrodes.*)

Mai, juillet. R. R. Lieux arides et pierreux, rochers, murs; rochers de la ferme de La Roche, près des Riceys! Bar-sur-Aube, sur le chemin de fer, entre le pont de Voigny et l'extrémité de la tranchée des Crottières! *des Etangs.*

Obs. C'est à tort que M. des Etangs a placé, dans son herbier, sous le nom de *Melica ciliata* L., la plante récoltée sur les rochers de la ferme de La Roche, près des Riceys. C'est le *Melica nebrodensis* Parlatore. Le *Melica ciliata* n'a pas encore été rencontré sur notre domaine.

1259. MELICA NUTANS L., G. G. 3. 554. (*Mélique penchée.*)

Mai, juin. R. Dans les bois; bois du moulin de Pontot! Bar-sur-Aube! bois de Bucey! forêt de Chaource! garenne de Belroy! *des Etangs;* bois de Messon! *Jules Ray;* bois Lorgnes, près de Fontvannes!! bois de Thouan!!

1260. MELICA UNIFLORA Retz, G. G. 3. 554. (*Mélique uniflore.*)

Mai, juillet. R. R. Dans les bois; Villenauxe! *des Etangs;* Bar-sur-Seine! *docteur Cartereau.;* garennes de Montgueux!! forêt de Rumilly-les-Vaudes!!

467. SCLEROPOA Griseb. (*Scléropoa.*)

1261. SCLEROPOA RIGIDA Griseb, G. G. 3. 556. (*Scléropoa roide.*)

Syn : *Poa rigida* L.

Mai, juillet. R. R. Rosières, le long du parc du château! *des Etangs;* dans l'allée du château des Ruez, commune de Droupt-Saint-Bâle! *P. Hariot.*

468. DACTYLIS L. (*Dactyle.*)

1262. DACTYLIS GLOMERATA L., G. G. 3. 559. (*Dactyle pelotonné.*)

Juin, septembre. C. partout.

469. MOLINIA Schrank. (*Molinie.*)

1263. MOLINIA CÆRULEA Mœnch., G. G. 3. 560. (*Molinie bleue.*)

Syn : *Melica cærulea* L.

Mai, octobre. C. Prairies et bois humides; Villechétif!! forêt d'Orient! *des Etangs;* Bar-sur-Aube! *Ant. Le Grand;* Méry! *MM. Hariot;* bois de Fouchy!! étang de Barberey-aux-Moines!! Payns!! etc.

470. DANTHONIA D. C. (*Danthonie.*)

1264. Danthonia decumbens D. C., G. G. 3. 561. (*Danthonie tombante.*)

Syn.: *Festuca decumbens* L.

Mai, juillet. A. R. Bruyères, pelouses des bois; garennes de Bailly! forêt d'Aumont! Gérosdot! plaine de Vauchonvilliers! *des Etangs*; forêt de Rumilly-les-Vaudes!! bruyères de la plaine de Foolz!!

471. CYNOSURUS L. (*Cynosure.*)

1265. Cynosurus cristatus L., G. G. 3. 562. (*Cynosure cretelle.*)

Juin, juillet. C. C. Prairies sèches, lieux herbeux, partout.

472. VULPIA (Gmel. (*Vulpie.*)

1266. Vulpia pseudomyuros Soy-Willm., G. G. 3. 564. (*V. fausse queue de rat.*)

Mai, juillet. A. C. Lieux sablonneux, bords des champs; La Villeneuve-au-Chêne! forêt de Chaource! Radonvilliers! Bailly! Amance! forêt d'Orient! forêt de Soulaines! *des Etangs*; côte de Saint-Martin, près de la station de Montiéramey!!

1267. Vulpia sciuroides Gmel., G. G. 3. 565. (*Vulpie queue d'écureuil.*)

Mai, juillet. A. C. Lieux sablonneux, bords des champs et des bois; forêt de Chaource! forêt d'Orient! Chauffour-les-Bailly! Ville-sur-Terre! prairies de Lusigny! forêt de Soulaines! Montiéramey!! La Ville-aux-Bois-les-Soulaines! Thieffrain! Valsuzenay! *des Etangs*; plaine de Foolz!!

473. FESTUCA L. (*Fétuque.*)

1268. Festuca tenuifolia Sibth., G. G. 3. 570. (*Fétuque à feuilles tenues.*)

Mai, juin. R. R. Prés et bois sablonneux; Méry, *MM. Hariot*; forêt d'Orient, sur le revers d'un fossé, aux bords de la route du Pavillon-Saint-Charles, à Vendeuvre!!

Obs. C'est à tort que M. des Etangs a placé, dans son herbier, sous le nom de *Festuca tenuifolia* Sibth., les échantillons récoltés dans la plaine d'Amance; ils appartiennent tous au *Festuca duriuscula* L.

† 1269. FESTUCA OVINA? L., G. G. 3. 570. (*Fétuque des brebis.*)

Mai, juin. Troyes, dans les Hauts-Clos, Bar-sur-Aube, Clairvaux, les Crottières, Lévigny, Voigny, Rouvres, Jessains, etc., *des Etangs*. Méry, *MM. Hariot.*

1270. FESTUCA DURIUSCULA L., G. G. 3. 572. (*Fétuque dure.*)

Mai, juillet. C. C. Lieux secs, coteaux arides, pierreux, vieux murs, etc., partout.

V. c. *glauca* Koch. Villechétif! Argentolles! Pontot! bois de Massey! Villeloup! Luyères! etc., *des Etangs.*

V. d. *alpestris* Godron. Montsuzain !!

1271. FESTUCA RUBRA L., G. G. 3. 574. (*Fétuque rouge.*)

Mai, juin. C. Prairies, bords des bois; bords du canal, à Troyes, *Corrard de Breban;* Ruvigny! Pont-Barse! Ville-sur-Terre! Bar-sur-Aube! Soulaines! prairies du Vannage, aux Riceys! Amance! Fuligny! garennes de Villechétif !! *des Etangs;* Châtres! *Jules Benoit;* Montreuil!! Isle-Aumont!! etc.

V. b. *pubescens* Godron. Terrains sablonneux de Montreuil !!

1272. FESTUCA HETEROPHYLLA Lamk., G. G. 3. 575. (*Fétuque hétérophylle.*)

Syn : *Festuca duriuscula* L.

Juin, août. A. C. Bois, lieux humides; le long du canal, à Troyes, *Corrard de Breban;* Eclance! Fuligny! bois de Thouan! forêt de Chaource! bois de Bucey! Gérosdot! bois au-dessus de la forge de Clairvaux! *des Etangs;* parc de Saint-Aventin!! bois de Laperrière !! etc.

1273. FESTUCA ARUNDINACEA Schreb., G. G. 3. 580. (*Fétuque roseau.*)

Juin, juillet. A. C. Prairies humides, bords des eaux; Bar-sur-Aube! Ruvigny! bois de Fouchy! bords de l'étang de Barberey-aux-Moines! Villechétif! prairies du Vannage, aux Riceys! *des Etangs;* Méry! Châtres! *MM. Hariot;* terrains humides de Montier-la-Celle!! marais de Pont-sur-Seine!! etc.

1274. FESTUCA PRATENSIS Huds., G. G. 3. 581. (*Fétuque des prés.*)

Syn : *Festuca elatior* L.

Mai, juillet. C. Dans les prairies ; Troyes !! Bar-sur-Aube ! Saint-Lyé ! Sainte-Maure ! Villechétif ! Saint-André !! plaine de Foolz ! Barberey-aux-Moines ! *des Etangs ;* Méry ! Châtres ! *MM. Hariot ;* Montier-la-Celle !! prairies de Saint-Parres-les-Tertres !! etc.

1275. FESTUCA GIGANTEA Vill., G. G. 3. 582. (*Fétuque élancée.*)

Syn : *Bromus giganteus* L.

Juin, août. A. C. Bois ombragés et humides ; forêt d'Orient ! forêt de Chaource ! Bar-sur-Aube ! Les Gayettes, à Troyes !! *des Etangs ;* Méry ! Châtres ! *J. Benoit ;* bois de Saint-André et de Montier-la-Celle, où il est commun !! parc de Villemereuil !! etc.

474. BROMUS L. (*Brome.*)

1276. BROMUS TECTORUM L., G. G. 3. 582. (*Brome des toits.*)

Mai, juin. A. C. Lieux sablonneux, murs, toits ; Saint-Martin, à Troyes ! *des Etangs ;* Méry ! *MM. Hariot ;* sur les murs, à Saint-Mesmin !! à Fouchères !! etc.

1277. BROMUS STERILIS L., G. G. 3. 583. (*Brome stérile.*)

Mai, septembre. C. C. Haies, bords des murs, décombres, champs, etc., partout.

1278. BROMUS ASPER L., G. G. 3. 586. (*Brome âpre.*)

Juin, août. A. R. Dans les bois ; Clairvaux ! Riceys ! *des Etangs ;* jeunes taillis, à Châtres ! *Jules Benoit ;* Thouan !! Villemereuil !! Saint-André !! etc.

1279. BROMUS ERECTUS Huds., G. G. 3. 586. (*Brome droit.*)

Mai, juin et en automne. C. C. Prés secs, coteaux, bords des champs et des chemins, partout.

475. SERRAFALCUS Parlat. (*Serrafalcus.*)

1280. SERRAFALCUS SECALINUS Godr., G. G. 3. 588. (*Serrafalcus seigle.*)

Syn : *Bromus secalinus* L.

Mai, juillet. R. Champs parmi les moissons ; champs du château de Montchevreuil, forêt de Chaource ! Villenauxe ! *des Etangs* ; Méry ! *MM. Hariot ;* plaine de Foolz !!

1281. SERRAFALCUS ARVENSIS Godr., G. G. 3. 588. (*Serrafalcus des champs.*)

Syn : *Bromus arvensis* L.

Juin, juillet. R. Lieux cultivés, prairies ; Bar-sur-Aube ! rue de la Planche-Clément, à Troyes ! champs de Saint-Martin ! *des Etangs*; Méry ! *MM. Hariot ;* sur la voie ferrée, à Troyes !! champs de Maisons-Blanches, près de Villebertin !!

1282. SERRAFALCUS COMMUTATUS Godr., G. G. 3. 589. (*Serrafalcus confondu.*)

Mai, juillet. C. Moissons, prairies ; Bar-sur-Aube ! Engente ! Saint-Parres-les-Tertres !! Belley ! Villechétif !! La Saulsotte ! Troyes ! etc., *des Etangs ;* Méry ! *MM. Hariot;* Saint-Parres-les-Vaudes !! etc.

1283. SERRAFALCUS MOLLIS Parlat., G. G. 3. 590. (*Serrafalcus mou.*)

Syn : *Bromus mollis* L.

Mai, juin. C. Prairies, bords des chemins, partout.

1284. SERRAFALCUS SQUARROSUS Bab., G. G. 3. 592. (*Serrafalcus rude.*)

Syn : *Bromus squarrosus* L.

Mai, juin. R. R. Baroville ! Rumilly-les-Vaudes ! *des Etangs.*

476. HORDEUM L. (*Orge.*)

1285. HORDEUM VULGARE L., G. G. 3. 594. (*Orge commun.*)

Mai, août. Cultivé et souvent subspontané.

1286. HORDEUM DISTICHUM L., G. G. 3. 594. (*Orge distique.*)

Juin, juillet. Cultivé et subspontané.

1287. HORDEUM MURINUM L., G. G. 3. 594. (*Orge queue de rat.*

Mai, août. C. Le long des murs, bords des chemins, décombres, partout.

1288. Hordeum segalinum Schreb., G. G. 3. 595. (*Orge faux-seigle*)

Juin, juillet. C. Dans les prés, partout.

477. ELYMUS L. (*Elyme.*)

1289. Elymus europæus L., G. G. 3. 597. (*Elyme d'Europe.*)

Mai, août. R. R. Bois montueux; forêt de Clairvaux ! bois de Voigny ! *des Etangs.*

478. SECALE L. (*Seigle.*)

1290. Secale cereale L., G. G. 3. 598. (*Seigle cultivé.*)

Mai, juillet. Cultivé et subspontané.

479. TRITICUM Pal. Beauv. (*Froment.*)

1291. Triticum vulgare Vill., G. G. 3. 599. (*Froment commun.*)

Juin, juillet. Cultivé partout et quelquefois subspontané.

480. AGROPYRUM P. Beauv. (*Agropyre.*)

1292. Agropyrum repens P. Beauv., G. G. 3. 608. (*Agropyre rampant.*)

Syn : *Triticum repens* L.

Juin, septembre. C. Champs, lieux cultivés, bords des chemins, prairies; prairies de Saint-Parres-les-Tertres ! bois de Landourau, près des Riceys ! champs de la Ville-Neuve-aux-Chênes ! *des Etangs;* Méry ! *MM. Hariot;* talus du chemin de fer, à Troyes !! etc.

1293. Agropyrum caninum Rœm., G. G. 3. 609. (*Agropyre de chien.*)

Syn : *Elymus caninus* L.

Juin, août. C. Bois, buissons, lieux couverts; bois du Val-Perdu, à Bar-sur-Aube ! la Ville-aux-Bois, près d'Amance ! Proverville ! bois de Bert, sur les bords de la Barse ! chaussée des Tauxelles; *des Etangs;* Méry ! *MM. Hariot;* bois de Fouchy !! etc.

481. BRACHYPODIUM P. Beauv. (*Brachypode.*)

1294. Brachypodium sylvaticum Rœm. et Schultz, G G. 3. 610. (*B. des bois.*)

Juillet, septembre. A. C. Bois, haies, lieux couverts ; Bar-sur-Aube ! forêt de Chaource ! Riceys-Bas ! parc de Charmont ! *des Etangs* ; Méry ! *MM. Hariot ;* bois de Fouchy !! etc.

1295. Brachypodium pinnatum P. Beauv., G. G. 3. 610. (*Brachypode pinné.*)

Syn : *Bromus pinnatus* L.

Juin, septembre. C. Haies, buissons, lieux pierreux ; Bar-sur-Aube ! Pont-Barse ! Landourau ! carrières de Sainte-Maure ! *des Etangs ;* Méry ! *MM. Hariot ;* bois de Fouchy !! environs des marais de Villechétif !! Verrières !! etc.

482. LOLIUM L. (*Ivraie.*)

1296. Lolium perenne L., G. G. 3. 612. (*Ivraie vivace.*)
Juin, octobre. C. C. Prairies, bords des chemins, champs, partout.

V. b. *tenue* Schrad. Les Croûtes, près d'Ervy ! les Tauxelles ! *des Etangs.*

V. c. *cristatum.* Méry ! *MM. Hariot ;* mail de la Tannerie, à Troyes !! etc.

1297. Lolium italicum Braun., G. G. 3. 612. (*Ivraie d'Italie.*)

Juin, octobre. R. R. Prairies artificielles, gazons ; Méry ! *MM. Hariot.*

1298. Lolium multiflorum Lamk., G. G. 3. 613 (*Ivraie multiflore.*)

Mai, septembre. R. R. Eclance, dans un fossé, près du château ! jardin de Notre-Dame, près de Troyes ! Belroy ! *des Etangs ;* Méry ! *MM. Hariot.*

1299. Lolium strictum Presl., G. G. 3. 613. (*Ivraie roide.*)
Mai, juillet. R. R. Champs, près de Messon !!

1300. Lolium linicola Sond., G. G. 3. 614. (*Ivraie du lin.*)

Juin, juillet. R. R. Eclance, dans un champ de lin! *des Etangs.*

1301. Lolium temulentum L., G. G. 3. 614. (*Ivraie enivrante.*)

Juin, juillet. A. C. Champs, parmi les moissons; Villenauxe! Mesnil-Sellières! Montgueux! la Chapelle-Saint-Luc! Lusigny! Bar-sur-Aube, côte Sainte-Germaine! *des Etangs*; Méry! Châtres! *Jules Benoit*; voie ferrée, près de la gare, à Troyes!! moissons, près de Messon!! etc.

V. b. *leptochæton.* Champs de Pont-Barse! Saint-Julien! *des Etangs*; aux Amances de Méry! *P. Hariot;* champs de Messon!!

483. NARDURUS Reichb. (*Nardure.*)

1302. Nardurus tenellus Reichb. G. G. 3. 616 (*Nardure tenu.*)

V. b. *aristatus* Parl. Mai, juillet. A. C. Champs, lieux arides; Pont-sur-Seine!! la Grange-aux-Rez! la Grange-l'Evêque! Dienville! Bar-sur-Aube! Jessains! *des Etangs*; Méry! Vallant! Châtres! *Jules Benoit;* Droupt-Saint-Basle!! *P. Hariot.*

484. NARDUS L. (*Nard.*)

1303. Nardus stricta L., G. G. 3. 620. (*Nard roide.*)
Mai, juin. R. R. Plaine de Foolz!! *Ant. Le Grand.*

EMBRANCHEMENT 3

ENDOGÈNES CRYPTOGAMES

OU

ACOTYLÉDONÉES VASCULAIRES

« Plantes dépourvues d'étamines, de pistils et mêmes d'ovules,
» se reproduisant par des spores ou embryons simples, homogènes
» et non formées de parties distinctes, recouverts d'un tégument,
» mais libres et n'adhérant pas par un funicule aux parois des
» réceptacles (sporanges) qui les renferment. Axe et organes

» appendiculaires croissant par l'extrémité seule, sans addition de » parties nouvelles à la base, et constitués par du tissu cellulaire » et des vaisseaux. » *Flore de France,* page 623.

FILICINÉES

« Sporanges dépourvues de coiffe membraneuse et tubuleuse, » portés sur les frondes développées ou avortées, sur les tiges ou » sur les rhizomes. Organes mâles de structure variée ou d'exis- » tense problématique. Tiges ou rhizomes feuillés ou aphylles. » *Flore de France,* p. 623.

CXI. FOUGÈRES

485. OPHIOGLOSSUM L. (*Ophioglosse.*)

1304. OPHIOGLOSSUM VULGATUM L., G. G. 3. 625. (*Ophioglosse commune.*)

Mai, juin. R. Prairies et taillis humides; bois de Vaux, près de Fouchères! Proverville! dans les fossés et dans les plantations des Rigolles, à Ailleville! *des Etangs;* Chevillèle, dans un bois d'aulnes! *Corrard de Breban;* bois de Fouchy, près du dépôt de vidanges!! l'*abbé d'Antessanty.*

486. CETERACH Bauh. *Cétérach.*)

1305. CETERACH OFFICINARUM Willd., G. G. 3. 626. (*Cétérach officinal.*)

Syn : *Asplenium ceterach* L.

Mai, octobre. R. R. Vieilles murailles, ruines, rochers humides; Bar-sur-Aube, sur les murs des fossés du tour de ville, près de la rue Neuve! *des Etangs.* Sous un pont de pierres, à Pont-sur-Seine! *MM. Charles Baltet* et *Hariot père.*

487. POLYPODIUM L. (*Polypode.*)

1306. POLYPODIUM VULGARE L., G. G. 3. 627. (*Polypode commun.*)

Toute l'année. A. C. Bois, vieux murs, troncs d'arbres; Trannes! forêt de Clairvaux, Fuligny, à la porte d'entrée du château!

des Etangs ; Méry ! Châtres ! Saint-Oulph ! Plancy ! *MM. Hariot;* sur les vieilles souches de saule, dans les prairies de Saint-Parres-les-Tertres !! sur les blocs de grès, dans le bois de Pont-sur-Seine !! etc.

1307. Polypodium dryopteris L., G. G. 3. 628. (*Polypode dryoptère.*)

V. b. *calcareum.* Vieux murs, rochers calcaires.

Juin, septembre. R. R. Bayel, sur le coteau, en face de la Taillerie ! Couvignon, sur les murs de l'abreuvoir, dans le village ! *des Etangs;* sur les murs d'une rigole, à côté du pont jeté sur la Seine pour le passage du chemin de fer, près de la station de Fouchères !!

488. ASPIDIUM R. Br. (*Aspidion.*)

1308. Aspidium aculeatum Dœll., G. G. 3. 630. (*Aspidion à aiguillons.*)

Syn : *Polypodium aculeatum* L.

Juin, septembre. R. R. Bois humides, intérieurs des puits ; bois du Moulin des Roches, près de Villenauxe ! *Ant. Le Grand;* dans un puits du parc, à Arcis-sur-Aube, *l'abbé d'Antessanty.*

489. POLYSTICHUM Roth. (*Polystich.*)

1309. Polystichum thelypteris Roth, G. G. 3. 630. (*P. thélyptère.*)

Syn : *Polypodium thelypteris* L.

Juin, septembre. R. R. Lieux tourbeux ou marécageux ! moulin de la Rue, à Villenauxe ! Bréviandes ! Villechétif ! *des Etangs.*

1310. Polystichum filix-mas Roth, G. G. 3. 631 (*P. fougère mâle.*)

Syn : *Polypodium filix-mas* L.

Juin, octobre. C. Buissons, haies, bois ; Gérosdot ! Trannes ! forêt de Larrivour ! forêt de Rumilly-les-Vaudes !! *des Etangs ;* bois de Lusigny !! garennes de Villechétif !! etc.

1311. Polystichum spinulosum D. C., G. G. 3. 632. (*Polystich spinelleux.*)

Juin, septembre. A. C. Bois humides, lieux ombragés ; forêt d'Orient ! Gérosdot ! forêt de Larrivour ! forêt de Soulaines ! au-dessous de l'étang de l'Arclais, près de Vendeuvre! garennes de Villechétif!! *des Etangs;* Droupt-Sainte-Marie!! *P. Hariot;* bois de Lusigny!!

490. CYSTOPTERIS Bernhard. (*Cystoptère.*)

1312. CYSTOPTERIS FRAGILIS Bernh., G. G. 3. 633. (*Cystoptère fragile.*)

Syn : *Polypodium fragile* L.

Juin, septembre. R. R. Bar-sur-Aube, rue de la Grande-Courterie, à l'entrée de la cave de M. Lorey! *des Etangs.*

491. ASPLENIUM L. (*Doradille.*)

1313. ASPLENIUM FELIX-FEMINA Bernh., G. G. 3. 635. (*Doradille fougère femelle.*)

Syn : *Polypodium felix-femina* L.

Eté. R. R. Garennes de Villechétif!! étang du Reculot, près de Vendeuvre! forêt d'Orient, aux environs de la Loge-aux-Chèvres! *des Etangs.*

1314. ASPLENIUM TRICHOMANES L., G. G. 3. 636. (*Doradille polytrich.*)

Mai, septembre. A. C. Murs et rochers ombragés; fossés du château d'Ailleville! Fuligny, sur les parois d'un rocher de grès! sur les rochers, près de la ferme de La Roche, aux Riceys! *des Etangs;* Châtres, dans le puits du presbytère! *MM. Hariot;* Bar-sur-Aube, sur les murs du tour de ville!! Fouchères!! etc.

1315. ASPLENIUM RUTA-MURARIA L., G. G. 3. 637. (*Doradille Rue des murailles.*)

Tout l'été. A. C. Vieux murs, rochers; Riceys-Haut, dans les anfractuosités d'un rocher! sur les murs d'un jardin, à Rumilly-les-Vaudes! *des Etangs;* murs du tour de ville, à Bar-sur-Aube!! murs du pont de Fouchères!! murs du jardin de la préfecture, à Troyes!! etc.

1316. ASPLENIUM ADIANTHUM-NIGRUM L., G. G. 3. 638. (*D. capillaire noir.*)

Mai, septembre. R. R. Bois du Moulin-des-Roches, près de Villenauxe, sur les blocs de pierres meulières! *Ant. Le Grand.*

492. SCOLOPENDRIUM Smith. (*Scolopendre.*)

1317. Scolopendrium officinale Sm., G. G. 3. 638. (*Scolopendre officinale.*)

Mai, septembre. A. C. Murs humides, puits; dans les puits, à Châtres! Etrelles! Grandes-Chapelles! *MM. Hariot*; dans un puits, à Montsuzain!! sur les talus du chemin de fer, à hauteur du faubourg Croncels, à Troyes!! etc.

493. PTERIS L. (*Ptéride.*)

1318. Pteris aquilina L., G. G. 3. 639. (*Ptéride aquiline.*)

Juillet, octobre. C. Dans les lieux sablonneux; Eclance! bois entre Bar-sur-Aube et Couvignon! bois de Bayel! *des Etangs*; bois de Lusigny!! de Montreuil!! pleine de Foolz!! etc.

CXII. EQUISÉTACÉES

494. EQUISETUM L. (*Prêle.*)

1319. Equisetum arvense L., G. G. 3. 644. (*Prêle des champs.*)

Mars, avril. C. C. Champs humides, terrains argileux et sablonneux, partout.

1320. Equisetum telmateya Ehrh., G. G. 3. 643. (*Prêle des marécages.*)

Mars, avril. R. Bords des ruisseaux, lieux humides, etc.; Brienne-la-Vieille! bords de l'Aube, de Brienne-Napoléon à Dienville et au-delà! bords du canal, entre la Loge-aux-Chèvres et le Pavillon-Saint-Charles! chaussée de la Chapelle, dans la forêt d'Orient! Unienville, au bord du bois! *des Etangs.*

1321. Equisetum sylvaticum L. G. G. 3. 643. (*Prêle des bois.*)

Avril, juin. R. R. Etang de Longsol, dans la forêt d'Aumont! *des Etangs.*

1322. Equisetum palustre L., G. G. 3. 644. (*Prêle des marais.*)

Mai, août. A. C. Marais et lieux humides; Bar-sur-Aube, près Mataux! Arsonval! chaussée de Fouchy à Troyes! garenne de

Belroy! *des Etangs;* Méry! *MM. Hariot;* marais de Villechétif!! etc.

1323. Equisetum limosum L., G. G. 3. 644. (*Prêle des bourbiers.*)

Mai, juin. C. Marais, lieux fangeux; marais de Villechétif!! étang de la Morge-du-Mesnil! Troyes!! *des Etangs;* Méry! *MM. Hariot;* mares de la plaine de Foolz!! etc.

V. b. *ramosum.* Marais de Villechétif!! parc de Saint-Aventin!! etc.

1324. Equisetum hyemale L., G. G. 3. 644. (*Prêle d'hiver.*)

Mars, mai. R. R. Lieux humides, fangeux; sur les bords du ru qui traverse la grande ligne qui conduit du Mesnil-Saint-Père à Radonvilliers, dans la forêt d'Orient, et va se jeter dans l'étang de la Morge-des-Champs! Bords du canal, près de la Loge-aux-Chèvres! se trouve encore sur les bords d'un ruisseau qui traverse la ligne de Radonvilliers, près de la route de Piney et du Pavillon-Saint-Charles! *des Etangs.*

1325. Equisetum ramosum Schleich, G. G. 3. 645. (*Prêle rameuse.*)

Mars, septembre. R. R. Clérey, rive gauche de la Seine, dans les grèves des reculées ou saussaies, aux Miots! *Clément-Mullet.*

CXIII. LYCOPODIACÉES

495. LYCOPODIUM L. *Lycopode.*)

1326. Lycopodium clavatum L. G. G. 3. 655. (*Lycopode en massue.*)

Juillet, octobre. R. R. Bois des environs de Vauchassis! bois de Pralins, près de Chaource! *des Etangs.*

CXIV. CHARACÉES [1]

496. NITELLA Agardh. (*Nitelle.*)

1327. Nitell atenuissima Kutz., Boreau, n° 2873. (*Nitelle menue.*)

---

[1] Cette famille est classée d'après la *Flore du centre de la France,* par Boreau, 1857.

Juin, août. R. R. Marais de Villechétif! *des Etangs.*

1328. Nitella gracilis Ag., Boreau, n° 2874. (*Nitelle grêle.*)

Juin, août. R. R. Etang de Barberey-aux-Moines!!

1329. Nitella flabellata Kutz., Boreau, n° 2875. (*Nitelle en éventail.*)

Juin, septembre. R. R. Les Croutes, près d'Ervy! *Clément-Mullet.*

1330. Nitella traslucens Ag., Boreau, n° 2878. (*Nitelle translucide.*)

Juin, septembre. R. R. Etang du Baudet, entre Gérosdot et Lusigny! *des Etangs.*

1331. Nitella syncarpa Kutz., Boreau, n° 2880. (*Nitelle à fruits agrégés.*)

Mai, juillet. A. R. Etang desséché de la Morge-du-Mesnil! fossés qui entourent l'étang de Fontaine, près Villenauxe! étang du Baudet, entre Gérosdot et Lusigny! fossés de la Trinité-Saint-Jacques, à Troyes! *des Etangs;* Méry! *P. Hariot.*

1332. Nitella opaca Agardh., Cosson et Germain, p. 895. (*Nitelle opaque.*)

Mai, juillet. R. Nogent-sur-Seine, dans les Noues! étang d'Eclance! mares de la plaine de Foolz! *des Etangs;* Méry! *MM. Hariot.*

1333. Nitella glomerata Kutz., Boreau, n° 2882. (*Nitelle agglomérée.*)

Avril, juin. R. Mares, sur la route de Droupt-Sainte-Marie à Vallant-Saint-Georges! Méry! *P. Hariot.*

1334. Nitella intricata A. Br., Boreau, n° 2883. (*Nitelle entrelacée.*)

Mars, juin. R. R. Méry-sur-Seine! *MM. Hariot.*

497. CHARA Vaill. (*Charagne.*)

1335. Chara foetida A. Br., Boreau, n° 2886. (*Charagne fétide.*)

Juin, septembre. C. C. Eaux paisibles; prairies du Vannage,

aux Riceys! Nogent-sur-Seine! marais de Villechétif! mares de la plaine de Foolz!! etc., *des Etangs;* Méry! *MM. Hariot;* La Vacherie!! etc.

1336. CHARA LONGIBRACTEATA Wallm., Boreau, nº 2887. (*Ch. à longues bractées.*)

Juin, septembre. C. Ailleville! Foicy!, *des Etangs;* Méry! *MM. Hariot;* marais de Villechétif!! mares, près de Barberey-aux-Moines!! etc.

1337. CHARA HISPIDA Smith, Boreau, nº 2888. (*Charagne hispide.*)

Eté. A. C. Clairvaux! marais de Villechétif!! *des Etangs;* Méry! *MM. Hariot;* canal de la Haute-Seine, à Pont-sur-Seine!! etc.

1338. CHARA FRAGILIS Desv., Boreau, nº 2891. (*Charagne fragile.*)

Juillet, septembre. A. R. Réservoir des bains Meuzy, à Troyes! Brienne-Napoléon! marais de Villechétif!! *des Etangs;* Méry! *MM. Hariot;* marais de Bréviandes!! marais de Payns!! etc.

1339. CHARA CRASSICAULIS Schleich., Flore de Normandie, page 405. (*Ch. à tiges épaisses.*)

R. R. Clairvaux, au Val-Saint-Bernard! *des Etangs.*

CXV. MOUSSES [1]

498. HYPNUM L. (*Hypne.*)

1340. HYPNUM TRIQUETRUM L., Boulay, p. 179. (*Hypne triangulaire.*)

Syn : *Hylocomium triquetrum Bryol. europæa.*

Maturité : février, mars. C. C. Bois de Bayel! *des Etangs;* Bar-sur-Seine! *docteur Cartereau;* bois de Thouan!! etc., fertile.

1341. HYPNUM LOREUM L., Boulay. 180. (*Hypne courroie.*)

Syn : *Hylocomium loreum Bryol. europæa.*

Maturité : mars, avril. Nous l'avons trouvé une seule fois, à l'état stérile, au bois de Fouchy!!

---

[1] Les mousses sont classées d'après la *Flore cryptogamique de l'Est,* par l'abbé Boulay, 1872.

1342. HYPNUM BREVIROSTRUM Ehrh., Boulay. 182. (*Hypne à bec court.*)

Syn : *Hylocomium brevirostrum Bryol. europæa.*

Mat. : hiver et printemps. C. Bois de Bayel ! forêt de Larrivour ! bois de Vauchassis; *des Etangs ;* Bar-sur-Seine ! *docteur Cartereau ;* bois de Champigny, commune de Laubressel !! bois de Pont-sur-Seine !! bois de Macey !! etc., fertile.

1343. HYPNUM SALEBROSUM Hoffm. Boulay. 187. (*Hypne des fanges.*)

Syn : *Brachythecium salebrosum Bryol. europæa.*

Mat. : pendant l'hiver. A. C. Parc du château des Cours, près de Troyes ! *des Etangs ;* bois de Fouchy !! talus du chemin de fer de l'Est, près de Saint-Bernard, à Troyes !! Montiéramey !! etc., fertile.

1344. HYPNUM GLAREOSUM Bruch, Boulay, page 189.

Syn : *Brachythecium glareosum Bryol. europæa.*

Mat. : en hiver. R. R. Nous ne l'avons rencontré qu'une seule fois, immédiatement au-dessous du moulin de Villebertin, entre la rivière de l'Hozain et le mur de la ferme !! stérile.

1345. HYPNUM ALBICANS Neck., Boulay. 190. (*Hypne blanchâtre.*)

Syn : *Brachythecium albicans Bryol. europæa.*

Mat. : février, mars. R. Sur les toits de paille au faubourg Sainte-Savine, à Troyes ! *des Etangs;* sur la terre, à Montiéramey !! stérile.

1346. HYPNUM ALOPECURUM L., Boulay. 192. (*Hypne queue de renard.*)

Syn : *Thamnium alopecurum Bryol. europ.*

Mat. : pendant l'hiver. A. R. Bar-sur-Seine ! *docteur Cartereau ;* parc du château de Villebertin !! commun au bois de Fouchy !! fertile.

1347. HYPNUM RUSCIFORME Weis., Boulay. 193. (*Hypne fragon.*)

Syn : *Rhynchostegium rusciforme Bryol. europ.*

Mat. : septembre, novembre. A. C. Bar-sur-Seine ! *docteur Cartereau ;* sur les parois d'un puits, à Mesgrigny !! Fontvannes, sur les parois d'un mur de captation des sources de la Vannes !! sur les parois des murs du moulin de Lusigny !! etc., fertile.

1348. Hypnum myosuroides L., Boulay. 196. (*Hypne queue de rat.*)

Syn : *Eurhynchium myosuroides* Schimp., *Isothecium myosuroides* Brid.

Mat. : fin de l'automne et en hiver. R. R. Signalé une seule fois sur les blocs de grès, au bois de Pont-sur-Seine !! stérile.

1349. Hypnum strigosum Hoffm., Boulay. 197. (*Hypne élancé.*)

Syn : *Eurhynchium strigosum Bryol. europ.*

Mat. : automne. R. R. Sur un tronc de saule, à Fouchères, au-dessous du pont du chemin de fer, près de la Seine !! fertile.

1350. Hypnum striatum Schreb., Boulay. 199. (*Hypne strié.*)

Syn : *Eurhynchium striatum Bryol. europ.*

Mat. : novembre, décembre. C. Bar-sur-Seine ! *docteur Cartereau ;* bois de Fouchy !! forêt de Rumilly !! forêt d'Orient !! etc., fertile.

1351. Hypnum splendens Hedw., Boulay. 205. (*Hypne splendide.*)

Syn : *Ylocomium splendens Bryol. europ.*

Mat. : Mai. C. C. Bois de Bailly !! bois de Macey !! de Fontvannes !! etc., fertile.

1352. Hypnum populeum Hedw., Boulay. 210. (*Hypne des peupliers.*)

Syn : *Brachythecium populeum Bryol. europ.*

Mat. : hiver. R. R. Au pied d'un arbre, au Pré-Dillon !! au pied d'un arbre dans le parc de Villebertin !! stérile.

1353. Hypnum velutinum L., Boulay. 211. (*Hypne velouté.*)

Syn : *Brachythecium velutinum. Bryol. europ.*

Mat. : février, mars. C. Au pied des arbres ; plaine de Foolz !! Fouchères !! bois de Pont-sur-Seine !! de Lusigny !! Jessains !! etc., fertile.

1354. Hypnum lutescens Huds., Boulay. 213. (*Hypne jaunâtre.*)

Syn : *Camptothecium lutescens Bryol. europ.*

Mat. : février, mars. C. C. Sur la terre, dans les haies, sur les pierres; bois de Fouchy!! dans les haies, aux Marots!! bois de Thouan!! etc., fertile.

1355. HYPNUM RUTABULUM L., Boulay. 216. (*Hypne fourgon.*)

Syn : *Brachythecium rutabulum Bryol. europ.*

Mat. : hiver et printemps. C. C. Sur la terre, les pierres, les racines d'arbres; bois de Fouchy!! bois de Thouan!! plaine de Foolz!! etc., partout; fertile.

1356. HYPNUM PILIFERUM Schreb., Boulay. 226. (*Hypne pilifère.*)

Syn : *Eurhynchium piliferum. Bryol. europ.*

Mat. : hiver. A. R. Sur la terre, au bois de Fouchy!! sur un toit de chaume, à Bréviandes!! sur la terre, dans le parc du château de Villebertin!! au Pré-Dillon!! stérile.

1357. HYPNUM PRÆLONGUM L., Boulay. 228. (*Hypne allongé.*)

Syn : *Eurhynchium prœlongum. Bryol. europ.*

Mat. : février, mars. C. C. Se rencontre abondamment partout. Trouvé fertile au bois de Fouchy!! Dans le parc du château de Villebertin!! etc.

1358. HYPNUM STOKESII Turn., Boulay. 232. *Hypne de Stoke.*)

Syn : *Eurhynchium Stokesii Bryol. europ.*

Mat. : Mars. C. Sur la terre; dans la forêt d'Othe! *M. Lucien Le Brun;* fertile. Bois de Lusigny!! forêt de Rumilly!! talus du chemin de fer, près de la gare, à Troyes!! stérile; etc.

1359. HYPNUM CUSPIDATUM L., Boulay, 234. (*Hypne cuspidé.*)

Mat. : mai, juin. C. C. Dans les prairies humides, les lieux marécageux; Villechétif!! Bréviandes!! etc., fertile.

1360. HYPNUM CORDIFOLIUM Hedw., Boulay. 236. (*Hypne à feuilles cordées.*)

Mat. : Juin. R. R. Signalée une seule fois, sur les bords d'un filet d'eau qui traverse la grande ligne de la forêt d'Orient, près du Mesnil-Saint-Père !! stérile.

1361. Hypnum purum L., Boulay 237. (*Hypne pur.*)

Mat. : mars, avril. C. C. Dans les bois, dans les haies des lieux légèrement frais ; bois de Bailly !! bois de la plaine de Foolz !! etc., fertile.

1362. Hypnum Schreberi Willd., Boulay. 239. (*Hypne de Schreber.*)

Mat. : novembre, décembre. Dans les bois, sur tous les terrains; Pont-sur-Seine !! garennes de Villechétif !! fertile; Rumilly-les-Vaudes !! etc., stérile.

1363. Hypnum rugosum Ehrh., Boulay, 242. (*Hypne rugueux.*)

Mat. : été. A. C. Bords du bois de Macey !! garennes de Villechétif !! etc., stérile.

1364. Hypnum filicinum L., Boulay 246. (*Hypne fougère.*)

Mat. : mai. C. Sur les pierres, la terre argileuse humide, sur les bois pourris, près de l'eau, etc. ; dans une carrière de sable inondée par une eau courante, près de Clérey !! sur la terre argileuse, dans un fossé de la plaine de Foolz !! forêt de Rumilly !! sur les pierres du talus du chemin de fer, au faubourg Croncels !! etc., stérile.

Les formes de cette plante sont extrêmement variables, en raison des conditions du support plus sec ou plus humide, plus ombragé ou exposé au soleil.

1365. Hypnum intermedium Lindb., Boulay. 252. (*Hypne intermédiaire.*)

Syn : *Hypnum Cossoni* Schimp.

Mat. : été. R. Dans les prairies marécageuses ; Villechétif !! Bréviandes !! stérile.

1366. Hypnum fluitans L., Boulay. 253. (*Hypne flottant.*)

Mat. : été. R. Dans les fossés inondés et dans les marais ; sur un tronc pourri, aux bords du ruisseau de la Vienne, à Troyes !! fertile. Marais de Pont-sur-Seine !! marais de Payns !! étang de Barberey-aux-Moines !! stérile.

1367. HYPNUM MOLLUSCUM Hedw., Boulay. 259. (*Hypne mollasse.*)

Mat. : hiver. C. Se rencontre sur tous les terrains ; mais il est abondant sur les roches du calcaire jurassique, à Gyé-sur-Seine !! stérile. Nous l'avons rencontré au bois de Fouchy !! dans les garennes de Villechétif !! etc., fertile dans cette dernière localité.

1368. HYPNUM CUPRESSIFORME L., Boulay. 261. (*Hypne cyprès.*)

Mat. : printemps. C. C. Sur la terre, les pierres, les toits de chaume, les troncs d'arbres, etc. ; partout ; fertile. Nous n'avons pas distingué les différentes formes ou variétés de cette espèce essentiellement polymorphe.

1369. HYPNUM ARCUATUM Lindb., Boulay, page 269.

Syn : *Hypnum pratense* v. b. *hamatum* Schimper.

Mat. : été. R. R. Prairies humides et argileuses, bords des fossés ; plaine de Foolz !! stérile.

1370. HYPNUM SCORPIOIDES L., Boulay. 269. (*Hypne scorpion.*)

Mat. : printemps, été. R. Dans les marais ; Villechétif !! Pont-sur-Seine !! stérile.

1371. HYPNUM DENTICULATUM L., Boulay. 283. (*Hypne denticulé.*)

Syn : *Plagiothecium denticulatum Bryol. europ,*

Mat. : juillet, août. R. R. Sur la terre, les racines des arbres, dans les haies et dans les bois ; Bar-sur-Seine ! *docteur Cartereau.*

1372. HYPNUM ELODES Rob. Spruce, Boulay, page 289.

Mat. : mai, juin. R. R. Dans les marais ; Villechétif !! Bréviandes !! Payns !! fertile.

1373. HYPNUM CHRYSOPHYLLUM Brid., Boulay. 290. (*Hypne à feuilles d'or.*)

Syn : *Hypnum polymorphum Bryol. europ.*

Mat. : août, septembre. A. C. Sur la terre argilo-calcaire ; lisière du bois de Macey !! friches de Gyé-sur-Seine !! bois de Fouchy !! etc., stérile.

1374. HYPNUM SERPENS L., Boulay. 292. (*Hypne serpent.*)

Syn : *Amblystegium serpens Bryol. europ.*

Mat. : été. C. C. Sur les pierres humides, les troncs d'arbres, les bois pourrissants; etc.; Bar-sur-Seine! *docteur Cartereau;* Saint-Parres-les-Tertres!! Villechétif!! etc., etc., fertile.

1375. HYPNUM RIPARIUM L., Boulay. 296. (*Hypne des rives.*)

Syn : *Amblystegium riparium Bryol. europ.*

Mat. : été, automne. C. Bords des eaux, sur la terre, le bois mort, les parois des fontaines et des puits; dans le canal, à Méry! *P. Hariot;* bords de la Seine, à Troyes!! dans une ancienne carrière de sable inondée, à Rumilly-les-Vaudes!! etc.

1376. HYPNUM STELLATUM Schreb., Boulay. 300. (*Hypne en étoile.*)

Mat. : été. R. Marais, lieux humides au pied des arbres; marais de Villechétif!! marais de Bréviandes!! fertile.

V. b. *protensum* Schimp. Se rencontre au pied des arbres; garennes de Villechétif!! Barberey-aux-Moines!! forêt de Rumilly-les-Vaudes!! bois de Fouchy!! La variété qui paraît être plus commune que le type a toujours été trouvée à l'état stérile.

1377. HYPNUM POLYMORPHUM Hedw., Boulay. 301. (*Hypne polymorphe.*)

Syn : *Hypnum Sommerfeltii* Myr., *Bryol. europ.*

Mat. : été. R. R. Sur les troncs d'arbres; garennes de Villechétif!! bois de Fouchy!!

1378. HYPNUM TAMARISCINUM Hedw., Boulay. 307. (*Hyppe tamarix.*)

Syn : *Hypnum proliferum* et *H. parietinum* L. *Thuidium tamariscinum Bryol. europ.*

Mat. : Novembre, décembre. C. Dans les bois humides, sur tous les terrains; Bar-sur-Seine! *docteur Cartereau;* bois de Macey!! Fouchy!! bois de Thouan!! etc., fertile.

1379. HYPNUM ABIETINUM L., Boulay. 310. (*Hypne des sapins.*)

Syn : *Thuidium abietinum Bryol. europ.*

A. C. Dans les haies, les broussailles, les lieux secs et pierreux;

à l'extrémité de l'allée du château de Rosières !! bords du bois de Thouan !! allée du bois de Pont-sur-Seine !! etc., stérile.

499. LESKEA Hedw. (*Leskée.*)

1380. LESKEA ATTENUATA Hedw., Boulay. 318. (*Leskée atténuée.*)

Syn : *Anomodon attenuatus Bryol. europ.*

Mat. : automne. Signalée une seule fois, et en très-petite quantité, au pied d'un arbre, près du château de Villebertin !! stérile.

1381. LESKEA POLYCARPA Ehrh., Boulay. 322. (*Leskée polycarpe.*)

Mat. : juillet, août. C. Sur les troncs d'arbres, surtout sur les saules, dans nos prairies; dans les prairies qui bordent la Seine, à Troyes !! Fouchères !! Saint-Mesmin !! sur les troncs des cerisiers, dans les vignes, aux Marots !! etc., fertile.

1382. LESKEA SERICEA Hedw., Boulay. 323. (*Leskée soyeuse.*)

Syn : *Hypnum sericum* L. *Homalothecium sericeum Bryol. europ.*

Mat. : hiver. C. C. Sur les pierres, les murs, les troncs d'arbres; partout; Bar-sur-Seine ! *docteur Cartereau;* Fouchy !! les Trévois !! etc.

1383. LESKEA MYURA Boulay. 326. (*Leskée queue de rat.*)

Syn : *Hypnum myurum* Poll. *Isothecium myurum* Brid.

Mat, : février, mai. A. C. Sur les troncs d'arbres et quelquefois sur les pierres; Bar-sur-Seine ! *docteur Cartereau;* garennes de Villechétif ! Vauchassis ! *des Etangs*; forêt de Rumilly !! bois de Pont-sur-Seine !! etc., fertile.

1384. LESKEA POLYANTHA Hedw., Boulay. 329 (*Leskée multiflore.*)

Syn : *Pylaisia polyantha Bryol. europ.*

Mat. : août, octobre. A. C. Au pied des arbres, dans les vergers, dans les prairies, sur les troncs isolés, dans les vignes; Villemereuil !! Fouchy !! Villechétif !! prairies de Saint-Parres-les-Tertres !! sur les ceps de vigne, les troncs de noyers et les cerisiers, aux Marots !! etc., fertile.

500. HOMALIA Bruch et Schimp. (*Homalie.*)

1385. Homalia trichomanoides Bruch et Schimp. Boulay. 331. (*H. faux-politric.*)

Syn : *Hypnum trichomanoides* Schreb.. *Leskea trichomanoides* Hedw.

Mat. : octobre, novembre. A. C. Au pied des arbres, sur les pierres, dans les haies, dans les bois, etc. ; Bar-sur-Seine ! *docteur Cartereau ;* bois de Vauchassis ! *des Etangs ;* bois de Fouchy !! garennes de Villechétif !! etc., fertile.

501. CLIMACIUM Web. et Mohr. (*Climacie.*)

1386. Climacium dendroides Web. et Mohr., Boulay. 333. (*C. en arbre.*)

Syn : *Leskea dendroides* Hedw.

Mat. : hiver. R. R. Nous ne l'avons signalé qu'une seule fois, au pied d'un arbre, dans un bois et sur un terrain argileux, près de la station de Montiéramey !! stérile.

502. NECKERA Hedw. (*Neckère.*)

1387. Neckera crispa Hedw., Boulay. 338. (*Neckère crispée.*)

Syn : *Hypnum crispum* L.

Mat. : printemps. R. R. Sur les troncs d'arbres et les rochers ombragés ; Bar-sur-Seine ! *docteur Cartereau ;* fertile.

1388. Neckera complanata Bruch et Schimp. Boulay. 340. (*N. aplatie.*)

Syn : *Leskea complanata* Hedw.

Mat. : avril, mai. R. Sur les troncs d'arbres, dans les bois, dans les haies, sur les pierres ; dans une haie, près du château de Rosières !! sur le tronc des gros hêtres, dans les garennes de Villechétif !! sur les blocs de grès, dans le bois de Pont-sur-Seine !! sur les troncs d'arbres, au bois de Fouchy !! stérile.

503. ANOMODON Hook. et Taylor. (*Anomodon.*)

1389. Anomodon viticulosus Hook. et Tayl. Boulay. 345. (*A. sarmenteux.*)

Syn : *Hypnum viticulosum* L. *Neckera viticulosa* Hedw.

Mat. : janvier, février. C. C. Sur les troncs d'arbres, dans les bois, dans les haies, sur les pierres, sur la terre; Bar-sur-Seine! *docteur Cartereau;* bois de Fouchy!! etc., fertile.

504. ANTITRICHIA Brid. (*Antitric.*)

1390. ANTITRICHIA CURTIPENDULA Brid. Boulay. 346. (*Antitric court-pendu.*)

Syn : *Neckera curtipendula* Hedw.

Mat. : avril, mai. R. R. Nous ne l'avons encore rencontré qu'une seule fois, sur les blocs de grès, au bois de Pont-sur-Seine!! stérile.

505. LEUCODON Schwœgr. (*Leucodon.*)

1391. LEUCODON SCIUROIDES Schwœgr. Boulay. 348. (*L. queue d'écureuil.*)

Syn : *Hypnum sciuroides* L.

Mat. : février, mars. C. Sur les troncs d'arbres isolés ou dans les bois, plus rarement sur les pierres; Bar-sur-Seine! *docteur Cartereau;* forêt de Rumilly-les-Vaudes!! bois de Thouan!! etc., fertile.

506. FONTINALIS L. (*Fontinale.*)

1392. FONTINALIS ANTIPYRETICA L., Boulay. 353. (*Fontinale incombustible.*)

Mat. : été. C. Sur les pierres et les bois dans les eaux courantes; Bar-sur-Seine! *docteur Cartereau;* elles est très-commune dans les cours d'eau qui traverse la ville de Troyes!! stérile.

507. CRYPHÆA Mohr et Web. (*Cryphée.*)

1393. CRYPHÆA HETEROMALLA Morh, Boulay. 355. (*Cryphée unilatérale.*)

Syn : *Daltonia heteromalla* Hook.

Mat. : mai, juin. R. R. Nous ne l'avons encore rencontré qu'une fois, sur l'écorce d'un petit sapin, dans la garenne de Villechétif!! fertile.

508. MNIUM (*Mnie.*)

1394. MNIUM CUSPIDATUM Hedw., Boulay. 369. (*Mnie cuspidée.*)

Mat. : juin. R. R. Sur la terre et les rochers; Bar-sur-Seine! *docteur Cartereau*. Cette plante existe dans l'herbier de M. des Etangs, sous le nom de *Bryum punctatum?* mais sans indication de localité. Nous ne l'avons pas encore rencontrée dans nos excursions.

1395. MNIUM ROSTRATUM Schwœgr., Boulay. 371. (*Mnie rostrée.*)

Printemps. R. R. Nous ne l'avons encore rencontré qu'aux marais de Bréviandes!! stérile.

1396. MNIUM UNDULATUM Hedw., Boulay. 373. (*Mnie ondulée.*)

Syn : *Bryum ligulatum* Schreb.

Mai. A. C. Dans les bois humides, dans les haies; Bar-sur-Seine!! *docteur Cartereau;* bois de Fouchy!! dans les haies à Montreuil!! etc., fertile.

509. BRYUM L. (*Bry.*)

1397. BRYUM ARGENTEUM L., Boulay. 386. (*Bry argenté.*)

Automne, hiver et printemps. C. C. Sur la terre humide, les pierres, les murs, les toits, partout, fertile.

1398. BRYUM ATROPURPUREUM Bruch et Sch., Boulay. 387. (*B. pourpre.*)

Syn : *Bryum erythrocarpum* Brid.

Juillet, août. R. Sur les talus du chemin de fer, au bois de Fouchy!! parc de Villebertin!! fertile.

1399. BRYUM ERYTHROCARPUM Schwœgr., Boulay. 389. (*Bry à fruit rouge.*)

Syn : *Bryum sanguineum* Brid.

Mai, juillet. C. Sables humides, revers des fossés; bois de Lusigny!! plaine de Foolz!! bois de Macey!! etc., fertile.

1400. BRYUM PSEUDOTRIQUETRUM Schwœgr., Boulay. 392. (*Bry faux-triquètre.*)

Juin, septembre. R. Lieux humides, marécageux; marais de Villechétif !! fertile; plaine de Foolz !! dans une carrière de sable inondée près de Clérey !! stérile.

1401. BRYUM CAPILLARE L., Boulay. 395. (*Bry capillaire.*)
Juin, août. C. Sur la terre dans les bois secs, sur les murs, au pied des arbres, etc., sur les murs, à Troyes !! sur la terre et sur les blocs de grès, au bois de Pont-sur-Seine !! etc., fertile.

1402. BRYUM CÆSPITITIUM L., Boulay. 400. (*Bry en gazon.*)
Juin, août. C. Sur la terre, les pierres, les murs; Bar-sur-Seine! *docteur Cartereau*; sur un toit, au faubourg Saint-Martin !! sur un mur au faubourg Sainte-Savine !! etc., fertile.

1403. BRYUM TORQUESCENS Bruch et Schimper, Boulay. 405.
Mai, juin. R. Sur la terre sèche, sur les murs ; allée du château de Villemereuil !! sur les murs du bâtiment aux marchandises, à la station de Verrières !! fertile.

1404. BRYUM BIMUM Schreb., Boulay. 406. (*Bry bisannuel.*)
Mai, août. R. R. Sur une ancienne place à charbon, au bois Lorgne, près de Fontvannes !! fertile.

1405. BRYUM NUTANS Schreb., Boulay. 415. (*Bry penché.*)
Syn : *Webera nutans* Hedw.
Mai, juillet. Sur la terre humide et sablonneuse de la plaine de Foolz !! où nous l'avons trouvé une seule fois, en très-petite quantité, fertile.

1406. BRYUM PENDULUM Schimper, Boulay. 424.
Syn : *Ptychostomum pendulum* Horns. *Bryum cernum* Br. et Schimp.
Juin, juillet. R. R. Sur la terre sèche, dans l'allée du château de Villemereuil !!

510. BARTRAMIA Hedw. (*Bartramie.*)

1407. BARTRAMIA FONTANA Brid., Boulay. 437. (*Bartramie des fontaines.*)
Syn : *Mnium fontanum* L. *Philonotis fontana Bryol. europ.*
Juin, juillet. R. R. Lieux humides et marécageux; collines

sablonneuses et humides, près de la station de Montiéramey, à gauche de la voie en allant à Vendeuvre !! stérile.

1408. Bartramia pomiformis Hedw., Boulay. 441. (*Bartramie pomiforme.*)

Syn : *Bryum pomiforme* L.

Avril, mai. R. R. Sur la terre humide ; Bar-sur-Seine !! *docteur Cartereau ;* fertile.

511. POLYTRICHUM L. (*Polytric.*)

1409. Polytrichum commune L., Boulay. 448. (*Polytric commun.*)

Juin, juillet. R. R. Sur la terre humide, dans la forêt de Rumilly-les-Vaudes !! où nous l'avons trouvé une seule fois ; fertile.

1410. Polytrichum formosum Hedw., Boulay. 449. (*Polytric élégant.*)

Juin. C. Dans la plupart de nos bois sablonneux ; Bar-sur-Seine !! *docteur Cartereau ;* bois Lorgne, près de Fontvannes !! bois de Vaux, commune de Fouchères !! bois de Villy-en-Trodes !! etc., fertile.

1411. Polytrichum piliferum Schreb., Boulay. 452. (*Polytric pilifère.*)

Juin, juillet. A. R. Lieux secs, sablonneux, bruyères ; forêt de Fiel ! *docteur Cartereau ;* plaine de Foolz !! bois Lorgne !! fertile.

512. POGONATUM Brid. (*Pogonaton.*)

1412. Pogonatum urnigerum Rœhl., Boulay. 454. (*P. à fruits en forme d'urne.*)

Syn : *Polytrichum urnigerum* L.

Octobre, novembre. R. R. Lieux sablonneux, clairières des bois ; forêt de Fiel ! *docteur Cartereau ;* fertile.

1413. Pogonatum nanum Pal. Beauv., Boulay. 456. (*Pogonaton nain.*)

Syn : *Polytrichum nanum et piliferum* Hedw.

Avril, mai. A. R. Bois sablonneux, bruyères ; plaine de Foolz !! *docteur Cartereau ;* bois de Macey !! Pont-sur-Seine !! fertile.

513. ATRICHUM Pal. Beauv. (*Atric.*)

1414. Atrichum undulatum Pal. Beauv., Boulay. 458. (*Atric ondulé.*)

Syn : *Bryum undulatum* L. *Polytrichum undulatum* Hedw.

Automne et pendant l'hiver. C. C. Au bord des bois, dans les clairières, dans les haies, etc., sur tous les terrains; Bar-sur-Seine !! *docteur Cartereau ;* bois de Bailly !! plaine de Foolz !! bois de Fontvannes !! etc., fertile.

514. BARBULA Br. et Schimp. (*Barbule.*)

1415. Barbula ruralis Hedw., Boulay. 462. (*Barbule rurale.*)

Syn : *Bryum rurale* L. *Tortula ruralis* Schwœgr.

Mai, juin. C. C. Sur la terre sèche, les murs, les pierres, les toits de chaume ; Bar-sur-Seine ! *docteur Cartereau ;* Montgueux !! bords du bois de Macey !! murs du cimetière de Rumilly-les-Vaudes !! etc., fertile.

1416. Barbula lævipila Brid., Boulay. 465. (*Barbule à poils lisses.*)

Syn : *Syntrichia lævipila* Brid. *Tortula lævipila* Schwœgr.

Juin, juillet. C. A la base des troncs d'arbres isolés ; plaine de Foolz !! Rumilly-les-Vaudes !! Villemereuil !! bords du bois de Macey !! etc., fertile.

1417. Barbula muralis Timm., Boulay. 469. (*Barbule des murs.*)

Syn : *Bryum murale* L. *Tortula muralis* Hedw.

Printemps. C. C. Sur les murs, les rochers, les toits, les troncs d'arbres ; Bar-sur-Seine ! *docteur Cartereau ;* sur les berges du nouveau canal, à Troyes !! Fouchères !! etc., partout et partout fertile.

1418. Barbula convoluta Hedw., Boulay. 476. (*Barbule enveloppée.*)

Eté. R. Sur la terre, dans les bois, sur les emplacements à charbon, etc. ; forêt de Rumilly !! bois de Pont-sur-Seine !! fertile.

1419. Barbula revoluta Schwœgr., Boulay. 477. (*Barbule enroulée.*)

Mai, juin. R. R. Sur les vieux murs, les rochers calcaires ; Bar-sur-Seine ! *docteur Cartereau ;* fertile.

1420. Barbula unguiculata Hedw., Boulay. 479. (*Barbule unguiculée.*)

Hiver, printemps. C. C. Partout, sur les terrains sablonneux ou argileux, dans les champs incultes, sur les murs, etc. ; Bar-sur-Seine ! *docteur Cartereau* ; dans les champs, aux Marots !! sur les murs, à Sainte-Savine !! etc., fertile.

1421. Barbula fallax Hedw., Boulay. 481. (*Barbule trompeuse.*)

Automne, hiver. R. R. Nous ne l'avons encore signalée que sous les gros hêtres, dans les garennes de Villechétif !! fertile.

1422. Barbula vinealis Brid., Boulay. 483. (*Barbule des vignes.*)

Mai, juin. R. R. Signalée une seule fois, sur les roches calcaires désagrégées des vignes de Neuville-sur-Seine !! fertile.

1423. Barbula papillosa C. Müll., Boulay. 486. (*Barbule papilleuse.*)

Syn : *Tortula papillosa* Wils.

R. R. Sur le tronc d'un lilas, à Troyes !! sur le tronc d'un peuplier, sur la Chaussée-des-Blanchisseurs, à Troyes !! stérile.

1424. Barbula rigida Schultz, Boulay, 487. (*Barbule roide.*)

Automne et pendant l'hiver. A. R. Sur la terre qui recouvre les vieux murs et les rochers, sur les talus du chemin de fer ; sur les boues desséchées placées sur les accotements des routes par les cantonniers ; talus du chemin de fer, au bois de Fouchy !! forêt de Rumilly, sur la route de Chaource !! etc., fertile.

1425. Barbula ambigua Br. et Schimp., Boulay. 488. (*Barbule ambiguë.*)

Automne, hiver. A. R. Dans les mêmes conditions que la précédente ; sur les talus du chemin de fer, au faubourg Croncels, à Troyes !! fertile.

Obs. Les botanistes ne sont pas d'accord sur la valeur de cette espèce : plusieurs la considèrent comme appartenant à l'une des formes de la précédente.

515. TRICHOSTOMUM Hedw. (*Trichostome.*)

1426. Trichostomum pallidum Hedw., Boulay. 497. (*Trichostome pâle.*)

Syn : *Bryum pallidum* Schreb. *Leptotrichum pallidum* Schimp.

Mai. A. R. Sur la terre sablonneuse, légèrement argileuse, dans les clairières des bois ; Macey !! Villy-en-Trodes !! forêt de Rumilly-les-Vaudes !! fertile.

1427. Trichostomum flexicaule Bruch et Schimp., Boulay. 501. (*T. flexueux.*)

Syn : *Cynodontium flexicaule* Schwœgr. *Leptotrichum flexicaule* Hampe. *Didymodon fl.* Schleich.

Mai, juin. A. R. Sur la terre qui recouvre les rochers calcaires qui dominent le village de Plaines, rives gauches de la Seine !! dans les vignes de Neuville-sur-Seine !! sur la terre argilo-sablonneuse et humide, dans la plaine de Foolz, près de la tuilerie !! stérile.

516. CERATODON Brid. (*Ceratodon.*)

1428. Ceratodon purpureus Brid., Boulay. 502. (*Ceratodon pourpre.*)

Syn : *Mnium purpureum* L. *Dicranum purpureum* Hedw.

Mai, juin. C. C. Sur tous les terrains ; Bar-sur-Seine !! *docteur Cartereau ;* bois de Lusigny !! de Fontvannes !! de Fouchy !! plaine de Foolz !! etc. fertile.

517. POTTIA Bruch et Schimp. (*Pottie.*)

1429. Pottia lanceolata C. Müll., Boulay. 510. (*Pottie lancéolée.*)

Syn : *Bryum lanceolatum* Dicks. *Grimmia lanceolata* Schrad. *Anacalypta lanceolata* Rœhl.

Hiver et printemps. A. C. Aux bords des chemins ; sur les revers des fossés, sur les talus des chemins de fer ; sur les terrains incultes, les murs recouverts de terre, etc. ; Bar-sur-Seine ! *docteur Cartereau ;* sur les murs, au faubourg Sainte-Savine !! aux Marots, à Troyes !! etc., fertile.

1430. Pottia cavifolia Ehrh., Boulay. 513. (*Pottie à feuilles concaves.*)

Syn : *Gymnostonum ovatum* Hedw.

Hiver, printemps. C. Sur la terre argilo-calcaire, bords des routes, prairies artificielles, vieux murs, etc.; Bar-sur-Seine! *docteur Cartereau;* sur un mur, au faubourg Sainte-Savine !! dans un champ de luzerne, aux Marots, à Troyes! etc., fertile.

1431. Pottia truncata Br. et Schimp., Boulay. 514. (*Pottie tronquée.*)

Syn : *Pottia eustoma* Ehrh. *Gymnostomum truncatum* Hedw.

Hiver. A. C. Partout, sur tous les terrains, aux bords des chemins, dans les champs, etc.; commun sur la grande ligne de la forêt d'Orient, près du Mesnil-Saint-Père!! plaine de Foolz, sur la hutte d'un cantonnier!! champs de Saint-Parres-les-Tertres!! etc., fertile.

1432. Pottia minutula Br. et Schimp., Boulay. 515. (*Pottie naine*)

Syn : *Gymnostomum minutulum* Schwœgr.

Hiver. R. R. Sur les terrains calcaires et gramineux; sur les berges du chemin de fer, à hauteur du pensionnat de Saint-Bernard, au faubourg Croncels!! parois des ornières, sur les chemins d'exploitation des champs de Saint-Parres-les-Tertres!! fertile.

518. DICRANUM Hedw. (*Dicrane.*)

1433. Dicranum undulatum Br. et Schimp., Boulay. 517. (*Dicrane ondulé.*)

Syn : *Dicranum polysetum* Swartz. *Dicranum rugosum* Brid.

Automne, hiver. R. Sur toutes les formations géologiques; bois de Thouan!! bois de Bailly, près de Fouchères, où il est assez commun!! fertile.

1434. Dicranum scoparium Hedw., Boulay, 522. (*Dicrane à balai.*)

Syn : *Bryum scoparium* L.

Eté, automne. C. C. Sur tous les terrains, sur l'écorce des arbres, sur les pierres; Bar-sur-Seine! *docteur Cartereau;* bois de Bailly!! forêt de Rumilly!! etc., fertile.

1435. Dicranum heteromallum Hedw., Boulay. 526. (*Dicrane unilatéral.*)

Syn : *Bryum heteromallum* L. *Dicranella heteromalla* Schimp.

Hiver. R. Sur la terre sablonneuse; bois de Pont-sur-Seine !! forêt de Rumilly !! bois de Bailly !! fertile.

1436. Dicranum varium Hedw., Boulay. 528. (*Dicrane variable.*)

Syn : *Dicranella varia* Schimp.

Automne, hiver. R. Sur la terre nue argileuse, sablonneuse ou calcaire ; sur les talus du chemin de fer, au bois de Fouchy !! au pied des talus du chemin de fer de l'Est, entre la gare et le pensionnat Saint-Bernard !! sur les parois des ornières des chemins d'exploitation des champs de Saint-Parres-les-Tertres !! fertile.

519. CAMPYLOPUS Brid. (*Campylope.*)

1437. Campylopus flexuosus Brid., Boulay. 546. (*Campylope flexueux.*)

Syn : *Bryum flexuosum* L. *Dicranum flexuosum* Hedw.

Août, septembre. R. R. Sur la terre sablonneuse, au bois de Pont-sur-Seine !! stérile.

520. LEUCOBRYUM Hampe. (*Leucobry.*)

1438. Leucobryum glaucum Hampe. Boulay, 554. (*Leucobry glauque.*)

Syn : *Oncophorus glaucus Bryol. europ. Bryum glaucum* L. *Dicranum glaucum* Hedw.

Automne, hiver. A. C. Sur la terre, dans les bois sablonneux et humides ; bois de Bailly !! forêt de Rumilly !! de Larrivour !! bois de Pont-sur-Seine !! plaine de Foolz !! fertile.

521. FISSIDENS Hedw. (*Fissident.*)

1439. Fissidens adianthoides Hedw., Boulay, 555. (*Fissident adianthe.*)

Syn : *Dicranum adianthoides* Hedw.

Hiver. A. C. Dans les prairies et dans les bois humides, dans les lieux marécageux ; Bar-sur-Seine ! *docteur Cartereau ;* Bréviandes !! bois de Fouchy !! marais de Droupt-Saint-Basle !! plaine de Foolz !! fertile.

1440. Fissidens taxifolius Hedw., Boulay. 556. (*Fissident à feuilles d'If.*)

Syn : *Hypnum taxifolium* L. *Dicranum taxifolium* Schrad.

Avril, mai. A. C. Sur la terre argileuse ombragée, bords des sentiers dans les bois, dans les lieux frais; dans un bois près de la station de Montiéramey !! bois de la plaine de Foolz !! forêt de Rumilly-les-Vaudes !! Pré-Dillon, aux Marots !! fertile.

1441. Fissidens incurvus Schwœgr., Boulay. 559. (*Fissident penché.*)

Syn : *Dicranum incurvus* W. et M. *Fissidens viridulus* Wils.

Automne et hiver. R. R. Sur la terre argileuse, sablonneuse et humide; Jessains !! bois de Bailly !! fertile.

1442. Fissidens bryoides Hedw., Boulay. 561. (*Fissident faux-bry.*)

Syn : *Dicranum bryoides* Smith.

Mars, avril. A. C. Sur la terre, dans les lieux frais, dans les chemins des bois; bois de Lusigny !! forêt de Rumilly !! fertile.

522. SELIGERIA Br. et Schimp. (*Séligérie.*)

1443. Seligeria calcarea Bruch et Schimp., Boulay. 567. (*Séligérie des calcaires.*)

Syn : *Weisia calcarea* Hedw.

Hiver, printemps. R. R. Nous l'avons rencontré une seule fois, sur une pierre de craie, placée dans le mur du parc de Rosières !! fertile.

523. WEISIA Hedw. (*Weisie.*)

1444. Weisia viridula Brid., Boulay. 574. (*Weisie verdoyante.*)

Syn : *Bryum viridulum* L. *Weisia controversa* Hedw.

Printemps. C. Sur la terre sablonneuse, bords des bois, talus des fossés; plaine de Foolz !! bois de Macey !! de Lusigny !! forêt de Rumilly !! etc., fertile.

524. GYMNOSTOMUM (Hedw. (*Gymnostome.*)

1445. Gymnostomum microstomum Hedw., Boulay. 584. (*G. à bouche petite.*)

Syn : *Hymenostomum microstomum* R. Brown.

Printemps. A. R. Sur la terre sablonneuse; plaine de Foolz !! bords des marais de Villechétif !! fertile.

525. ORTHOTRICHUM Hedw. (*Orthotric.*)

1446. ORTHOTRICHUM BRUCHII Wils., Boulay. 595. (*Orthotric de Bruch.*)

Syn : *Ulota Bruchii* Brid.

Août, octobre. R. R. Sur l'écorce d'un petit sapin, mélangé à *l'orthotrichum affine,* dans les garennes de Villechétif !! sur une branche de chêne, dans la forêt de Rumilly !! fertile.

1447. ORTHOTRICHUM LEIOCARPUM Br. et Sch., Boulay. 601. (*O. à fruit lisse.*)

Syn : *Orthotrichum striatum* Hedw.

Février, mars. A. C. Sur les troncs d'arbres*;* Bar-sur-Seine ! *docteur Cartereau ;* Montiéramey !! Gyé-sur-Seine !! sur l'écorce des cerisiers, dans les vignes, aux Marots !! bois de Lusigny !! avenue du château de Villebertin !! etc., fertile.

1448. ORTHOTRICHUM DIAPHANUM Schrad., Boulay. 604. (*Orthotric diaphane.*)

Hiver et printemps. C. C. Sur les troncs d'arbres, les ceps de vignes, les échalas, les palissades des jardins, etc.*;* Bar-sur-Seine ! *docteur Cartereau;* sur les ceps de vignes et les échalas, aux Marots ! sur l'écorce des marronniers de la promenade, à Troyes !! sur les peupliers qui bordent le canal !! etc., fertile.

1449. ORTHOTRICHUM SPECIOSUM Nees., Boulay. 608.

Juin, juillet. R. R. Sur les troncs d'arbres, toujours en très-petite quantité; sur les jeunes ormes, au bois de Fouchy !! sur l'écorce d'un cerisier, dans les vignes, aux Marots !! sur l'écorce d'un sapin, au bois de Pont-sur-Seine !! fertile.

1450. ORTHOTRICHUM AFFINE Schrad., Boulay. 609. (*Orthotric voisin.*)

Juin, juillet. C. C. Sur les troncs d'arbres, partout, fertile.

1451. ORTHOTRICHUM PUMILUM Sw., Boulay. 611. (*Orthotric nain.*)

Syn : *Orthotrichum follax* Bruch.

Mai, juin. R. R. Sur le tronc d'un arbre, dans les vignes de Neuville-sur-Seine !! fertile.

1452. ORTHOTRICHUM OBTUSIFOLIUM Schrad., Boulay. 617. (*O. à feuilles obtuses.*)

Avril, mai. R. R. Sur les troncs et au pied des arbres isolés ; signalé une seule fois, et en très-petite quantité, au pied d'un arbre, dans l'avenue du château de Villebertin !! stérile.

1453. ORTHOTRICHUM SAXATILE Wood., Boulay. 620. (*Orthotric des rochers.*)

Mai, juin. C. C. Sur les rochers, les murs, les toits, les vieux troncs d'arbres, partout, fertile.

526. CINCLIDOTUS Pal. Beauv. (*Cinclidote.*)

1454. CINCLIDOTUS FONTINALOIDES Pal. Beauv. Boulay. 638. (*Cinclidote fontinale.*)

Syn : *Trichostomum fontinaloides* Hedw.

Juillet, septembre. R. R. Sur les pierres, les pieux, les trons d'arbres inondés ; nous ne l'avons encore rencontré qu'une fois, sur les troncs de peupliers, inondés pendant l'hiver, dans les prairies qui bordent la Seine, rive gauche, près du chemin de fer, à hauteur du village de Lavau !! fertile.

527. RHACOMITRIUM Brid. (*Rhacomitrion.*)

1455. RHACOMITRIUM CANESCENS Brid., Boulay. 644. (*Rhacomitrion blanchâtre.*)

Syn : *Trichostomum canescens* Hedw.

Février, mars. R. R. Sur le terrain sablonneux de Montiéramey !! sur le terrain crayeux et siliceux des bords du bois de Macey !! stérile.

528. GRIMMIA Ehrh. (*Grimmie.*)

1456. GRIMMIA PULVINATA Sm., Boulay. 655 (*Grimmie coussinet.*)

Syn : *Bryum pulvinatum* L. *Dicramum pulvinatum* Schwœgr.

Mai. C. C. Sur les murs, les toits, les pierres, partout ; Bar-sur-Seine ! *docteur Cartereau ;* Saint-Martin !! Les Marots !! Sainte-Savine !! etc., fertile.

1457. Grimmia orbicularis Br. et Schimp., Boulay. 656. (*G. orbiculaire.*)

Syn : *Grimmia africana* de Not.

Avril, mai. A. R. Sur les murs et les rochers calcaires; faubourg Saint-Martin; faubourg Sainte-Savine, à Troyes !! murs du parc du château de Rosières !! fertile.

1458. Grimmia apocarpa Hedw., Boulay. 665. (*Grimmia à fruit sessile.*)

Syn : *Schistidium apocarpum Bryol. europ. Grimmia apocaula* Hedw.

Mars, avril. C. Sur les murs, les toits, les roches calcaires; Bar-sur-Seine! *docteur Cartereau;* sur les murs du faubourg Sainte-Savine !! sur les pierres au bord du canal !! rochers calcaires, à Gyé-sur-Seine !! etc., fertile.

529. HEDWIGIA Ehrh. (*Hedwigie.*)

1459. Hedwigia ciliata Hedw., Boulay. 672. (*Hedwigie ciliée.*)

Syn : *Gymnostomum Edwigia* Schr. *Bryum ciliatum* Dicks. *Neckera ciliata* C. Müller.

Mars, mai. R. R. Sur les blocs de grès, dans le bois de Pont-sur-Seine !! fertile.

530. FUNARIA Schreb. (*Funaire.*)

1460. Funaria hygrometrica Hedw., Boulay. 675. *Funaire hygrométrique.*)

Syn : *Mnium hygrometricum* L.

Mai, juin. C. C. Sur la terre, les pierres, les places à charbon, etc., partout.

531. PHYSCOMITRIUM Brid. (*Phiscomitrion.*

1461. Physcomitrium ericetorum Br. et Sch., Boulay. 680. (*P. des bruyères.*)

Syn : *Gymnostomum ericetorum* Bals. *Entosthodon ericetorum* Schimp.

Mai, juin. R. R. Terrain sablonneux; talus des fossés de la plaine de Foolz !! fertile.

1462. Physcomitrium fasciculare Br. et Sch., Boulay. 679. (*Phiscomitrion fasciculé.*)

Syn : *Entosthodon fascicularis* Schimp.

Mai, juin. R. R. Sur la terre argilo-sablonneuse de la plaine de Foolz !! fertile.

532. PHASCUM Schreb. (*Phasque.*)

1463. Phascum subulatum L., Boulay, 686. (*Phasque subulée.*)

Syn : *Pleuridium subulatum Bryol. europ.*

Mai, juin. C. Sur la terre sablonneuse, dans les champs, les bruyères et les clairières des bois ; plaine de Foolz !! bois de Lusigny !! de Villy-en-Trodes !! etc., fertile.

1464. Phascum bryoides Dicks., Boulay. 688. (*Phasque faux-bry.*)

Mars, avril. R. R. Sur la berge du chemin de fer, à hauteur du faubourg Croncels !! signalé une seule fois, fertile.

1465. Phascum cuspidatum Hedw., Boulay. 690. (*Phasque cuspidée.*)

Hiver. C. C. Sur la terre, dans les champs, les jardins, les prairies artificielles, etc.; partout.

1466. Phascum muticum Schreb., Boulay. 691. (*Phasque mutique.*)

Syn : *Acaulon muticum* C. Müller. *Sphærangium muticum* Schimp.

Fin de l'hiver. R. R. Lieux sablonneux, argileux et humides; bois de Lusigny !!

533. SPHAGNUM Dill. (*Sphaigne.*)

1467. Sphagnum rigidum ? Schimp., Boulay. 715. (*Sphaigne rigide.*)

Syn : *Sphagnum compactum* Brid.

Eté. R. R. Parties humides de la plaine de Foolz, près de Fouchères !! *docteur Cartereau.*

1468. Sphagnum squarrosum Pers., Boulay. 716. (*Sphaigne hérissée.*)

Juillet, août. R. R. Etang du Rossignol, dans la forêt d'Orient ! stérile, *des Etangs*.

CXVI. HÉPATIQUES

534. PLAGIOCHILA Nees et Mont. (*Plagiochile.*)

1469. PLAGIOCHILA ASPLENIOIDES Mont. et Nees., Boulay. 768. (*Plagiochile doradille.*)

Syn : *Jungermannia asplenioides* L.

Mai. R. Sur la terre, les rochers, à la base des troncs d'arbres; Bar-sur-Seine ! *docteur Cartereau.*

535. JUNGERMANNIA L. (*Jungermanne.*)

1470. JUNGERMANNIA CRENULATA Sm., Boulay. 787. (*Jungermanne crénélée.*)

Avril, mai. A. R. Sur la terre humide, dans la forêt de Rumilly-les-Vaudes !!

1471. JUNGERMANNIA BICRENATA? Lindenb., Boulay. 801. (*Jung. bicrénelée.*)

Sur la terre sablonneuse et humide, dans la forêt de Rumilly-les-Vaudes !!

536. LOPHOCOLEA Nees. (*Lophocolée.*)

1472. LOPHOCOLEA BIDENTATA Nees., Boulay. 814. (*Lophocolée bidentée.*)

Syn : *Jungermannia bidentata* L.

Avril, mai. C. C. Sur la terre, dans les bois, au pied des arbres, sur les mousses, etc. Bar-sur-Seine ! *docteur Cartereau;* Montiéramey !! Pont-sur-Seine !! etc.

537. CALYPOGEIA Rad. (*Calypogée.*)

1473. CALYPOGEIA TRICHOMANIS Corda., Boulay. 822. (*Calypogée capillaire.*)

Syn : *Jungermannia trichomanis* Spreng.

Mai, juin. Sur les terrains sablonneux, dans les bois ; forêt de Rumilly-les-Vaudes !!

538. RADULA Nees. (*Radule.*)

1474. Radula complanata Dum., Boulay. 830. (*Radule aplatie.*)

Syn : *Jungermannia complanata* L.

Mars, avril. C. Partout, à la base des troncs d'arbres; Bar-sur-Seine!! *docteur Cartereau;* bois de Fouchy!! etc.

539. MADOTHECA Dum. (*Madothèque.*)

1475. Madotheca platyphylla Dum., Boulay. 831. (*M. à larges feuilles.*)

Syn : *Jungermannia platyphylla* L.

Mai, juin. A. C. Sur les troncs d'arbres; Bar-sur-Seine! *docteur Cartereau;* bois de Fouchy!! etc.

540. FRULLANIA Radd. (*Frullanie.*)

1476. Frullania dilatata Nees., Boulay. 837. (*Frullanie dilatée.*)

Syn : *Jungermannia dilatata* L.

Printemps. C. C. Partout, sur le tronc des arbres, où elle est étroitement appliquée.

1477. Frullania tamarisci Nees., Boulay. 838. (*Frullanie tamarix.*)

Syn : *Jungermannia tamarisci* L.

A. R. A la base des troncs d'arbres, sur les pierres; forêt de Rumilly-les-Vaudes!! bois de Pont-sur-Seine!!

541. FOSSOMBRONIA Radd. (*Fossombronie.*)

1478. Fossombronia pusilla Nees., Boulay. 839. (*Fossombronie fluette.*)

Syn : *Jungermannia pusilla* Schmid.

Août, septembre. A. R. Sur la terre nue et humide des bois; grande allée de Nogent, dans le bois de Pont-sur-Seine!! forêt de Rumilly-les-Vaudes!!

542. PELLIA Radd. (*Pellie.*)

1479. Pellia epyphylla Nees., Boulay. 841. (*Pellie epyphylle.*)

Syn : *Jungermannia epyphylla* L.

Sur la terre nue et humide, près des tourbières de Villechétif !!

543. BLASIA Mich. (*Blasie.*)

1480. Blasia pusilla Nees., Boulay. 842. (*Blasie fluette.*)

Premier printemps. R. Sur la terre nue et humide, aux marais de Villechétif !!

544. ANEURA Dum. (*Aneure.*)

1481. Aneura pinguis Dum., Boulay. 843. (*Aneure grasse.*)

Syn : *Jungermannia pinguis* L.

Mai. R. Récoltée par *M. des Etangs,* à Arrentières, près d'une source située dans le voisinage du Val-au-Four ! forêt de Clairvaux, près de la fontaine Saint-Bernard, 1875 !!

545. METZEGERIA Raddi. *Metzégérie.*

1482. Metzegeria furcata Nees., Boulay. 845. (*Metzégérie fourchue.*)

Syn : *Jungermannia furcata* L.

Sur les troncs d'arbres, à Bar-sur-Seine !! *docteur Cartereau.*

546. MARCHANTIA L. (*Marchantie.*)

1483. Marchantia polymorpha L., Boulay. 848. (*M. protée.*)

Eté. C. Dans les lieux humides, au pied des murs, dans les cours de la ville, etc. ; Bar-sur-Seine ! *docteur Cartereau ;* cour du musée, à Troyes !! cour de la mairie !! bois de Pont-sur-Seine, sur une ancienne place à charbon !! etc.

547. RICCIA Mich. (*Riccie.*)

1484. Riccia glauca L., Boulay. 858. (*Riccie glauque.*)

Septembre, novembre. A. R. Sur la terre argileuse, un peu

humide, dans les chemins peu fréquentés, etc.; Bar-sur-Seine, lieu dit le Creux-Ferrand! *docteur Cartereau;* sur la grande ligne de la forêt d'Orient, près du Mesnil-Saint-Père!!

1485. Riccia natans L., Boulay. 862. (*Riccie nageante.*)

R. Sur les eaux des fossés; Bar-sur-Aube! *des Etangs;* fossés de Montier-la-Celle, près de Troyes!!

1486. Riccia fluitans L., Boulay. 862. (*Riccie flottante.*)

A. R. Dans les eaux stagnantes, les fossés, les mares, etc.; fossés de Montier-la-Celle!! fossés de la Chapelle-Saint-Luc!! mares des bords de la forêt d'Orient, près du Mesnil-Saint-Père!!

CXVII. LICHENS [1]

548. ENDOCARPON Hedw. (*Endocarpe.*)

1487. Endocarpon Hedwigii Ach. Bot. Gall. p. 594. (*Endocarpe d'Hedwig.*)

Sur la terre; Bar-sur-Seine! *docteur Cartereau;* friches de Neuville-sur-Seine!!

549. PELTIGERA Willd. (*Peltigère.*)

1488. Peltigera horizontalis Hoffm. Bot. Gall. 597. (*Peltigère horizontale.*)

Garennes de Montgueux!! bois de Fonvannes!!

1489. Peltigera canina Hoffm. Bot. Gall. 598. (*Peltigère canine.*)

Commune sur la terre, dans nos bois; Bar-sur-Seine! *docteur Cartereau;* dans les bois de Bailly!! de Macey!! de la plaine de Foolz!! etc.

1490. Peltigera polydactyla Hoffm. Bot. Gall. 598. (*Peltigère digitée.*)

Bois Lorgne, près de Fontvannes!! sur la terre, dans les bruyères de la plaine de Foolz!!

---

[1] Les lichens sont classés d'après l'ordre du *Botanicon Gallicum* de Duby.

550. STICTA Schreb. (*Sticta.*)

1491. Sticta pulmonacea Ach., Bot. Gall. 599. (*Sticta pulmonaire.*)

Sur les vieux chênes, dans les bois; Bar-sur-Seine! *docteur Cartereau.*

551. PARMELIA Delise. (*Parmélie.*)

1492. Parmelia perlata Ach., Bot. Gall. 601. (*Parmélie perlée.*)

Syn : *Lobaria perlata* D. C.

Sur les troncs d'arbres; Bar-sur-Seine! *docteur Cartereau;* forêt de Rumilly-les-Vaudes!! etc.

1493. Parmelia acetabulum Dub., Bot. Gall. 601. (*Parmélie ciboire.*)

Syn : *Imbricaria acetabulum* D. C.

Sur les troncs des peupliers, à Bar-sur-Seine! *docteur Cartereau;* sur les troncs des frênes, plantés sur les bords de la route, près de la Grange-au-Rez!! etc.

1494. Parmelia caperata Ach., Bot. Gall. 601. (*Parmélie froncée.*)

Syn : *Imbricaria caperata* D. C.

Sur les troncs d'arbres et les rochers, à Bar-sur-Seine! *docteur Cartereau;* sur l'écorce des chênes, au bois de Macey!! sur les troncs des sapins, à Montsuzain!! etc.

1495. Parmelia tiliacea Ach., Bot. Gall. 601. (*Parmélie tiliacée.*)

Syn : *Imbricaria quercina* D. C.

Sur les troncs de chênes, à Bar-sur-Seine! *docteur Cartereau.*

1496. Parmelia Borreri Ach., Bot. Gall. 601. (*Parmélie Borreri.*)

Sur les troncs d'arbres, à Bar-sur-Seine! *docteur Cartereau.*

1497. Parmelia saxatilis Ach., Bot. Gall. 601. (*Parmélie des rochers.*)

Syn : *Imbricaria returiga* D. C.

Sur les troncs d'arbres, à Bar-sur-Seine! *docteur Cartereau;* au bois de Macey!!

1498. Parmelia omphalodes Ach., Bot. Gall. 602. (*Parmélie omphalode.*)

Syn : *Imbricaria adusta* D. C.

Sur les troncs de sapins, à Montsuzain!!

1499. Parmelia olivacea Ach., Bot. Gall. 602. (*Parmélie olivâtre.*)

Syn : *Imbricaria olivacea* D. C.

Sur les troncs d'arbres et les rochers, à Bar-sur-Seine! *docteur Cartereau;* sur l'écorce des bouleaux, au bois de Macey!!

1500. Parmelia physodes Ach., Bot. Gall. 602. (*Parmélie renflée.*)

Syn : *Imbricaria physodes* D. C.

Sur l'écorce des sapins, à Montsuzain!!

1501. Parmelia cycloselis Ach., Bot. Gall. 604. (*Parmélie orbiculaire.*)

Syn : *Imbricaria cycloselis* D. C. fl. fr. 2. 388.

Sur l'écorce d'un cytise, à Troyes!!

1502. Parmelia ulothryx Ach., Bot. Gall. 604. (*Parmélie aux cheveux noirs.*)

Syn : *Imbricaria ulothryx* D. C.

Sur les troncs d'arbres, à Bar-sur-Seine! *docteur Cartereau.*

1503. Parmelia pulverulenta Ach., Bot. Gall. 605. (*P. pulvérulente.*)

Syn : *Imbricaria pulverulenta* D. C. fl. fr. 2. 387.

Sur le tronc des arbres, Bar-sur-Aube!! *des Etangs.*

1504. Parmelia aipolia Ach., Bot. Gall. 605. (*Parmélie barbe de chèvre.*)

Syn : *Imbricaria aipolia* D. C.

Sur l'écorce d'un cerisier, à Chicherey!!

1505. Parmelia stellaris Ach., Bot. Gall. 605. (*Parmélie étoilée.*)

Syn : *Imbricaria stellaris* D. C.

Sur l'écorce des bouleaux, au bois de Macey!!

1506. PARMELIA PITYREA Ach., Bot. Gall. 605. (*Parmélie farineuse.*)

Syn : *Imbricaria pityrea* Chev. *physcia pulverulenta*, v. *pityrea* Nyl. Mallebranche L. N. 70.

Sur l'écorce des tilleuls de la promenade, à Troyes.

1507. PARMELIA PARIETINA Ach., Bot. Gall. 606. (*Parmélie des parois.*)

Syn : *Imbricaria parietina* D. C

Très-commune sur l'écorce des arbres, partout.

1508. PARMELIA CANDELARIA V. d. *lychnea*, Ach., Bot. Gall. p. 606.

Syn : *Physcia parietina* V. *lychnea* Nyl. Mallebranche.

Sur l'écorce d'un vieux cytise et sur celle d'un vieux lilas, à Troyes!!

552. COLLEMA Hoffm. (*Colléma.*)

1509. COLLEMA SATURNINUM D. C., Bot. Gall. 607. (*Colléma plombé.*)

Sur le tronc des arbres, des noyers surtout, à Bar-sur-Seine! *docteur Cartereau.*

1510. COLLEMA NIGRESCENS D. C., Bot. Gall. 607. (*Colléma noircissant.*)

Sur le tronc des arbres, à Bar-sur-Seine! *docteur Cartereau*; sur le tronc des peupliers, dans les prairies qui bordent la Seine, à Troyes!! etc.

1511. COLLEMA FLACCIDUM Ach., Bot. Gall. p. 607.

Sur le tronc des arbres, dans le bois de Semond, près de Bar-sur-Seine! *docteur Cartereau.*

1512. COLLEMA JACOBÆÆFOLIUM D. C., Bot. Gall. 608. (*C. à feuilles de jacobée.*)

Sur les pierres calcaires, dans les vignes de Gyé-sur-Seine!!

1513. COLLEMA LACERUM D. C., Bot. Gall. 609. (*Colléma découpé.*)

Sur les mousses, à Bar-sur-Seine ! *docteur Cartereau ;* sur les mousses qui tapissent les blocs de grès, dans le bois de Pont-sur-Seine !! lisière du bois de Macey, sur les mousses !!

1514. COLLEMA CORNICULATUM Hoffm., Bot. Gall. 609. (*Colléma corniculé.*)

Sur la terre, dans les bois, à Bar-sur-Seine ! *docteur Cartereau;* sur la terre, aux Marots, près de Troyes !! sur la terre, dans l'avenue du château de Villebertin !!

1515. COLLEMA CRISPUM Hoffm., Bot. Gall. 609. (*Colléma crépu.*)

Sur la terre, parmi les mousses, dans les garennes de Bar-sur-Seine ! *docteur Cartereau;* dans une garenne, près de Droupt-Saint-Basle !!

1516. COLLEMA FASCICULARE D. C., Bot. Gall. 610. (*Colléma en faisceaux.*)

Sur la terre, les pierres et les troncs d'arbres, à Bar-sur-Seine ! *docteur Cartereau.*

553. PHYSCIA D. C. (*Physcie.*)

1517. PHYSCIA PRUNASTRI D. C., Bot. Gall. 611. (*Physcie du prunellier.*)

Syn : *Evernia prunastri* Ach. *Ramalina prunastri* Cheval.

Sur les trons d'arbres, les pieux et les parois; Bar-sur-Seine ! *docteur Cartereau* ; Montsuzain !! etc.

1518. PHYSCIA CHRYSOPHTALMA D. C., Bot. Gall. 611. (*Physcie aux yeux d'or.*)

Syn : *Borrera chrysophtalma* Ach.

Sur les troncs d'arbres; Bar-sur-Seine ! *docteur Cartereau.*

1519. PHYSCIA CILIARIS D. C., Bot. Gall. 612. (*Physcie ciliée.*)

Syn : *Borrera ciliaris* Ach.

Sur l'écorce des arbres; Bar-sur-Seine ! *docteur Cartereau ;* bois de Thouan !! de Macey !! etc.

1520. PHYSCIA TENELLA D. C., Bot. Gall. 612. (*Physcie délicate.*)

Syn : *Borrera tenella* Ach.

Sur l'écorce des arbres; Bar-sur-Seine ! *docteur Cartereau ;* bois de Macey !! etc.

554. RAMALINA Ach. (*Ramaline.*)

1521. RAMALINA FRAXINEA Ach., Bot. Gall. 613. (*Ramaline des frênes.*)

Syn : *Physcia fraxinea* D. C.

Sur les troncs d'arbres, à Bar-sur-Seine ! *docteur Cartereau ;* sur les troncs d'arbres de l'avenue du château des Ruez, commune de Droupt-Saint-Basle !! etc.

1522. RAMALINA FASTIGIATA Ach., Bot. Gall. 614. (*Ramaline nivellée.*)

Syn : *Physcia fastigiata* D. C.

Sur les troncs d'arbres, Bar-sur-Seine ! *docteur Cartereau.*

1523. RAMALINA FARINACEA Ach., Bot. Gall. 614. (*Ramaline farineuse.*)

Sur les troncs d'arbres; Bar-sur-Seine ! *docteur Cartereau ;* bois de Thouan !! etc.

555. USNEA Ach. (*Usnée.*)

1524. USNEA PLICATA V. *hirta*. Ach., Bot. Gall. 615 (*Usnée entrelacée.*)

Sur les branches des chênes, au bois de Macey !! sur le parapet d'un pont en bois, près du château de Villebertin !!

1525. USNEA FLORIDA Hoffm., Bot. Gall. 616. (*Usnée fleurie.*)

Sur l'écorce des arbres, Bar-sur-Seine ! *docteur Cartereau.*

556. CORNICULARIA D. C. (*Corniculaire.*)

1526. CORNICULARIA JUBATA D. C., Bot. Gall. 616. (*Corniculaire crinière.*)

Syn : *Alectoria jubata* Ach.

Elle est suspendue aux branches des arbres, particulièrement des pins et des sapins ; Bar-sur-Seine ! *docteur Cartereuu.*

1527. Cornicularia aculeata Ach., Bot. Gall. 617. (*Corniculaire piquante.*)

Sur la terre, parmi les gazons et les mousses, dans les bois secs; Bar-sur-Seine! *docteur Cartereau;* la Grange-au-Rez, près du bois de Macey!!

1528. Cornicularia muscicola D. C., Bot. Gall. 617. (*Corniculaire des mousses.*)

Sur la terre, parmi les mousses; Bar-sur-Seine! *docteur Cartereau.*

557. CENOMYCE Ach. (*Cenomyce.*)

1529. Cenomyce sylvatica Florke, Bot. Gall. 621. (*Cenomyce des bois.*)

Syn : *Cladonia rangiferina* V. *Sylvatica* Ach. Mallebranche, Lich. Norm.

Sur la terre. dans les bois; bois Lorgne, près de Fontvannes!! bois de Thouan!! etc.

1530. Cenomyce rangiferina Ach., Bot. Gall. 621. (*Cenomyce des rennes.*)

Syn : *Cladonia rangiferina* Hoffm.

Sur la terre, dans les bois, parmi les mousses et les gazons; Bar-sur-Seine! *docteur Cartereau.*

V. *gigantea* Ach. Syn : *Cladonia rangiferina* V. *excelsa.* Malbr. Lich. Norm. 110.

Bois Lorgne, près de Fontvannes!!

1531. Cenomyce pungens Delise, Bot. Gall. 621. (*Cenomyce piquant.*)

Syn : *Cladonia rangiferina* V. *pungens* Ach.

Sur la terre, dans les bois secs et montueux; Montiéramey!! bois Lorgne, près de Fontvannes!! ètc.

1532. Cenomyce furcata Ach., Bot. Gall. 622. (*Cenomyce fourchue.*)

Sur la terre, dans les bois secs et montueux, dans les bruyères; Bar-sur-Seine! *docteur Cartereau;* plaine de Foolz!! bois de Macey!! bois Lorgne, près de Fontvannes!! etc.

1533. Cenomyce racemosa Ach., Bot. Gall. 623. (*Cenomyce rameuse.*)

Syn : *Cladonia subulata* v. f. D. C.

Sur la terre, dans les bois et sur les troncs d'arbres; Bar-sur-Seine! *docteur Cartereau.*

1534. CENOMYCE CORNUTA Ach., Bot. Gall. 628. *(Cenomyce cornue.)*

Syn : *Cladonia cornuta* Hoffm. *Scyphophorus cornutus* D. C.

Sur la terre, dans les bois; Fontvannes!! etc.

1535. CENOMYCE PYXIDATA Ach., Bot. Gall. 629. (*Cenomyce entonnoir.*)

Syn : *Scyphophorus pyxidatus* D. C.

Sur la terre, sur les vieux murs, sur les troncs à moitié pourris; Bar-sur-Seine! *docteur Cartereau;* plaine de Foolz!! bois de Fontvannes!! etc.

1536. CENOMYCE ENDIVIÆFOLIA Ach., Bot. Gall. page 631.

Sur la terre, dans les bois secs, arides et montueux; Bar-sur-Seine! *docteur Cartereau;* plantations de sapins, près de Villeloup!! bois de Thouan!! etc.

1537. CENOMYCE ALCICORNIS Ach., Bot. Gall. page 631.

Sur la terre aride des bois montueux; Bar-sur-Seine! *docteur Cartereau.*

1538. CENOMYCE DEFORMIS Ach., Bot. Gall. page 633.

Sur la terre, dans les bois montueux; Bar-sur-Seine! *docteur Cartereau.*

558. BÆOMYCES Pers. (*Béomycès.*)

1539. BÆOMYCES ERICETORUM D. C., Bot. Gall. 635. (*Béomycès des landes.*)

Syn : *Bæomyces roseus* Pers.

Dans les landes, les bruyères, sur la terre argileuse; Jully-sur-Sarce! Bailly-les-Chauffour! plaine de Foolz!! *docteur Cartereau;* forêt de Larrivour!! etc.

1540. BÆOMYCES RUFUS D. C., Bot. Gall. 635. (*Béomycès roux.*)

Syn : *Bæomyces rupestris* Pers.

Sur la terre sablonneuse, dans les bruyères; plaine de Foolz!! Chaource!! La Cordelière! *docteur Cartereau.*

559. CALYCIUM Pers. (*Calycium.*)

1541. Calycium claviculare Ach., Bot. Gall. 638. (*Calycium claviculaire.*)

Syn : *Calycium clavellum* D. C.

Sur le bois dénudé, à demi pourri; dans l'intérieur des vieux saules; Bar-sur-Seine ! *docteur Cartereau.*

560. OPEGRAPHA Pers. (*Opégraphe.*)

1542. Opegrapha hysterioides Desf., Bot. Gall. 639. (*Opégraphe fausse-hystérie.*)

Syn : *Hysterium opegraphoides* D. C. nº 829.

Sur les éclats de chêne à demi-pourris, servant à former les clôtures des jardins, au faubourg Saint-Jacques, à Troyes !! etc.

1543. Opegrapha radiata Pers., Bot. Gall. 639. (*Opégraphe étoilée.*)

Sur l'écorce des arbres; Bar-sur-Seine ! *docteur Cartereau.*

1544. Opegrapha notha D. C., Bot. Gall. 640. (*Opégraphe bâtarde.*)

Sur l'écorce des arbres; Bar-sur-Seine ! *docteur Cartereau.*

V. a. *Vulvella* O. *vulvella* Ach. fl. fr. 5, p. 169.

Sur l'écorce d'un tilleul, à Troyes !!

V. c. *Diaphora* Ach. O. *diaphora* Ach.

Sur les écorces des arbres, à Bar-sur-Seine ! *docteur Cartereau.*

1545. Opegrapha macularis Ach., Bot. Gall. 640. (*Opégraphe maculée.*)

Syn : *Opegrapha rugosa* Schœr.

Sur l'écorce des arbres; Bar-sur-Seine ! *docteur Cartereau.*

1546. Opegrapha atra Pers., Bot. Gall. 641. (*Opégraphe noire.*)

Sur l'écorce des arbres; Bar-sur-Seine ! *docteur Cartereau.*

1547. Opegrapha rufescens Pers., Bot. Gall. 641. (*Opégraphe roussâtre.*)

Syn : *Opegrapha rubella* D. C.

Sur l'écorce des arbres; Bar-sur-Seine! *docteur Cartereau.*

1548. Opegrapha scripta Ach., Bot. Gall. page 642.

Sur l'écorce des arbres; Bar-sur-Seine! *docteur Cartereau.*

V. *pulverulenta,* Ach. Commun sur l'écorce des arbres!!

561. VERRUCARIA Pers. (*Verrucaire.*)

1549. Verrucaria epidermidis Ach., Bot. Gall. 644. (*Verrucaire de l'épiderme.*)

Syn : *Sphæria epidermis* Fries.

Sur l'épiderme du *Betula alba*; Bar-sur-Seine! *docteur Cartereau.*

1550. Verrucaria nitida Schrad., Bot. Gall. 645. (*Verrucaire luisante.*)

Syn : *Sphæria nitida* Weig.

Sur l'écorce du hêtre et du charme; Bar-sur-Seine! *docteur Cartereau.*

1551. Verrucaria leucocephala Ach., Bot. Gall. 645. (*Verrucaire à tête blanche.*)

Syn : *Variolaria leucocephala* D. C.

Sur l'écorce des hêtres; Bar-sur-Seine! *docteur Cartereau.*

1552. Verrucaria nigrescens Pers., Bot. Gall. 646. (*Verrucaire noirâtre.*)

Syn : *Verrucaria umbrina* Ach.

Sur les rochers et les pierres; Bar-sur-Seine! *docteur Cartereau.*

562. PATELLARIA Hoffm. (*Patellaire.*)

1553. Patellaria nigra Spreng., Bot. Gall. 647. (*Patellaire noire.*)

Syn : *Collema nigrum* Hoffm. D. C. 2. p. 381.

Sur les pierres calcaires, près de Gyé-sur-Seine!!

1554. Patellaria parasema D. C., Bot. Gall. 648. (*Patellaire distinguée.*)

Syn : *Lecidea parasema* Ach.

Sur l'écorce des arbres; Bar-sur-Seine! *docteur Cartereau.*

1555. Patellaria elæochroma Dub., Bot. Gall. page 650.

Syn : *Lecidea elæochroma* Ach.

Sur l'écorce des arbres; Bar-sur-Seine ! *docteur Cartereau.*

1556. Patellaria vernalis Spreng., Bot. Gall. 654. (*Patellaire printannière.*)

Syn : *Patellaria rubella* et *Patellaria sphæroidea* D. C.

Sur l'écorce des arbres; Bar-sur-Seine ! *docteur Cartereau.*

1557. Patellaria ferruginea Hoffm., Bot. Gall. 655. (*Patellaire ferrugineuse.*)

Syn : *Lecidea cinereo-fusca* Ach.

Sur l'écorce des arbres; Bar-sur-Seine ! *docteur Cartereau* ; bois de Fouchy !! etc.

563. PSORA D. C. (*Psora.*)

1558. Psora vesicularis D. C., Bot. Gall. 657. (*Psora vésiculaire.*)

Syn : *Lecidea vesicularis* Ach.

Sur la terre, parmi les mousses, dans les friches de Gyé-sur-Seine !!

1559. Psora decipiens Hoffm., Bot. Gall. 658. (*Psora trompeuse.*)

Syn : *Lecidea decipiens* Ach.

Sur la terre, dans les lieux montueux et arides, à Bar-sur-Seine ! *docteur Cartereau.*

564. PLACODIUM. D. C. (*Placode.*)

1560. Placodium candicans Dicks., Bot. Gall. 661. (*P. blanchâtre.*)

Sur les murs et près de la porte du presbytère de la paroisse de Saint-Martin, à Troyes !!

565. LECANORA Ach. (*Lecanore.*)

1561. Lecanora cerina Ach., Bot. Gall. 663. (*Lecanore couleur de cire.*)

Syn : *Patellaria cerina* Hoffm.

Sur l'écorce des arbres ; Bar-sur-Seine ! *docteur Cartereau.*

1562. LECANORA SUBFUSCA Ach., Bot. Gall. 664. (*Lecanore brunâtre.*)

Syn : *Patellaria subfusca* Hoffm.

Sur l'écorce des arbres ; Bar-sur-Seine ! *docteur Cartereau* ; bois de Fouchy !! etc.

1563. LECANORA BRUNNEA Ach., Bot. Gall. 666. (*Lecanore brune.*)

Syn : *Patellaria nebulosa* Hoffm. *Patellaria brunnea* D. C.

Sur la terre, Bar-sur-Seine ! *docteur Cartereau.*

1564. LECANORA PARELLA Ach., Bot. Gall. 667. (*Lecanore parelle.*)

Syn : *Patellaria parella* Hoffm.

Sur l'écorce des arbres et sur les rochers ; Bar-sur-Seine ! *docteur Cartereau.*

1565. LECANORA ALBELLA Ach., Bot. Gall. 667. (*Lecanore albelle.*)

Sur l'écorce des arbres ; Bar-sur-Seine ! *docteur Cartereau* ; forêt d'Orient !!

1566. LECANORA ANGULOSA Ach., Bot. Gall. 668. (*Lecanore anguleuse.*)

Syn : *Patellaria angulosa* D. C. 2. 363.

Sur l'écorce d'un bouleau, près du bois de Macey !!

1567. LECANORA ATRA Ach., Bot. Gall. 670. (*Lecanore noire.*)

Syn : *Patellaria tephromelas* D. C. 2. 362.

Sur l'écorce d'un frêne !!

566. URCEOLARIA Ach. (*Urcéolaire.*)

1568. URCEOLARIA CALCAREA Ach., Bot. Gall. 672. (*Urcéolaire calcaire.*)

Syn : *Verrucaria contorta* Hoffm.

Sur les pierres calcaires ; Bar-sur-Seine ! *docteur Cartereau.*

567. PERTUSARIA D. C. (*Pertusaire.*)

1569. Pertusaria communis D. C., Bot. Gall. 672. (*Pertusaire commune.*)

Syn : *Porina pertusa* Ach.

Sur l'écorce des arbres; Bar-sur-Seine ! *docteur Cartereau;* bois de Bucey-en-Othe !! etc.

1570. Pertusaria pustulata Dub., Bot. Gall. 673. (*Pertusaire pustulée.*)

Syn : *Porina pustulata* Ach.

Sur l'écorce des arbres; Bar-sur-Seine ! *docteur Cartereau;* Bucey-en-Othe !! etc.

568. THELOTREMA Ach. (*Thélotrème.*)

1571. Thelotrema varioloarioides Ach., V. b. agelæum. Bot. Gall. 674.

Syn : *Phlyctis agelœa* Wallr. Brisson, *Lichen de la Marne,* p. 91.

Sur l'écorce des arbres, du frêne, du charme, du pin, etc.; Troyes !! Villebertin !! etc.

569. VARIOLARIA Pers. (*Variolaire.*)

1572. Variolaria communis Ach., Bot. Gall. 674. (*Variolaire commune.*)

Sur l'écorce des arbres; Bar-sur-Seine ! *docteur Cartereau;* Bucey-en-Othe !! etc.

1573. Variolaria discoidea Pers., Bot. Gall. 674. (*Variolaire en disque.*)

Syn : *Variolaria amara* Ach. *Verrucaria discoidea* Hoffm.

Sur l'écorce des vieux arbres; Bar-sur-Seine ! *docteur Cartereau.*

570. CONIOCARPON D. C. (*Coniocarpe.*)

1574. Coniocarpon cinnabarinum D. C., Bot. Gall. 675. (*Coniocarpe rouge.*)

Syn : *Spiloma tumidulum* Ach.

Sur l'écorce du charme; Bar-sur-Seine ! *docteur Cartereau;* Bucy-en-Othe !! etc.

1575. CONIOCARPON OLIVACEUM D. C., Bot. Gall. 676. (*Coniocarpe olivâtre.*)

Sur l'écorce des arbres; Bar-sur-Seine! *docteur Cartereau.*

571. LEPRA D. C. (*Lèpre.*)

1576. LEPRA BOTRYOIDES D. C., Bot. Gall. 676. (*Lèpre verte.*)

Sur l'écorce d'un lilas et sur celle d'un tilleul, à Troyes.

CXVIII. HYPOXYLÉES. (PYRÉNOMYCÈTES.)

572. SPHÆRIA Haller. (*Sphérie.*)

1577. SPHÆRIA DIGITATA Ehrh., Bot. Gall. 678. (*Sphérie digitée.*)

Syn : *Clavaria digitata* L. Bulliard, 220.

Sur le bois pourri, dans les jardins, à Troyes !! *E. Pillot.*

1578. SPHÆRIA POLYMORPHA Pers., Bot. Gall. 678. (*Sphérie polymorphe.*)

Syn : *Xylaria polymorpha* Grév.

Sur les vieux troncs, entre les fentes du bois; Bar-sur-Seine! *docteur Cartereau;* Bar-sur-Aube! *des Etangs.*

1579. SPHÆRIA HYPOXYLON Ehrh., Bot. Gall. 678. (*Sphérie hypoxylon.*)

Syn : *Sphœria cornuta* Hoffm. *Clavaria hypoxylon* Bull. 180. *Xylaria.*

Sur les troncs pourris; Bar-sur-Seine! *docteur Cartereau;* commune au bois de Fouchy!!

1580. SPHÆRIA FRAGIFORMIS Pers., Bot. Gall. 679. (*Sphérie fragiforme.*)

Syn : *Sphœria bicolor* D. C. *Sph. lateritia* D. C. *Hypoxylon coccineum* Bull. 495. f. 2.

Sur l'écorce des arbres; noyers, hêtres, maronniers; Bar-sur-Seine! *docteur Cartereau;* Troyes !!

1581. SPHÆRIA FUSCA Pers., Bot. Gall. 679. (*Sphérie brune.*)

Syn : *Sphæria glomerulata* et *Sph. Coryli* D. C. *Hypoxylon glomerulatum* Bull. 468. f. 3.

Sur l'écorce du coudrier ; Bar-sur-Seine ! *docteur Cartereau ;* sur l'écorce du hêtre, à Troyes !!

1582. SPHÆRIA TYPHINA Pers., Bot. Gall. 680. (*Sphérie massette.*)

Syn : *Dothidea typhina* Fries. *Polystigma* D. C. *Stromatosphæria* Grev.

Sur les tiges des graminées ; Bar-sur-Seine ! *docteur Cartereau ;* bois de Fouchy !! plaine de Foolz !! etc.

1583. SPHÆRIA SERPENS Pers., Bot. Gall. 681. (*Sphérie pénétrante.*)

Syn : *Sphæria scoria* D. C. *Sph. mammiformis* Hoffm.

Sur le bois mort, les saules ; Bar-sur-Seine ! *docteur Cartereau.*

1584. SPHÆRIA DEUSTA Hoffm., Bot. Gall. 681. (*Sphérie charbonneuse.*)

Syn : *Hypoxylon ustulatum* Bull. 487. f. 1.

Sur les vieux troncs ; Bar-sur-Seine ! *docteur Cartereau.*

1585. SPHÆRIA BULLATA Ehrh., Bot. Gall. 682. (*Sphérie en bulle.*)

Syn : *Sphæria depressa* Bolt.

Sur l'écorce morte ou mourante du saule blanc ; Bar-sur-Seine ! *docteur Cartereau.*

1586. SPHÆRIA STIGMA Hoffm., Bot. Gall. 682. (*Sphérie en stigmate.*)

Syn : *Hypoxylon operculatum* Bull. 177. 478. f. 2.

Sur les branches d'arbres et sur les vieilles souches ; Bar-sur-Seine ! *docteur Cartereau ;* sur les tiges à demi-pourries du prunellier, employé aux clôtures des jardins, à Troyes !!

1587. SPHÆRIA FLAVOVIRENS Hoffm., Bot. Gall. 683. (*Sphérie à chair verdâtre.*)

Sur les branches mortes des arbres ; Bar-sur-Seine ! *docteur Cartereau.*

1588. SPHÆRIA UDA Pers., Bot. Gall. 683. (*Sphérie humide.*)

Sur les bois de chêne et de hêtre dénudés, et teuus dans un lieu humide ; Bar-sur-Seine ! *docteur Cartereau.*

1589. SPHÆRIA PODOIDES Pers., Bot. Gall. 683. (*Sphérie podoïde.*)

Sur les troncs du chêne ; Bar-sur-Seine ! *docteur Cartereau.*

1590. SPHÆRIA QUERCINA Pers., Bot. Gall. 683. (*Sphérie du chêne.*)

Sur les couches les plus inférieures de l'écorce du chêne ; Bar-sur-Seine ! *docteur Cartereau.*

1591. SPHÆRIA LATA Pers., Bot. Gall. 685. (*Sphérie large.*)

Syn : *Sphæria papillata* Hoffm.

Sur le bois mort, dénudé ; Bar-sur-Seine ! *docteur Cartereau.*

1592. SPHÆRIA PRUNASTRI Pers., Bot. Gall. 685. (*Sphérie du prunellier.*)

Dans les couches intérieures de l'écorce du prunellier, du cerisier ; Bar-sur-Seine ! *docteur Cartereau ;* Troyes !!

1593. SPHÆRIA LEUCOSTOMA Pers., Bot. Gall. 687. (*Sphérie à bouche blanche.*)

Syn : *Sphæria pustulata.* Moug. et Nestl.

Sur l'écorce du saule blanc ; Bar-sur-Seine ! *docteur Cartereau.*

1594. SPHÆRIA TURGIDA Pers., Bot. Gall. 689. (*Sphérie du hêtre.*)

Syn : *Sphæria faginea* Pers.

Sur les rameaux du hêtre ; Bar-sur-Seine ! *docteur Cartereau ;* sur le bois à brûler !!

1595. SPHÆRIA PULCHELLA Pers., Bot. Gall. 690. (*Sphérie élégante.*)

Sur l'écorce du cerisier, du bouleau ; Bar-sur-Seine ! *docteur Cartereau.*

1596. SPHÆRIA CINNABARINA Tode, Bot. Gall. 690. (*Sphérie vermillon.*)

Syn : *Sphæria pezizoidea* D. C.

Sur l'écorce des arbres ; Bar-sur-Seine ! *docteur Cartereau.*

1597. SPHÆRIA CUPULARIS Pers., Bot. Gall. 692. (*Sphérie cupule.*)

Dans les couches corticales des jeunes branches mortes; Bar-sur-Seine! *docteur Cartereau.*

1598. SPHÆRIA MELOGRAMMA Pers., Bot. Gall. 692. (*Sphérie note de musique.*)

Syn : *Variolaria melogramma* Bull. 492, f. 1.

Sur l'écorce du charme, de l'aulne et du hêtre; Bar-sur-Seine! *docteur Cartereau;* Troyes!! etc.

1599. SPHÆRIA DOTHIDEA Mougeot, Bot. Gall. 693. (*Sphérie dothidée.*)

Sur les rameaux du rosier; Bar-sur-Seine! *docteur Cartereau.*

1600. SPHÆRIA NEBULOSA Pers., Bot. Gall. 694. (*Sphérie nébuleuse.*)

Sur les tiges des ombellifères; Bar-sur-Seine! *docteur Cartereau.*

1601. SPHÆRIA GRAMINIS Pers., Bot. Gall. 695. (*Sphérie des graminées.*)

Sur les feuilles des graminées; Bar-sur-Seine! *docteur Cartereau.*

1602. SPHÆRIA FIMBRIATA Pers., Bot. Gall. 695. (*Sphérie fimbriée.*)

Syn : *Sphœria carpini* Hoffm.

Sur les feuilles vivantes ou prêtes à mourir; Bar-sur-Seine! *docteur Cartereau.*

1603. SPHÆRIA BOMBARDA Batsch., Bot. Gall. 699. (*Sphérie en massue.*)

Syn : *Sphœria clavata* D. C. *Hypoxylon clavatum* Bull. 444. f. 5. p. 171.

Sur les vieux bois dénudés; Bar-sur-Seine! *docteur Cartereau.*

1604. SPHÆRIA MORIFORMIS Tode, Bot. Gall. 699. (*Sphérie en forme de mûre.*)

Sur les rameaux morts du coudrier; Bar-sur-Seine! *docteur Cartereau.*

1605. SPHÆRIA PULVERULACEA Pers., Bot. Gall. 699. (*Sphérie poussière.*)

Sur les troncs pourris des saules; Bar-sur-Seine! *docteur Cartereau.*

1606. SPHÆRIA VITIS Fries., Bot. Gall. 700. (*Sphérie de la vigne.*)

Sur les vieux paisseaux, dans les vignes; Bar-sur-Seine! *docteur Cartereau*; Troyes!!

1607. SPHÆRIA BARBARA Fries., Bot. Gall. 700.

Syn : *Hysterium cinereum* Pers. D. C. 5. p. 168.

Sur les rameaux du tremble; Bar-sur-Seine! *docteur Cartereau.*

1608. SPHÆRIA TILIÆ Pers., Bot. Gall. 703. (*Sphérie du tilleul.*)

Sur les rameaux du chêne et du tilleul; Bar-sur-Seine! *docteur Cartereau.*

1609. SPHÆRIA LONICERÆ Sow., Bot. Gall. 705. (*Sphérie du chèvrefeuille.*)

Sur les rameaux dn chèvrefeuille; Bar-sur-Seine! *docteur Cartereau.*

1610. SPHÆRIA ACUTA Hoffm., Bot. Gall, 706. (*Sphérie à bec pointu.*)

Sur les tiges de l'ortie; Bar-sur-Seine! *docteur Cartereau.*

1611. SPHÆRIA DOLIOLUM Pers., Bot. Gall. 707.

Sur les tiges des grandes plantes; Bar-sur-Seine! *docteur Cartereau.*

1612. SPHÆRIA HERBARUM Fries, Bot. Gall. 707. (*Sphérie des plantes.*)

Sur les tiges des plantes; Bar-sur-Seine! *docteur Cartereau.*

1613. SPHÆRIA PATELLA Pers., Bot. Gall. 707. (*Sphérie patelle.*)

Syn : *Peziza ligustici* D. C. 5. 21.

Sur les tiges sèches des plantes; Bar-sur-Seine! *docteur Cartereau.*

1614. SPHÆRIA VINCÆ Fries, Bot. Gall. 709. (*Sphérie de la pervenche.*)

Sur les feuilles mortes de la petite pervenche; Bar-sur-Seine! *docteur Cartereau.*

1615. Sphæria maculæformis Pers., Bot. Gall. 710 (*S. en forme de tache.*)

Syn : *Xyloma punctatum* D. C. 2. 303.

Sur les feuilles sèches des arbres; Bar-sur-Seine! *docteur Cartereau;* bois de Thouan!!

1616. Sphæria punctiformis Pers., Bot. Gall. 710. (*Sphérie ponctiforme.*)

Syn : *Sphœria craterium* D. C. 2. 298. *S. punctiformis* D. C. 5. 145, et 2. 299.

Sur les feuilles des arbres, mortes ou vivantes; Bar-sur-Seine! *docteur Cartereau.*

1617. Sphæria subradians Fries, Bot. Gall. 710.

Sur les feuilles mortes du *Convallaria maïalis;* Bar-sur-Seine! *docteur Cartereau.*

1618. Sphæria ilicicola Fries, Bot. Gall. 711. (*Sphérie du houx.*)

Syn : *Sphœria lichenoides* D. C. 5. 147. *Depazea* Fries.

Sur les feuilles vivantes de l'*Ilex aquifolium;* Bar-sur-Seine! *docteur Cartereau.*

1619. Sphæria hederæcola Fries, Bot. Gall. 711. (*Sphérie du lierre.*)

Syn : *Sphœria lichenoides* D. C. 5. 148. *Depazea* Fries.

Sur les feuilles vivantes du lierre; Bar-sur-Seine! *docteur Cartereau;* bois de Fouchy!! etc.

1620. Sphæria frondicola, Fries, Bot. Gall. 711.

Syn : *Depazea frondicola* Fries.

Sur les feuilles vivantes du peuplier; Bar-sur-Seine! *docteur Cartereau.*

1621. Sphæria cornicola Fries, Bot. Gall. 712. (*Sphérie du cornouiller.*)

Syn : *Depazea cornicola* Chev. 452.

Sur les feuilles vivantes du cornouiller sanguin; bois de Fouchy!!

1622. SPHÆRIA XYLOSTEICOLA Dub., Bot. Gall. 712. (*Sphérie du chèvrefeuille.*)

Syn : *Depazea loniceræ* Chev. 452.

Sur les feuilles du *lonicera xylosteum;* Bar-sur-Seine! *docteur Cartereau.*

1623. SPHÆRIA DIANTHI Alb. et Schw., Bot. Gall. 712. (*Sphérie de l'œillet.*)

Syn : *Sphæria saponariæ* D. C.

Sur les feuilles de l'œillet, de la saponaire; Bar-sur-Seine! *docteur Cartereau.*

1624. SPHÆRIA CONVALLARIÆCOLA D. C. Bot. Gall. 712. (*Sphérie du muguet.*)

Sur les feuilles du muguet, du sceau de Salomon; Bar-sur-Seine! *docteur Cartereau;* Plaines !! etc.

1625. SPHÆRIA BRASSICÆCOLA Fries, Bot. Gall. 712. (*Sphérie du chou.*)

Sur les feuilles du chou; Bar-sur-Seine! *docteur Cartereau.*

1626. SPHÆRIA VAGANS Fries, Bot. Gall. 713. (*Sphérie voyageuse.*)

Sur les feuilles vivantes de diverses plantes; Bar-sur-Seine! *docteur Cartereau.*

573. DOTHIDEA Fries. (*Dothidée.*)

1627. DOTHIDEA RUBRA Fries, Bot. Gall. 714. (*Dothidée rouge.*)

Syn : *Xyloma rubrum* D. C. 2. 599. *Polystigma rubrum* D. C. 5. 164.

Sur les feuilles vivantes du prunier; Bar-sur-Seine! *docteur Cartereau.*

1628. DOTHIDEA ULMI Fries, Bot. Gall. 714. (*Dothidée de l'orme.*)

Syn : *Sphæria xylomoïdes* D. C. nº 772.

Sur les feuilles vivantes de l'orme; Bar-sur-Seine; *docteur Cartereau.*

1629. Dothidea reticulata Fries, Bot. Gall. 715. (*Dothidée réticulée.*)

Syn : *Sphæria reticulata* D. C. 5. 138.

Sur les feuilles du muguet ; Bar-sur-Seine ! *docteur Cartereau.*

574. EUSTEGIA Fries. (*Eustégie.*)

1630. Eustegia ilicis Chevall., Bot. Gall. 717. (*Eustégie du houx.*)

Syn : *Sphæria complanata ilicis,* Moug. et Nestl.

Sur les feuilles du houx, Bar-sur-Seine ! *docteur Cartereau.*

575. HYSTERIUM Tode. (*Hystérie.*)

1631. Hysterium rubi Pers., Bot. Gall. 719. (*Hystérie de la ronce.*)

Syn : *Hypoderma virgultorum* D. C. 5. 165.

Sur les branches mortes de la ronce ; Bar-sur-Seine ! *docteur Cartereau.*

1632. Hysterium commune Fries, Bot. Gall. 720. (*Hystérie commune.*)

Syn : *Hypoderma virgultorum* V. b. et c. D. C. 5. 165.

Sur les tiges sèches de plusieurs grandes herbes ; Bar-sur-Seine ! *docteur Cartereau.*

1633. Hysterium culmigenum Fries, Bot. Gall. 721. (*Hystérie des graminées.*)

Sur les tiges sèches des graminées ; Bar-sur-Seine ! *docteur Cartereau.*

1634. Hysterium foliicolum Fries, Bot. Gall. 721. (*Hystérie des feuilles.*)

Syn : *Hypoderma xylomoides* D. C. n° 822, et V. 5. p. 164.

Sur les feuilles de l'épine blanche, etc. ; Bar-sur-Seine ! *docteur Cartereau.*

576. PHACIDIUM Fries. (*Phacidium.*)

1635. Phacidium coronatum Fries, Bot. Gall. 722. (*Ph. couronné.*)

Syn : *Xyloma pezizoides* Pers. D. C. 5. 160.

Sur la surface des feuilles mortes du chêne, du hêtre, etc. ; Bar-sur-Seine ! *docteur Cartereau.*

1636. Phacidium dentatum Schmidt., Bot. Gall. 722. (*Phacidium denté.*)

Syn : *Sphæria lichenoides* V. a. D. C. 5. 147.

Sur la surface des feuilles mortes du chêne ; Bar-sur-Seine ! *docteur Cartereau.*

577. RHYTISMA Fries. (*Rhytisme.*)

1637. Rhytisma salicinum Fries, Bot. Gall. 723. (*Rh. des saules.*)

Syn : *Xyloma leucocreas* D. C.

Sur les feuilles de saule ; Bar-sur-Seine ! *docteur Cartereau.*

1638. Rhytisma acerinum Fries, Bot. Gall. 723. (*Rh. des érables.*)

Syn : *Xyloma acerinum* D. C. 2. p. 302.

Sur les feuilles de l'érable ; Bar-sur-Seine ! *docteur Cartereau ;* Villemereuil !! etc.

V. b. *pseudoplatani* Fries, Bar-sur-Seine ! *docteur Cartereau.*

578. CYTISPORA Ehrenb. (*Cytispore.*)

1639. Cytispora chrysosperma Fries, Bot. Gall. 724. (*Cytispore dorée.*)

Syn : *Næmaspora chrysosperma* Pers., D. C. 2. 301.

Sur l'écorce du peuplier noir ; Bar-sur-Seine ! *docteur Cartereau.*

579. LEPTOSTROMA Fries. (*Leptostrome.*)

1640. Leptostroma iridis Ehrenb., Bot. Gall. 726. (*Leptostrome de l'iris.*)

Syn : *Ectostroma iridis* Fries.

Sur les feuilles de *l'Iris pseudo-acorus* ; Bar-sur-Seine ! *docteur Cartereau.*

580. PHOMA Fries. (*Phoma.*)

1641. PHOMA SALIGNUM Fries, Bot. Gall. 727. (*Phoma des saules.*)

Syn : *Xyloma salignum* Pers., D. C.

Sur les feuilles du saule marceau et sur celles du laurier cerise; Bar-sur-Seine ! *docteur Cartereau.*

1642. PHOMA PUSTULA Fries, Bot. Gall. 727. (*Phoma pustule.*)

Syn : *Sphæria pustula* D. C. 2. 300.

Sur les feuilles sèches du chêne; Bar-sur-Seine ! *docteur Cartereau.*

CXIX. CHAMPIGNONS. (HYMÉNOMYCÈTES.)

581. AMANITA Pers. (*Amanita.*)

1643. AMANITA RUBESCENS Pers., Gillet. p. 45. (*Amanita rougeâtre.*)

Syn : *Agaricus rubescens* Vitt. *Ag. pustulatus* Schœff. *Ag. rubens* Scop. *Ag. verrucosus* Bull. 316.

Fin de l'été et en automne. C. Sur la terre, dans les bois ombragés ! *Corrard de Breban;* forêt de Rumilly !! comestible.

1644. AMANITA VAGINATA Lamk., Gillet, 50. (*Amanita vaginée.*)

Syn : *Amanita nivalis* Grev. *Agaricus plumbeus* Schœff. *Ag. vaginatus* Bull. 98, 512.

Fin de l'été et automne. A. C. Sur la terre, dans les bois ; bois des Vallées, à Laines-aux-Bois, *Corrard de Breban.* Ce champignon a des couleurs extrêmement variées.

582. LEPIOTA Fries. (*Lépiote.*)

1645. LEPIOTA FRIESII Lasch., Gillet, 60. (*Lépiote de Fries.*)

Syn : *Ag. aculeatus* Vitt.

Parmi les gazons des jardins publics de Troyes !! 20 septembre 1880.

1646. Lepiota cristata Fries, Gillet, page 61. (*Lépiote en crête.*)

Parmi les gazons des jardins publics de Troyes!! 20 septembre 1880.

583. ARMILLARIA Fries. (*Armillaire.*)

1647. Armillaria mellea Fries, Gillet, 83. (*Armillaire couleur de miel.*)

Syn : *Agaricus annularis* Bull. 377 et 540 f. 3. *Ag. annularius* D. C. *Ag. polymyces* Pers.

Eté, automne. Sur la terre ou le bois pourri; solitaire ou par groupes; *Corrard de Breban.* Les botanistes sont peu d'accord sur la valeur comestible de ce champignon; les uns le considèrent comme suspect, et les autres comme pouvant servir d'aliment.

584. TRICHOLOMA Fries. (*Tricholome.*)

1648. Tricholoma sulfureum Fries, Gillet, 110. (*T. couleur de soufre.*)

Syn : *Agaricus sulfureus* Bull. pl. 168.

Automne. A terre, dans la forêt d'Othe. Vénéneux. *M. Poupon.*

585. CLITOCYBE Fries. (*Clitocybe.*)

1649. Clitocybe inversa Fries, Gillet, 140. (*Clitocybe retourné.*)

Syn : *Agaricus infundibuliformis* Bull. 553. *Ag. gilvus* Secr. *Ag. inversus* Scop.

Eté, automne. Sur la terre, dans les bois, solitaire ou en touffes; *Corrard de Breban.*

1650. Clitocybe candicans Fries, Gillet, 153. (*Clitocybe blanchâtre.*)

Syn : *Ag. cyathiformis* Bull. 575 F. E.

Sur la terre, au milieu des feuilles tombées par terre, dans la forêt de Larrivour!! mai 1878.

1651. Clitocybe gymnopodia Fries, Gillet, 162. (*Clitocybe gymnopode.*)

Syn : *Agaricus gymnopodius* Bull. 601. f. 1.

Sur la terre, dans la forêt de Rumilly-les-Vaudes!!

1652. Clitocybe laccata Fries, Gillet, 174. (*Clitocybe laque.*)

Syn : *Agaricus laccatus* Scop. *Ag. amethysteus* Bull. 570. f. 1.

Eté, automne. A. C. Dans les bois, les lieux ombragés, souvent au pied des arbres, solitaire ou en groupes; *Corrard de Breban;* dans la forêt d'Orient, sous bois, parmi les feuilles pourries et les mousses !! 27 septembre 1878. Forêt d'Othe!! 3 novembre 1878.

586. HYGROPHORUS Fries. (*Hygrophore.*)

1653. Hygrophorus eburneus Fries, Gillet, 180. (*Hygrophore blanc d'ivoire.*)

Syn : *Agaricus jozzolus* Scop. *Ag. eburneus* Bull. 551. f. 2.

Fin de l'été et en automne. C. Dans les bois de Bouilly, surtout dans les parties très-ombragées, solitaire et comestible; *Corrard de Breban.*

1654. Hygrophorus glutinifer Fries, Gillet, 182. (*Hygrophore glutinifère.*)

Syn : *Agaricus glutinosus* Bull. 258 et 539. f. b.

Fin de l'été, automne et hiver; sur la terre dans nos bois ombreux, solitaire ou en touffes. *Corrard de Breban.*

1655. Hygrophorus virgineus Fries, Gillet, 187. (*Hygrophore virginal.*)

Syn : *Agaricus ericeus* Bull. 188. *Ag. pusillus* Batsch.

Automne. C. Dans les prés, les pâtures, sur le bord des chemins, dans les bois, dans les bruyères, au milieu de l'herbe; *Corrard de Breban.* Comestible, bien que regardé comme suspect par Paulet. *Gillet.*

1656. Hygrophorus conicus Fries, Gillet, 192. (*Hygrophore conique.*)

Syn : *Agaricus croceus* Bull. 50 et 524. f. 3.

Eté, automne. A terre, dans les bruyères de la plaine de Foolz !!

587. RUSSULA Fries. (*Russule.*)

1657. Russula lepida Fries, Gillet, 235. (*Russule délicate.*)

Syn : *Agaricus sanguineus* Batsch.

Eté, automne. Sur la terre, dans les bois; comestible; *Corrard de Breban.*

1658. Russula foetens Fries, Gillet, 239. (*Russule fétide.*)

Syn : *Agaricus piperatus* Bull. 292. *Ag. fœtens* Pers.

Fin de l'été, automne. A terre dans les prés, les bruyères, les bois; solitaire ou plus ou moins groupé; quelquefois en cercle; *Corrard de Breban.*

1659. Russula lutea V. Citrina, Fries, Gillet. 250. (*Russule jaune.*)

Eté, automne. A terre, dans la forêt de Rumilly-les-Vaudes!! 7 juin 1878.

588. MYCENA Fries. (*Mycène.*)

1660. Mycena stylobates? Fries, Gillet, 262. (*Mycène stylobate.*)

Automne. Forêt d'Orient, dans un fossé humide, sur des feuilles en décomposition!! 27 septembre 1878.

1661. Mycena parabolica? Fries, Gillet, 275. (*Mycène parabolique.*)

Automne, hiver. Sur des débris de bois pourri, sur des glands de chêne en décomposition, dans la forêt de Rumilly-les-Vaudes, près d'une plantation de sapins!! 4 octobre 1878.

1662. Mycena pura V. rosea Fries, Gillet, 282. (*Mycène pure.*)

Syn : *Agaricus roseus* Bull. 507.

Eté, automne. Dans la forêt d'Othe, au milieu des feuilles tombées! *M. Poupon.* 3 novembre 1879.

589. OMPHALIA Fries. (*Omphalie.*)

1663. Omphalia umbellifera Fries, Gillet, 293. (*Omphalie ombellifère.*)

Syn : *Agaricus hygrophilus* Pers. *Ag. pseudo-androceus* Bull. 276.

Printemps, été, automne; Bar-sur-Seine! *docteur Cartereau.*

1664. Omphalia setipes Fries, Gillet, 300. (*Omphalie à pied grêle.*)

Eté, automne. Sur la terre, parmi les gazons et les mousses des jardins publics de Troyes !! 20 septembre 1880.

590. COLLYBIA Fries. (*Collybie.*)

1665. Collybia collina Fries, Gillet, 324. (*Collybie des collines.*)

Syn : *Agaricus arundinaceus* Bull. 405. f. 1. *Ag. collinus* Scop.

Sous les pins, parmi les mousses, près de Gyé-sur-Seine !! 13 mai 1878.

591. PLEUROTUS Fries. (*Pleurote.*)

1666. Pleurotus eryngii Fries, Gillet, 344. (*Pleurote de l'eryngium.*)

Syn : *Agaricus eryngii* D. C.

Automne. Sur les racines mortes du chardon-roland, sur les terrains sablonneux et secs; comestible, très-délicat; *Corrard de Breban.*

1667. Pleurotus glandulosus Fries, Gillet, 346. (*Pleurote glanduleux.*)

Syn : *Agaricus glandulosus* Bull. 426.

Eté, automne, commencement de l'hiver. R. Sur le tronc des vieux arbres, solitaire ou par groupe. Comestible; *Corrard de Breban.*

592. CANTHARELLUS Fries. (*Chanterelle.*)

1668. Cantharellus cibarius Fries, Gillet, 352. (*Chanterelle comestible.*)

Syn : *Agaricus cantharellus* Bull. 505. f. 1.

Eté, automne. Dans les bois où il forme des groupes plus ou moins étendus; *Corrard de Breban;* Bar-sur-Seine! *docteur Cartereau.* Comestible.

1669. Cantharellus tuboeformis Fries, Gillet, 353. (*Chanterelle en tube.*)

Eté, automne. Sur la terre, dans la forêt de Rumilly-les-Vaudes !! 4 septembre 1878.

1670. Cantharellus muscigenus Fries, Gillet, 354. (*Ch. des grandes mousses.*)

Syn : *Agaricus muscigenus* Bull. 288 et 498, f. 3.

Automne. Sur les mousses vivantes ; *Corrard de Breban.*

1671. Cantharellus lobatus Fries, Gillet, 355. (*Chanterelle lobée.*)

Printemps. Sur les mousses, dans les lieux humides ou marécageux ; marais de Bréviandes !!

593. MARASMIUS Fries. (*Marasme.*)

1672. Marasmius rotula Fries, Gillet, 363. (*Marasme petite roue.*)

Syn : *Agaricus androsaceus* Bull. 569. f. 3, et 61.

Printemps, été, automne. Sur les feuilles tombées et les troncs humides, dans les bois ; Bar-sur-Seine ! *docteur Cartereau.*

1673. Marasmius graminum Berk. et Br., Gillet, 363. (*Marasme des graminées.*)

Eté. Sur les graminées desséchées, Montiéramey !! 4 juillet 1878.

1674. Marasmius epiphyllus Fries, Gillet, 365. (*Marasme des feuilles mortes.*)

Syn : *Agaricus epiphyllus* Bull. 569, f. 2.

Eté, automne, hiver. Sur la paille et les feuilles tombées dans les bois ; Bar-sur-Seine ! *docteur Cartereau.*

594. SCHIZOPHYLLUM Fries. (*Schizophylle.*)

1675. Schizophyllum commune Fries, Gillet, 375. (*Schizophylle commun.*)

Syn : *Agaricus alneus* Bull. 346, 581, f. 1.

Sur les troncs des arbres morts ou mourants, dans les chantiers, le plus souvent plusieurs individus groupés et se recouvrant les uns les autres ; Bar-sur-Seine ; *docteur Cartereau.* Troyes, sur du bois à brûler !!

595. LENZITES Fries. (*Lenzite.*)

1676. Lenzites variegata Fries, Gillet, 377. (*Lenzite variée.*)

Syn : *Agaricus cariaceus* Bull. 537, f. 1. K. L.

Plante vivace. Sur les troncs du peuplier et du hêtre, sur les vieilles poutres, les pieux, etc., sur les vieilles poutrelles d'un pont, dans le parc du château de Villebertin !!

1677. Lenzites betulina Fries, Gillet, 378. (*Lenzite du bouleau.*)

Sur les vieilles souches, les pieux; *Corrard de Breban ;* Bar-sur-Seine; *docteur Cartereau.*

596. LENTINUS Fries. (*Lentinus.*)

1678. Lentinus tigrinus Fries, Gillet, 380. (*Lentinus tigré.*)

Syn : *Agaricus tigrinus* Bull. 70.

Eté, automne. Sur les vieux troncs pourris, les vieilles souches, surtout de l'orme; solitaire ou en touffe. Comestible. *Corrard de Breban.*

597. PANUS Fries. (*Panus.*)

1679. Panus stypticus Fries, Gillet, 383. (*Panus styptique.*)

Syn : *Agaricus stypticus* Bull. 140, 557, f. 1.

Printemps, été, automne. Sur les souches, les troncs pourris, groupés en nombre plus ou moins grand, les uns au-dessous des autres; Bar-sur-Seine ! *docteur Cartereau;* pré Dillon !! bois de Saint-André !! etc.

1680. Panus conchatus Fries, Gillet, 384. (*Panus en conque.*)

Syn : *Agaricus conchatus* Bull. 298. *Agaricus dimidiatus* Bull. 517, f. O, P.

Eté, automne. Sur le tronc d'un vieil orme, dans l'allée du château de Villebertin !! Comestible.

598. VOLVARIA Fries. (*Volvaire.*)

1681. Volvaria parvula Fries, Gillet, 388. (*Volvaire petite.*)

Syn : *Agaricus volvaceus minor* Bull. 330.

Eté, automne. Sous une pile de bois, dans une cour, à Troyes!! 27 juillet 1879; jardins publics de la ville!! 23 septembre 1880.

599. CLAUDOPUS Fries. (*Claudopus.*)

1682. Claudopus variabilis Fries, Gillet, 426. (*Claudopus variable.*)

Syn : *Agaricus sessilis* Bull. 152, 581, f. 3.

Sur le tronc des arbres morts, le plus ordinairement sur les branches tombées, en nombre plus ou moins considérable; Bar-sur-Seine! *docteur Cartereau.*

600. PHOLIOTA Fries. (*Pholiote.*)

1683. Pholiota mutabilis Fries, Gillet, 437. (*Pholiote changeante.*)

Syn : *Agaricus annularius* Bull. 543, f. 0, P. R.

Sur un tronc d'arbre pourri, au bord du ruisseau du bois de Fouchy!! 23 novembre 1878.

601. CORTINARIUS Fries. (*Cortinaire.*)

1684. Cortinarius purpurascens Fries, Gillet, 464. (*Cortinaire purpurin.*)

Eté, automne. Dans les bois, les taillis, les sapinières; *Corrard de Breban.*

1685. Cortinarius glaucopus Schœff., Gillet, 466. (*Cortinaire glauque.*)

Eté, automne. Dans les endroits découverts des bois; *Corrard de Breban.*

1686. Cortinarius violaceus Fries, Gillet, 477. (*Cortinaire violet.*)

Syn : *Agaricus violaceus* L., Bull. 250.

Eté, automne. Dans les bois, parmi les feuilles sèches; solitaire; *Corrard de Breban.*

602. INOCYBE Fries. (*Inocybe.*)

1687. Inocybe rimosus Fries, Gillet, 519. (*Inocybe fendu.*)

Syn : *Agaricus rimosus* Bull. 388.

Eté, automne. A terre, dans les bois, bords des routes, bords des fossés, le plus ordinairement solitaire. Vénéneux. *Corrard de Breban.*

603. HEBELOMA Fries. (*Hébélome.*)

1688. Hebeloma crustuliniformis Fries, Gillet, 525. (*Hébélome échaudé.*)

Syn : *Agaricus crustuliniformis* Bull. 308 et 546.

Eté, automne. Dans les bois, les prairies ; solitaire ou en groupe, formant assez souvent des cercles ou des bandes sinueuses très-grandes. Vénéneux ; *Corrard de Breban.*

604. FLAMMULA Fries. (*Flammule.*)

1689. Flammula sapinea ? Fries, Gillet, 533. (*F. du sapin.*)

Sur les racines d'un arbre, dans la forêt de Rumilly-les-Vaudes !! 23 avril 1878. Dans un petit bois de sapins, près de Gyé-sur-Seine !! 13 mai 1878.

1690. Flammula alnicola Fries, Gillet, 535. (*Flammule de l'aulne.*)

Syn : *Agaricus amarus* Bull. 562.

Eté, automne. Au pied de l'aulne, par touffe de cinq ou six individus ; *Corrard de Breban*

605. NAUCORIA Fries. (*Naucorie.*)

1691. Naucoria horizontalis Fries, Gillet, 544. (*Naucorie horizontal.*)

Syn : *Agaricus horizontalis* Bull. 324.

Printemps, automne. Sur les écorces des poiriers, des ormes morts ou languissants, les individus plus ou moins nombreux et rapprochés ; *Corrard de Breban.*

606. GALERA Fries.

1692. Galera tener Gillet, 553. (*Galera grêle.*)

Syn : *Agaricus foraminulosus* Bull. pl. 535. f. 1.

Eté, automne. Parmi les gazons, dans les jardins publics de Troyes !!

607. PRATELLA Fries. (*Pratelle.*)

1693. Pratella campestris Fries, Gillet, 561. (*Pratelle champêtre.*)

Syn : *Agaricus edulis* Bull. 134 et 514.

Eté, automne. Jardins, champs cultivés, friches, prairies, bois peu couverts; solitaire ou rapproché en groupe; *Corrard de Breban.* C'est le champignon de couche.

608. STROPHARIA Fries.

1694. Stropharia œruginosa Fries, Gillet, 577. (*Stropharia erugineuse.*)

Eté, antomne. Dans les bois; forêt d'Othe; M. Poupon, 3 novembre 1879. Cette espèce est regardée comme vénéneuse.

609. COPRINUS Pers. (*Coprin.*)

1695. Coprinus comatus Fries, Gillet, 601. (*Coprin chevelu.*)

Syn : *Agaricus typhoïdes* Bull. 582, f. 2.

Eté, automne. Dans les prés, les bois, les jardins, aux bords des routes, en général sur les terrains gras; solitaire ou groupé; *Corrard de Breban.*

1696. Coprinus atramentarius Fries, Gillet, 602. (*Coprin atramentaire.*)

Syn : *Agaricus atramantarius* Bull. 164.

Eté, automne. Dans les lieux ombragés, dans les prés, les jardins, en groupe plus ou moins nombreux, naissant d'une base commune et charnue ; *Corrard de Breban.*

1697. Coprinus fimetarius Fries, Gillet, 605. (*Coprin fimetaire.*)

Syn : *Agaricus cinereus* Bull. 88.

Printemps, été, automne. Sur le fumier, les terrains fertiles humides, dans les prés, autour des troncs; *Corrard de Breban.*

1698. COPRINUS MICACEUS Fries, Gillet, 606. (*Coprin micacé.*)

Syn : *Agaricus micaceus* Bull. pl. 246. et 565.

Printemps, été, automne. Sur un tronc pourri, caché par la terre des plates-bandes, dans les jardins publics de la ville de Troyes !! 19 septembre 1880.

1699. COPRINUS CONGREGATUS Fries, Gillet, 603. (*Coprin entassé.*)

Syn : *Agaricus congregatus* Bull. 94.

Eté, automne. Dans les jardins, sur la tannée, dans les bois, en touffes ; *Corrard de Breban.*

1700. COPRINUS DELIQUESCENS Fries, Gillet, 609. (*Coprin déliquescent.*)

Syn : *Agaricus deliquescens* Bull. 437, f. 2, et 558, f. 1.

Toute l'année, sur les troncs, entre les feuilles mortes, dans les lieux humides; solitaire ou groupé, mais à pédicelles isolés ; *Corrard de Breban.*

1701. COPRINUS PLICATILIS Fries, Gillet, 612. (*Coprin pliable.*)

Syn : *Agaricus striatus* Bull. 552, f. 2. E. D. T.

Dans une cour, à Troyes !! 18 juillet 1879.

610. PSATHYRELLA Fries. (*Psathyrelle.*)

1702. PSATHYRELLA DISSEMINATA Fries, Gillet, 618. (*Psathyrelle disséminée.*)

Syn : *Agaricus digitaliformis* Bull. 22 et 525, f. 1.

Printemps, été, automne. Sur le bois pourri, dans les lieux humides, en touffes nombreuses ; notamment sur un tronc pourri, près de la cascade de la Vallée-Suisse, à Troyes, où il revient chaque année !! au Pré-Dillon !! etc.

611. PANŒOLUS Fries. (*Panœolus.*)

1703. PANOEOLUS CAMPANULATUS Fries, Gillet, 622. (*Panæolus en cloche.*)

Printemps, été, automne. Sur la terre fumée, dans un pot de fleurs, à Troyes !!

612. BOLETUS L. (*Bolet.*)

1704. Boletus lividus Bull. pl. 490, f. 2. Gillet, 632. (*Bolet livide.*)

Automne. Lieux humides et ombragés, bords des fossés, le plus souvent solitaire; dans un bois d'aulnes, près de Saint-Germain; *Corrard de Breban*; terrain humide des marais de Bréviandes !!

1705. Boletus scaber Bull. pl. 489, f. 2. Gillet, 637. (*Bolet rude.*)

Eté, automne. Dans les bois. Comestible; *Corrard de Breban.*

1706. Boletus granulatus L. Gillet, 639. (*Bolet granuleux.*)

Eté, automne. Dans les gazons des jardins publics de Troyes !! Ce champignon, d'après Gillet, doit être regardé comme dangereux ou pour le moins comme suspect.

1707. Boletus badius Fries, Gillet, 641. (*Bolet fauve.*)

Automne. Dans les jardins publics de la ville de Troyes !! 20 septembre 1880, en même temps que le précédent. Comestible selon Cordier.

1708. Boletus luridus Schœff., Gillet, 642. (*Bolet blême.*)

Eté, automne. Très-commun dans les bois des environs de Troyes; *Corrard de Breban.*

1709. Boletus edulis Bull. pl. 60 et 494. Gillet, 646. (*Bolet comestible.*)

Eté, automne. Assez commun dans les bois des environs de Troyes. Comestible; *Corrard de Breban.*

613. FISTULINA Fries. (*Fistuline.*)

1710. Fistulina hepatica Fries, Gillet, 653. (*Fistuline hépatique.*)

Eté, automne. Sur les vieilles souches, au pied des arbres, solitaire ou en touffe; Bar-sur-Seine! *docteur Cartereau*; bois de Bailly!! forêt de Rumilly-les-Vaudes!!

614. POLYPORUS Fries. (*Polypore.*)

1711. Polyporus fuligineus Fries, Gillet, 659. *(Polypore fuligineux.)*

Syn : *Boletus polyporus* Bull. 469.

Sur la terre, au milieu de la voie ferrée, entre les rails, au bois de Fouchy !! 18 juillet 1877.

1712. Polyporus perennis Fries, Gillet, 663. (*Polypore vivace.*)

Printemps, automne. Sur la terre stérile, les charbonnières, les vielles souches pourries ; Bar-sur-Seine ! *docteur Cartereau.*

1713. Polyporus varius Fries, Gillet, 667. (*Polypore varié.)*

Syn : *Polyporus calceolus* Bull. pl. 360 et 445, f. 2.

Sur le tronc excavé des vieux saules, sur celui de l'aulne etc. ; solitaire ou en touffes plus ou moins fortes ; Bar-sur-Seine ! *docteur Cartereau.*

1714. Polyporus squamosus Fries, Gillet, 668. (*Polypore écailleux.*)

Syn : *Boletus juglandis* Bull. pl. 19.

Eté, automne. Sur le tronc des vieux arbres, surtout du noyer et de l'orme ; solitaire ou en groupes ; *Corrard de Breban ;* au Pré-Dillon, sur un tronc coupé près de terre !!

1715. Polyporus adustus Fries, Gillet, 674. *(Polypore brûlé.)*

Syn : *Boletus pelloporus* Bull. 501, f. 2.

Sur les branches mortes et les troncs d'arbres ; imbriqué ou solitaire ; Bar-sur-Seine ! *docteur Cartereau.*

1716. Polyporus hispidus Fries, Gillet, 675. (*Polypore hispide.*)

Syn : *Boletus hispidus* Bull. 210 et 493.

Eté, automne. Sur le tronc des vieux arbres, surtout des poiriers, des pommiers ; *Corrard de Breban ;* sur le tronc d'un orme, à Villemereuil !! 6 octobre 1878.

1717. Polyporus hirsutus Fries, Gillet, 680. (*Polypore hérissé.*)

Eté, automne. Sur le tronc d'un peuplier coupé près de terre, sur les bords du canal, à Troyes!!

1718. Polyporus versicolor Fries, Gillet, 681. (*Polypore bigarré.*)

Syn : *Boletus versicolor* Bull. 86.

Sur le tronc des arbres; Troyes! *Corrard de Breban;* Bar-sur-Seine! *docteur Cartereau;* bois de Macey!! forêt de Rumilly!! etc.

1719. Polyporus zonatus Fries, Gillet, 681. (*Polypore zoné.*)

Sur un tronc d'arbre coupé près de terre, sur les bords des marais de Payns!! 19 septembre 1878.

615. FOMES Fries. (*Fomes.*)

1720. Fomes fomentarius Pers., Gillet, 686. (*Fomes amadouvier.*)

Syn : *Boletus ungulatus* Bull.

Sur les vieux troncs; *Corrard de Breban.*

1721. Fomes applanatus Fries, Gillet, 686. (*Fomes aplani.*)

Sur les troncs des frênes coupés près de terre, dans le parc du château de Villebertin!!

1722. Fomes igniarius Fries, Gillet, 687. (*Fomes combustible.*)

Syn : *Boletus igniarius* Bull. 454.

Sur le tronc des arbres, surtout du chêne, du hêtre, du saule, du peuplier; *Corrard de Breban;* sur un saule au Vouldy!!

616. MERISMA Fries. (*Mérisma.*)

1723. Merisma umbellatus Fries, Gillet. 691. (*Mérisma en ombelle.*)

Automne. A terre, à la base des troncs d'arbres, dans les bois de Vauchassis!!

617. PHYSISPORUS Chev. (*Physispore.*)

1724. Physisporus vulgaris Fries, Gillet, 697. (*Physispore commun.*)

Sur les clotures, sur les bois morts; notamment sur une poutrelle, servant de clôture, au bois de Fouchy !!

1725. Physisporus medula-panis ? Chev., Gillet, 697. (*Physispore mie de pain.*)

Syn : *Polyporus medula-panis* Fries.

Sur les vieux bois, quelquefois à terre; bois de Fouchy !! Pré-Dillon !!.

1726. Physisporus obliquus Fries, Gillet, 700. (*Phisispore oblique.*)

Sur une tige d'érable en décomposition !! 25 juin 1879.

618. TRAMETES Fries. (*Trama.*)

1727. Trametes gibbosa Fries, Gillet, 701. (*Trama bossu.*)

Sur un tronc d'arbre, coupé près de terre; dans un endroit très-humide de la plaine de Foolz !!

1728. Trametes rubescens L. Gillet, 701. (*Trama rougeâtre.*)

Sur un tronc coupé près de terre, au bois de Fouchy !!

1729. Trametes suaveolens Fries, Gillet, 702. (*Trama à odeur suave.*)

Sur le tronc des saules, à Saint-Germain, *Corrard de Breban*; dans les prairies qui bordent la Seine, à Troyes !!

619. DÆDALEA Pers. (*Dédalée.*)

1730. Dædalea unicolor Fries, Gillet, 705. (*Dédalée unicolore.*)

Syn : *Boletus unicolor* Bull. 501, f. 3.

Sur les troncs morts ou coupés, ordinairement imbriqué; *Corrard de Breban*; Bar-sur-Seine ! *docteur Cartereau.*

1731. DÆDALEA QUERCINA Fries, Gillet, 706. (*Dédalée du chêne.*)

Syn : *Agaricus labyrinthiformis* Bull. 352.

Sur le tronc des arbres, sur le bois de charpente; Saint-Germain! *Corrard de Breban;* sur les poutrelles d'un pont, au bois de Fouchy!!

1732. DÆDALEA CINEREA Fries, Gillet, 706. (*Dédalée cendrée.*)

Sur un vieux tronc de peuplier. Rapporté de la forèt d'Othe, pour l'exposition d'horticulture, par l'administration des forêts! 10 septembre 1879.

620. HYDNUM L. (*Hydne.*)

1733. HYDNUM REPANDUM L.. Gillet, 716. (*Hydne sinué.*)

Syn : *Hydnum sinuatum* Bull. 172.

Sur la terre, dans les bois couverts; bois de Bouilly! *Corrard de Breban;* Bar-sur-Seine! *docteur Cartereau;* forêt de Rumilly-les-Vaudes!! 4 septembre 1878. Comestible.

1734. HYDNUM GRAVEOLENS Delast., Gillet, 719. (*H. à odeur forte.*)

Eté, automne. Forêt de Rumilly et apporté, le 10 septembre 1879, à l'exposition horticole, à Troyes, par l'administration des forêts!

1735. HYDNUM ZONATUM Fries, Gillet, 722. (*Hydne zoné.*)

Sur la terre dans la forêt de Rumilly-les-Vaudes!! [4 octobre 1878.

1736. HYDNUM CAPUT-MEDUSÆ Bull. pl. 442. Gillet, 725. (*H. tête de Méduse.*)

Eté, automne. Sur les vieilles souches, sur les troncs morts. Comestible; *Corrard de Breban.*

621. CRATERELLUS Fries. (*Cratérelle.*)

1737. CRATERELLUS LUTESCENS Fries, Gillet, 739. (*Cratérelle jaunâtre.*)

Syn : *Cantharellus lutescens* Fries. *Helvella cantharelloides* Bull. 473, f. 35.

Eté, automne. Lieux humides, sous les pins ! Bar-sur-Seine ! *docteur Cartereau.*

1738. CRATERELLUS CORNUCOPIOIDES Pers., Gillet, 740. (*Cratérelle corne d'abondance.*)

Syn : *Helvella cornucopioides* Schœff. Bull. 150 et 498, f. 3.

Eté, automne. Sur la terre, dans les bois, en groupes plus ou moins nombreux ; bois de Bouilly ! *Corrard de Breban ;* Bar-sur-Seine ! *docteur Cartereau.*

622. THELEPHORA Fries. (*Théléphore.*)

1739. THELEPHORA PALMATA Fries, Gillet, 742. (*Théléphore palmé.*)

Syn : *Merisma palmatum* Pers., Bot. Gall. p. 766.

Dans les sapinières humides ; Bar-sur-Seine ! *docteur Cartereau.*

1740. THELEPHORA CRISTATA Fries, Gillet, 745. (*Théléphore à crête.*)

Syn : *Merisma cristatum* Pers. *Clavaria laciniata* Bull. 415, f. 1.

Eté, automne. Sur les mousses, les graminées et surtout sur la face inférieure des feuilles de hêtre ; Bar-sur-Seine ! *docteur Cartereau.*

1741. THELEPHORA SEBACEA Fries, Gillet, 745. (*Théléphore cébacé.*)

Sur les graminées, les feuilles mortes, les vieux bois ; Bar-sur-Seine ! *docteur Cartereau.*

623. STEREUM Fries. (*Stéréum.*)

1742. STEREUM FERRUGINEUM Fries, Gillet, 747. (*Stéréum ferrugineux.*)

Syn : *Auricularia ferruginea* Bull. 378.

Automne, hiver. Entre les fentes de l'écorce des arbres, sur les vieux bois, surtout de pins, imbriqué ; Bar-sur-Seine ! *docteur Cartereau ;* station de Verrières ; sur des poutrelles placées dans la maçonnerie.

1743. STEREUM HIRSUTUM Fries, Gillet, 747. (*Stéréum hérissé.*)

Syn : *Auricularia reflexa* Bull. 274.

Sur les arbres morts, les vieilles poutres; Saint-Germain! *Corrard de Breban;* Bar-sur-Seine! *docteur Cartereau;* plaine de Foolz!! bois de Macey!! de Fontvannes!! etc.

1744. Stereum purpureum Pers., Gillet, 747. (*Stéréum pourpré.*)

Syn : *Auricularia reflexa* Bull. 483.

Sur les troncs de peupliers, coupés près de terre; dans l'avenue qui conduit du chemin de fer au château de Villebertin!!

1745. Stereum disciforme Fries, Gillet, 748. (*Stéréum en disque.*)

Syn : *Thelephora disciformis* D. C. 5. p. 31.

Automne, hiver. Sur les troncs couchés du chêne; Bar-sur-Seine! *docteur Cartereau.*

624. CORTICIUM Fries. (*Corticium.*)

1746. Corticium lacteum Fries, Gillet, 752. (*Corticium blanc de lait.*)

Automne, hiver. Sur le bois et les écorces; Bar-sur-Seine! *docteur Cartereau;* sur l'écorce de l'érable destiné au chauffage!!

1747. Corticium lœve Fries, Gillet, 752. (*Corticium lisse.*)

Sur l'écorce du charme, destiné au chauffage!!

1748. Corticium cœruleum Fries, Gillet, 752. (*Corticium bleu.*)

Syn : *Thelephora cœrulea* D. C. 2. p. 107.

Sur le bois pourri; Bar-sur-Seine! *docteur Cartereau.*

1749. Corticium cinnamomeum Fries, Gillet, 752. (*Corticium canelle.*)

Syn : *Thelephora cinnamomeum* Pers.

Sur l'écorce des jeunes aulnes, près de Saint-André!!

1750. Corticium velutinum Fries, Gillet, 753. (*Corticium velouté.*)

Sur un copeau de chêne destiné au chauffage!! mai 1878.

1751. Corticium cinereum Fries, Gillet, 753. (*Corticium cendré.*)

Syn : *Thelephora cinerea* Pers., D. C. 5. 32.

Eté, automne. Sur l'écorce des arbres; Bar-sur-Seine! *docteur Cartereau.*

1752. Corticium polygonium Pers., Gillet, 754. (*Corticium polygone.*)

Syn : *Thelephora polygonia* Pers.

Printemps, automne. Sur l'écorce du tremble, du peuplier; Bar-sur-Seine! *docteur Cartereau.*

1753. Corticium quercinum Fries, Gillet, 754. (*Corticium du chêne.*)

Syn : *Thelephora corticialis* D. C. *Auricularia corticialis* Bull. 436, f. 1.

Automne, hiver. Sur les écorces, le bois mort, surtout du chêne; Bar-sur-Seine! *docteur Cartereau.*

625. CALOCERA Fries. (*Calocère.*)

1754. Calocera cornea Fries, Gillet, 756. (*Calocère cornée.*)

Syn : *Clavaria aculeiformis* Bull. 463, f. 4.

Automne, hiver. Sur les troncs, dans les fentes des bois; Bar-sur-Seine! *docteur Cartereau.*

626. CLAVARIA L. (*Clavaire.*)

1755. Clavaria falcata Pers., Gillet. 761. (*Clavaire falciforme.*)

Sur la terre, dans une allée du parc de Villemereuil!! 8 septembre 1878.

1756. Clavaria pistillaris Bull., pl. 244. Gillet, 762. (*Clavaire pistillaire.*)

Eté, automne. Dans les bois; Bouilly! *Corrard de Breban;* Bar-sur-Seine! *docteur Cartereau;* Bailly!! 26 octobre 1875. Comestible.

1757. Clavaria fragilis Fries, Gillet, 762. (*Clavaire fragile.*)

Sur la terre, près de Villemaur! *Emile Pillot.* Septembre 1880.

1758. CLAVARIA FUSIFORMIS Sow., Gillet, 763. (*Clavaire fusiforme.*)

Sur la terre, dans la forêt de Rumilly et envoyé, à Troyes, à l'exposition horticole, le 10 septembre 1879, par l'administration des forêts!

1759. CLAVARIA AMETHYSTINA Bull. pl. 496. f. 2. Gillet, 764. (*C. améthyste.*)

Automne. Sur la terre, dans les bois, Bar-sur-Seine! *docteur Cartereau ;* Bailly!!

1760. CLAVARIA FLAVA, Schœff., Gillet, 764. (*Clavaire jaunâtre.*)

Eté, automne. Sur la terre, dans la forêt de Rumilly et envoyé, à Troyes, à l'exposition horticole, le 10 septembre 1879, par l'administration des forêts!

1761. CLAVARIA FASTIGIATA L., Gillet, 765. (*Clavaire fastigiée.*)

Sur la terre, au bois de Bailly!! 26 octobre.

1762. CLAVARIA CORALLOIDES L., Gillet, 765. (*Clavaire coralloïde.*)

Sur la terre, dans les bois, Bar-sur-Seine! *docteur Cartereau!* Comestible.

1763. CLAVARIA CINEREA Bull., Gillet, 765. (*Clavaire cendrée.*)

Syn : *Clavaria coralloides cinerea* Bull. 354.

Automne. Sur la terre, dans les bois; Bouilly, *Corrard de Breban;* Bar-sur-Seine! *docteur Cartereau;* bois de Macey!! 9 octobre 1875.

1764. CLAVARIA KUNZEI Fries, Gillet, 766. (*Clavaire de Kunz.*)

Sur la terre, dans la forêt d'Orient!! 27 septembre 1878.

1765. CLAVARIA RUGOSA Bull. pl. 448, f. 2. Gillet. 766. (*Clavaire rugueuse.*)

Eté, automne. Sur la terre, Bar-sur-Seine! *docteur Cartereau.*

1766. CLAVARIA RUFO-VIOLACEA Barl., Gillet, 768. (*C. rousse-violacée.*)

Automne. Forêt de Rumilly, par l'administration des forêts ! 10 septembre 1879.

1767. CLAVARIA FORMOSA Pers., Gillet, 768. (*Clavaire élégante.*)

Automne. Forêt de Rumilly, par l'administration des forêts ! 10 septembre 1879.

1768. CLAVARIA AUREA Schœff., Gillet, 768. (*Clavaire dorée.*)

Syn : *Clavaria coralloides* Bull. 222.

Automne. Sur la terre, dans les bois ombragés et humides ; Bouilly, *Corrard de Breban ;* Bar-sur-Seine ! *docteur Cartereau ;* bois de Bailly !! 9 octobre 1876.

1769. CLAVARIA ABIETINA Fries, Gillet, 769. (*Clavaire des sapins.*)

Sur les feuilles des pins, dans un parc à Saint-Julien !! 9 septembre 1878.

627. EXIDIA Fries. (*Exidie.*)

1770. EXIDIA GLANDULOSA Fries, Gillet, 775. (*Exidie glanduleuse.*)

Syn : *Tremella glandulosa* Bull. 420, f. 1.

Hiver. Sur les branches mortes du chêne, auxquelles elle adhère par des pédicules plus ou moins courts ; Bar-sur-Seine ! *docteur Cartereau.*

628. HIRNEOLA Fries. (*Hirnéole.*)

1771. HIRNEOLA AURICULA-JUDÆ L., Gillet, 775. (*Hirnéole oreilles de Judas.*)

Syn : *Tremella auricula-Judæ* Bull. 427, f. 2.

Automne. Sur les vieux troncs des sureaux, en touffes ; Bar-sur-Seine ! *docteur Cartereau.*

629. TREMELLA Dill. (*Trémelle.*)

1772. TREMELLA LUTESCENS Pers., Gillet, 778. (*Trémelle jaunâtre.*

Syn : *Tremella mesenteriformis* Bull, 406, f. B. D.

Automne, hiver. Sur les rameaux morts et tombés, en touffes; *Corrard de Breban; docteur Cartereau.*

630. DACRYMYCES Nees. (*Dacrymyces.*)

1773. Dacrymyces urticæ Fries, Gillet, 781. (*Dacrymyces de l'ortie.*)

Hiver, printemps. Sur les tiges sèches de l'*ortie dioique*, en groupes; Bar-sur-Seine! *docteur Cartereau.*

1774. Dacrymyces deliquescens Dub., Gillet, 782. (*Dacrymyces deliquescent.*)

Syn : *Tremella deliquescens* Bull. 455. f. 3.

Sur les vieilles souches des sapins; Bar-sur-Seine! *docteur Cartereau.*

631. PHALLUS Mich. (*Satyre.*)

1775. Phallus impudicus L., Gillet, 785. (*Satyre impudique.*)

Fin de l'été et en automne. Lieux gazonneux, haies, jardins, bois; *Corrard de Breban; docteur Cartereau.*

CXX. PÉZIZÉES. (Discomycètes.) [1]

632. CORYNA Chev. (*Coryne.*)

1776. Coryna sarcoides Fries, Chev., p. 97. (*Coryne charnue.*)

Syn : *Tremella sarcoides* With. Bot. Gallicum, p. 731. T. dubia Pers., D. C. 2. 91.

Sur le bois pourri; Bar-sur-Seine! *docteur Cartereau.*

633. CENANGIUM Fries. (*Cenangium.*)

1777. Cenangium cerasi? Fries, Bot. Gall. 735. (*Cenanguium du cerisier.*)

Syn : *Peziza cerasi* Pers. D. C. 5. p. 19.

Sur les branches du cerisier, au printemps.

---

[1] Les Pézizées sont classées dans l'ordre adopté par le *Botanicon Gallicum*, ainsi que les familles suivantes.

1778. Cenangium quercinum Fries, Bot. Gall. 736 (*C. du chêne.*)

Syn : *Hysterium quercinum* Pers., *Hypoderma quercinum* D. C., 2. 306.

Sur les rameaux desséchés des chênes; Bar-sur-Seine! *docteur Cartereau.*

634. BULGARIA Fries. (*Bulgarie.*)

1779. Bulgaria inquinans Fries, Bot. Gall. 738. (*Bulgarie tachante.*)

Syn : *Peziza nigra* D. C. 2. 89. Bull. 460. f. 1.

Sur les bois morts, et en particulier sur les troncs de chêne coupés et exposés à l'air; Bar-sur-Seine! *docteur Cartereau.*

635. PEZIZA Dill. (*Pezize.*)

1780. Peziza badia Pers., Bot. Gall. 739. (*Peziza baie.*) D. C. 2. 593.

Sur la terre, dans les bois; Bar-sur-Seine! *docteur Cartereau.*

1781. Peziza coccinea Schœff., Bot. Gall. 740. (*Pezize scarlatine.*) D. C. 2. 86. Bull. 474.

Sur les pelouses, aux bords des chemins, dans les bois; Bar-sur-Seine! *docteur Cartereau.*

1782. Peziza cupularis L., Bot. Gall. 742. (*Pezize cupulaire.*)

Syn : *Peziza crinites,* Bull. 396, f. 3. D. C. 2. 86.

Sur la terre, dans les fossés humides; Saint-Germain; *Corrard de Breban.*

1783. Peziza omphalodes Bull. 485, f. 1. Bot. Gall. 743. (*Pezize ombiliquée*).

Sur la terre, parmi la mousse, dans une cour, à Troyes!!

1784. Peziza scutellata L., Bot. Gall. 744. (*P. en écusson.*) Bull. 10. D. C. 2. 77.

Sur les vieilles souches et souvent sur la terre, Troyes; *Corrard de Breban;* Bar-sur-Seine! *docteur Cartereau.*

1785. PEZIZA CRINITA Bull. 416, f. 2. Bot. Gall. 744. (*P. à crinière.*) D. C. 2. 78.

Sur du bois de chauffage à demi-pourri !! 20 juin 1878.

1786. PEZIZA BICOLOR. Bull. 410, f. 3. Bot. Gall. 746. (*Pezize bicolore.*) D. C. 2. 79.

Syn : *Peziza minuta* Fries. *Peziza pulchella* Pers.

Sur les vieilles souches, sur les branches tombées à terre ; Bar-sur-Seine ! *docteur Cartereau.*

1787. PEZIZA ALBOVIOLASCENS Alb. et Schw., Bot. Gall. 746.) *P. blanc violacé.*)

Syn : *Peziza fallax* Pers.

Sur les tiges du chèvrefeuille ; Bar-sur-Seine ! *docteur Cartereau..*

1788. PEZIZA SULPHUREA Pers. Bot. Gall. 747. (*Pezize couleur de soufre.*)

Syn : *Peziza citrinella* D. C. 5. 24.

Sur les tiges mortes de l'ortie dioique ; Bar-sur-Seine ! *docteur Cartereau.*

1789. PEZIZA ANOMALA Pers., Bot. Gall. 748.. (*Pezize anomale.*)

Syn : *Peziza stipata* Pers., *Peziza rugosa* Sw.

Sur les rameaux morts, dans les bois ; Bar-sur-Seine ! *docteur Cartereau.*

1790. PEZIZA FUSCA Pers., Bot. Gall. 749. D. C. 5. 18. (*Pezize brune.*)

Sur l'écorce des arbres ; Bar-sur-Seine ! *docteur Cartereau.*

1791. PEZIZA SANGUINEA Pers, Bot. Gall. 749. D. C. 5. 21. (*Pezize sanguine.*)

Sur le bois mort ; Bar-sur-Seine ! *docteur Cartereau.*

1792. PEZIZA SUBULARIS Bull. 500, f. 1. Bot. Gall. 749. D. C. 2. 83. (*Pezize en alène.*)

Sur les graines, à demi-pourries, du *Bidens tripartita*, dans les marais de Bréviandes !!

1793. PEZIZA FRUCTIGENA Bull. 228. Bot. Gall. 750. D. C. 2. 82. (*Pezize des fruits.*)

Sur les rameaux morts et les glands de chêne; Bar-sur-Seine! *docteur Cartereau.*

1794. PEZIZA CITRINA Batsch., Bot. Gall. 751. D. C. 5. 22. (*Pezize citrine.*)

Sur les bois morts, dénudés d'écorce, dans les lieux montueux et humides; Bar-sur-Seine! *docteur Cartereau.*

1795. PEZIZA NERVISEQUA Pers., Bot. Gall. 754. (*Pezize des nervures.*)

Sur les feuilles mortes du plantain lancéolé; Bar-sur-Seine! *docteur Cartereau.*

636. HELVELLA L. (*Helvelle.*)

1796. HELVELLA CRISPA Fries, Bot. Gall. 756. (*Helvelle crépue.*)

Sur la terre humide, dans les bois; Bar-sur-Seine! *docteur Cartereau.*

1797. HELVELLA LACUNOSA Afzel, Bot. Gall. 756. (*Helvelle lacuneuse.*)

Sur la terre, dans les bois; Bar-sur-Seine! *docteur Cartereau.*

637. MORCHELLA Dill. (*Morille.*)

1798. MORCHELLA ESCULENTA Pers., Bot. Gall. 757. Bull. 218. (*Morille comestible.*)

Sur la terre, dans les haies, dans les bois, au printemps; *Corrard de Breban.*

638. LEOTIA Hill. (*Léotie.*)

1799. LEOTIA GELATINOSA Hill., Bot. Gall. 759. (*Léotie gélatineuse.*)

Syn : *Helvella gelatinosa* Bull. 473, f. 2. D. C. 2. 95. *Leotia lubrica* Pers.

Sur la terre et les vieilles souches, en automne; Bar-sur-Seine! *docteur Cartereau.*

CXXI. LYCOPERDACÉES. (Gasteromycètes.)

639. SCLERODERMA Pers. (*Scléroderme.*

1800. Scleroderma aurantium Pers., Bot. Gall. 852. (*Scleroderme orangée.*)

Syn : *Lycoperdon aurantium* Bull. 270. D. C. 2. 266.

Sur la terre; Bar-sur-Seine! *docteur Cartereau*; forêt de Rumilly-les-Vaudes!!

1801. Scleroderma verrucosum Pers., Bot. Gall. 852. (*Scléroderme à verrues.*)

Syn : *Lycoperdon verrucosum* Bull. 24. D. C. 2. 265.

Sur la terre, dans la plaine de Foolz!!

640. GEASTRUM Pers. (*Géastre.*)

1802. Geastrum hygrometricum Pers., Bot. Gall. 853. (*Géastre hygrométrique.*)

Syn : *Lycoperdon stellatum* Bull. 238 et 471. f. M. N.

Dans les bois sablonneux; Bar-sur-Seine! *docteur Cartereau.*

641. BOVISTA Pers. (*Boviste.*)

1803. Bovista gigantea Nees, Bot. Gall. 854. (*Boviste gigantesque.*)

Syn : *Lycoperdon giganteum* D. C. 2. 264. *Lycoperdon bovista* Bull. 447.

Sur la terre, dans les bruyères; Bar-sur-Seine! *docteur Cartereau*; plaine de Foolz!!

642. LYCOPERDON Mich. (*Licoperdon.*)

1804. Lycoperdon hyemale Bull. 72 et 475, f. E. Bot. Gall. 854. (*Ly. d'hiver.*)

Syn : *Lycoperdon proteus* v. d. D. C. 2. 265.

Sur la terre sablonneuse de la plaine de Foolz!!

1805. Lycoperdon pyriforme Bull. 32. Bot. Gall. 854. (*Lycoperdon pyriforme.*)

Syn : *Lycoperdon proteus* v. b. c. D. C. 2. 265.

Sur la terre sablonneuse de la plaine de Foolz !!

643. TULOSTOMA Pers. (*Tulostome.*)

1806. Tulostoma brumale Pers., Bot. Gall. 855. D. C. 2. 269. (*Tulostome d'hiver.*)

Syn : *Lycoperdon pedunculatum* L., Bull. 294 et 271. f. 2.

Sur la terre, sur les toits de chaume; *Corrard de Breban;* Bar-sur-Seine! *docteur Cartereau;* Montgueux!! Bréviandes!!

644. ONYGENA Pers. (*Onygène.*)

1807. Onygena equina Pers., Bot. Gall. 856. (*Onygène du cheval.*)

Sur la corne et les os des animaux, dans les bois; Bar-sur-Seine! *docteur Cartereau.*

645. STEMONITIS Gmel. (*Stémonitis.*)

1808. Stemonitis fasciculata Pers., Bot. Gall. 857. (*Stemonitis en faisceau.*)

Syn : *Trichia axifera* Bull. 477. D. C. 2. 256.

Sur les troncs morts et les mousses, en automne; Bar-sur-Seine! *docteur Cartereau.*

646. LEANGIUM Fries. (*Léangium.*)

1809. Leangium vernicosum Dub., Bot. Gall. 858. (*Léangium luisant.*)

Syn : *Diderma vernicosum* Pers.

Sur les mousses, dans les bois; Bar-sur-Seine! *docteur Cartereau.*

647. TRICHIA Hall. (*Trichie.*)

1810. Trichia rubiformis Pers., Bot. Gall. 859. (*Trichie rubiforme.*)

Sur les troncs pourris, dans les bois; Bar-sur-Seine! *docteur Cartereau.*

1811. Trichia clavata Pers., Bot. Gall. 859. D. C. 5. 101. (*Trichie en massue.*)

Au printemps et en automne, sur le bois pourri ; Bar-sur-Seine! *docteur Cartereau.*

1812. Trichia nitens Pers., Bot. Gall. 860. *(Trichie luisante.)*

Syn : *Trichia chrysosperma* D. C. 2. 250.

Sur les bois morts en décomposition ; Bar-sur-Seine! *docteur Cartereau.*

648. PHYSARUM Pers. (*Physarum.*)

1813. Physarum farinaceum Pers., Bot. Gall. 860. *(Physarum farineux.)*

Syn : *Didymium farinaceum* Schrad.

Sur les mousses, dans les bois ; Bar-sur-Seine! *docteur Cartereau ;* sur l'écorce des tilleuls, sur la promenade, à Troyes!! 16 octobre 1875 ; sur l'écorce du bois destiné au chauffage!!

649. LYCOGALA Pers. (*Lycogale.*)

1814. Lycogala miniata Pers., Bot. Gall. 862. D. C. 2. 261. *(Lycogale rouge.)*

Sur le bois mort, en décomposition ; Bar-sur-Seine! *docteur Cartereau.*

650. CARPOBOLUS Mich. (*Carpobole.*)

1815. Carpobolus stellatus Desmaz., Bot. Gall. 865. (*Carpobole en étoile.*)

Sur le bois mort, pendant l'automne ; Bar-sur-Seine! *docteur Cartereau.*

651. CYATHUS Hall. (*Nidulaire.*)

1816. Cyathus striatus Hoffm., Bot. Gall. 865. D. C. 2. 269. *(Nidulaire striée.)*

Syn : *Nidularia striata* Bull. 40, f. 1.

Sur la terre et sur le bois pourri ; Bar-sur-Seine! *docteur Cartereau.*

1817. Cyathus crucibulum Hoffm., Bot. Gall. 865. *(Nidulaire lisse.)*

Syn : *Cyathus lævis* D. C. 2. 269. *Nidularia lævis* Bull. 40, f. 3. 488, f. 2.

Sur le bois mort; Bar-sur-Seine! *docteur Cartereau.*

652. ERYSIPHE Hedw. (*Erysiphé.*)

1818. Erysiphe communis Linck., Bot. Gall. 869. (*Erysiphé commun.*)

V. b. *umbelliferarum* Linck.

Syn : *Erysiphe heraclei* Schleich. D. C. 5. 107.

Sur les feuilles de l'*Heracleum sphondyllum;* Bar-sur-Seine! *docteur Cartereau.*

1819. Erysiphe lamprocarpa Linck., v. b. *plantaginis* Bot. Gall. 869. (*E. à fruits brillants.*)

Sur les feuilles du *plantago major;* Bar-sur-Seine! *docteur Cartereau.*

1820. Erysiphe adunca, v. a. *populi* Linck., Bot. Gall. 870. (*Erysiphé du peuplier.*)

Syn : *Erysiphe populi* D. C. 5. 104.

Sur les feuilles des peupliers; Bar-sur-Seine! *docteur Cartereau.*

1821. Erysiphe aceris D. C. 5. 104. Bot. Gall. 870. (*Erysiphé de l'érable.*)

Sur les feuilles de l'érable champêtre; bois de Macey!!

1822. Erysiphe divaricata, v. b. loniceræ Linck., Bot. Gall. 871. (*Erysiphé du chèvrefeuille.*)

Syn : *Erysiphe loniceræ* D. C. 5. 107.

Sur les feuilles du chèvrefeuille; Bar-sur-Seine! *docteur Cartereau.*

1823. Erysiphe guttata v. a. coryli Linck., Bot. Gall. 871. (*Erysiphé du coudrier.*)

Erysiphe coryli D. C. 2. 272.

Sur les feuilles du coudrier; Bar-sur-Seine! *docteur Cartereau.*

1824. Erysiphe salicis D. C. 2. 273. Bot. Gall. 871. (*Erysiphé du saule.*)

Sur les feuilles du saule; Bar-sur-Seine! *docteur Cartereau.*

653. SCLEROTIUM Tode. (*Sclérote.*)

1825. Sclerotium clavus D. C. 5. 115. Bot. Gall. 872. (*Sclérote ergot.*)

Entre les glumes du seigle; Bar-sur-Seine! *docteur Cartereau.*

1826. Sclerotium durum Pers., Bot. Gall. 874. D. C. 2. 277. (*Sclérote dur.*)

Sur les tiges sèches des plantes; Bar sur-Seine! *docteur Cartereau.*

654. XYLOMA Linck. (*Xyloma.*)

1827. Xyloma populinum Dub., Bot. Gall. 875. (*Xyloma des peupliers.*)

Syn : *Sclerotium populinum* D. C. 5. 114.

Sur les feuilles des peupliers; Bar-sur-Seine! *docteur Cartereau.*

1828. Xyloma salicinum Dub., Bot. Gall. 875. (*Xyloma du saule.*)

Syn : *Sclerotium salicinum* D. C. 5. 114.

Sur les feuilles mourantes des saules; Bar-sur-Seine! *docteur Cartereau.*

655. ILLOSPORIUM Mart. (*Illospore.*)

1829. Illosporium roseum Mart., Bot. Gall. 876. (*Illospore rose.*)

Syn : *Tubercularia rosea* Pers., D. C. 2. 276.

Parmi les lichens, sur l'écorce des arbres; Bar-sur-Seine! *docteur Cartereau.* Sur la mousse à Villechétif!!

CXXII. URÉDINÉES. (Gymnomycètes.)

656. TUBERCULARIA Tode. (*Tuberculaire.*)

1830. Tubercularia vulgaris Tode, Bot. Gall. 880. (*Tuberculaire commune.*)

Syn : *Tremella purpurea* L.

Sur les écorces de divers arbres, tels que le groseillier, le rosier, l'érable, etc.; Bar-sur-Seine! *docteur Cartereau*; Troyes!!

1831. Tubercularia confluens Pers., Bot. Gall. 880. (*Tuberculaire confluente.*) D. C. 2. 276.

Syn : *Tubercularia castanæ* Pers. D. C. 5. 109.

Sur les rameaux morts du hêtre, du châtaignier, de l'érable, etc.; Bar-sur-Seine! *docteur Cartereau.*

1832. Tubercularia granulata Pers., Bot. Gall. 880. D. C. 5. 109. (*T. granulée.*)

Sur les branches mortes de l'érable et du tilleul; Bar-sur-Seine! *docteur Cartereau.*

1833. Tubercularia cinnabarina D. C. 2. 276. Bot. Gall. 880. (*T. vermillon.*)

Sur l'écorce du bois de chauffage!!

657. EXOSPORIUM Linck. (*Exospore.*)

1834. Exosporium eryngii Cheval., Bot. Gall. 882. (*Exospore de l'Eryngium.*)

Syn : *Conoplea eryngii* Pers.

Sur les tiges et les feuilles mortes du panicaut; Bar-sur-Seine! *docteur Cartereau.*

1835. Exosporium dematium Linck, Bot. Gall. 882. (*Exospore dematium.*)

Syn : *Sphæria pilifera* D. C. 2. 300. *Sphæria dematium* Pers.

Sur les tiges sèches des plantes; Bar-sur-Seine! *docteur Cartereau.*

1836. Exosporium rubi Nees, Bot. Gall. 883. (*Exospore de la ronce.*)

Sur les feuilles du *rubus cæsius;* Bar-sur-Seine! *docteur Cartereau.*

658. STILBOSPORA Nees. (*Stilbospore.*)

1837. Stilbospora macrosperma Pers., Bot. Gall. 883. D. C. 5. 151. (*S. à gros grains.*)

Sur l'écorce des tiges mortes du charme!!

1838. Stilbospora angustata Pers., Bot. Gall. 883. D. C. 5. 151. (*S. à grains retrécis.*)

Sur les rameaux des hêtres, des sapins en décomposition; Bar-sur-Seine! *docteur Cartereau.*

659. MELANCONIUM Nees. (*Mélancone.*)

1839. MELANCONIUM SPHÆROIDEUM Linck., Bot. Gall. 884. (*Mélancone sphéroïde.*)

Syn : *Stilbospora microsperma* Pers., D. C. 5. 150.

Sur l'écorce du noyer; Bar-sur-Seine! *docteur Cartereau.* On le trouve aussi sur la bourdaine, le pin, le hêtre, etc.

1840. MELANCONIUM OVATUM Linck., Bot. Gall. 884. (*M. à grains ovoïdes.*)

Syn : *Stilbospora ovata* D. C. 5. 150.

Sur les troncs morts des arbres; Bar-sur-Seine! *docteur Cartereau.*

660. NEMASPORA Ehrenb. (*Némaspore.*)

1841. NEMASPORA CROCEA Pers., Bot. Gall. 885. D. C. 2. 302. (*Némaspore orangée.*)

Sur l'écorce du hêtre; Bar-sur-Seine! *docteur Cartereau;* Troyes!!

661. PHRAGMIDIUM Linck. (*Phragmidium*).

1842. PHRAGMIDIUM INCRASSATUM, V. a. MUCRONATUM Linck., Bot. Gall. 886.

Syn : *Puccinia rosæ* D. C. 2. 218.

Sur les feuilles des rosiers; Bar-sur-Seine! *docteur Cartereau.*

V. b. *Puccinia rubi* D. C. 2. 218.

Sur les feuilles de ronces; Bar-sur-Seine! *docteur Cartereau.*

662. PUCCINIA Linck. (*Puccinie.*)

1843. PUCCINIA GRAMINIS Pers., Bot. Gall. 889. D. C. 2. 223 et 5. 59. (*Puccinie des graminées.*)

Sur les tiges et sur les feuilles des graminées; Bar-sur-Seine! *docteur Cartereau.*

1844. PUCCINIA ARUNDINACEA Hedw., Bot. Gall. 889. (*Puccinie du roseau.*)

Syn : *Puccinia graminis* v. b. D. C. 5. 59.

Sur les feuilles des roseaux, des calamagrostis; Bar-sur-Seine! *docteur Cartereau.*

663. UREDO Pers. (*Urédo.*)

1845. Uredo candida Pers., Bot. Gall. 892. D. C. 5. 88. (*Urédo blanc.*)

Syn : *Uredo cruciferarum* D. C. 2. 596.

Sur les tiges, les feuilles et les diverses parties des crucifères; Bar-sur-Seine! *docteur Cartereau.*

1846. Uredo portulacæ D. C. 5. 88,, Bot. Gall. 892. (*Urédo du pourpier.*)

Sur les feuilles du pourpier sauvage des jardins; Bar-sur-Seine! *docteur Cartereau.*

1847. Uredo linearis Pers., Bot. Gall. 893. D. C. 2. 233. (*Urédo linéaire.*)

Sur les feuilles de diverses graminées; Bar-sur-Seine! *docteur Cartereau.*

1848. Uredo senecionis D. C. 2. 231. Bot. Gall. 893. (*Urédo du seneçon.*)

Sur les feuilles du *senecio vulgaris;* Troyes!!

1849. Uredo tussilaginis Pers., Bot. Gall. 893. D. C. 2. 231. (*Urédo du tussilage.*)

Sur les feuilles du *tussilago farfara;* Bar-sur-Seine! *docteur Cartereau.*

1850. Uredo ruborum D. C. 2. 234, Bot. Gall. 894. (*Urédo des ronces.*)

Sur la surface inférieure des feuilles de la ronce bleue et de la ronce arbrisseau; Bar-sur-Seine! *docteur Cartereau.*

1851. Uredo potentillarum D. C. 5. 80. Bot. Gall. 894. (*Urédo des potentilles.*)

Syn : *Uredo potentillæ* D. C. 2. 232.

Sur les feuilles de l'aigremoine eupatoire; Troyes!!

1852. Uredo pustulata, v. b. Caryophyllacearum Pers., Bot. Gall. 894. D. C. 5. 85.

Syn : *Uredo pustulata cerastii* Pers.

Sur les feuilles du *Stellaria media;* Bar-sur-Seine ! *docteur Cartereau.*

1853. Uredo campanulæ Pers., Bot. Gall. 894. D. C. 5. 87. (*Urédo des campanules.*)

Sur les feuilles de presque toutes les campanules ; Bar-sur-Seine ! *docteur Cartereau.*

1854. Uredo rhinanthacearum D. C. 5. 80. Bot. Gall. 895. (*U. des rhinanthacées.*)

Sur la surface inférieure des feuilles du *rhinanthus minor;* Bûchères !!

1855. Uredo salicis D. C. 2. 230. Bot. Gall. 896. (*Urédo du saule.*)

Sur les feuilles du saule à trois étamines, sur le saule des vanniers, etc.; Bar-sur-Seine ! *docteur Cartereau.*

1856. Uredo capræarum D. C. 5. 80. Bot. Gall. 896. (*Urédo des saules marceaux.*)

Sur les feuilles des *salix capræa, aurita, acuminata;* Bar-sur-Seine ! *docteur Cartereau.*

1857. Uredo euphorbiæ Rebent., Bot. Gall. 896. (*Urédo de l'euphorbe.*)

Syn : *Urédo helioscopiæ* D. C. 2. 232.

Sur les feuilles et les capsules de différentes espèces d'euphorbe ; Bar-sur-Seine ! *docteur Cartereau.*

1858. Uredo scutellata Pers., Bot. Gall. 896. D. C. 2. 227. (*Urédo en écusson.*)

Sur la surface inférieure des feuilles de l'euphorbe cyprès ; Bar-sur-Seine ! *docteur Cartereau.*

1859. Uredo epilobii D. C. 5. 73. Bot. Gall. 896. (*Urédo de l'épilobe.*)

Syn : *Uredo vagans* v. a. D. C. 2. 228.

Sur les feuilles de *l'epilobium tetragonum* et *montanum;* Bar-sur-Seine ! *docteur Cartereau.*

1860. Uredo cichoraceum D. C. 2. 229. 5. 74. Bot. Gall. 897. (*Urédo des chicoracées.*)

Syn : *Uredo cyani* D. C. 5. 74.

Sur les feuilles de presque toutes les chicoracées; Bar-sur-Seine! *docteur Cartereau.*

1861. Uredo fabæ Pers., Bot. Gall. 897. D. C. 2. 596. 5. 69. (*Urédo de la fève.*)

Syn : *Uredo cytisi* D. C. 5. 63. *U. laburni* D. C. 5. 63. *U. trifolii* D. C. 5. 66.

Sur les feuilles de la fève et de plusieurs autres légumineuses; Bar-sur-Seine! *docteur Cartereau.*

1862. Uredo appendiculata Pers., Bot. Gall. 897. (*Urédo appendiculé.*)

Syn : *Uredo pisi* D. C. 2. 224; 5. 64. *Uredo orobi* D. C. 5. 66. *U. phaseolorum* D. C. 2. 224; 5. 63.

Sur les feuilles de la fève, du pois, de l'orobe, du haricot, etc.; Bar-sur-Seine! *docteur Cartereau.*

1863. Uredo rumicum D. C. 5. 66. Bot. Gall. 899. (*Urédo des rumex.*)

Syn : *Uredo bifrons* D. C. 2. 229.

Sur les feuilles des rumex; Bar-sur-Seine! *docteur Cartereau.*

1864. Uredo suaveolens Pers., Bot. Gall. 900. D. C. 2. 228. (*Urédo odorant.*)

Sur les feuilles du *Circium arvense;* Bar-sur-Seine! *docteur Cartereau.*

1865. Uredo labiatarum D. C. 5. 72. Bot. Gall. 900. (*Urédo des labiées.*)

Syn : *Uredo menthæ* Pers.

Sur différentes labiées, les menthes, le thym, etc.; Bar-sur-Seine! *docteur Cartereau.*

1866. Uredo ranunculacearum D. C. 5. 75. Bot. Gall. 901. (*Urédo des renonculacées.*)

Syn : *Uredo anemones* Pers., D. C. 2. 229.

Sur les feuilles des renoncules, des anémones, etc.; Bar-sur-Seine! *docteur Cartereau.*

1867. Uredo carbo D. C. 5. 76. Bot. Gall. 901. (*Urédo charbon.*)

Syn : *Uredo segetum* Pers., *Reticularia segetum* Bull. 472. f. 1.

Sur l'épi des graminées dont il désorganise et détruit les parties!! *docteur Cartereau.*

1868. Uredo caries D. C. 5. 78. Bot. Gall. 901. (*Urédo carie.*)

Cet urédo n'attaque que le froment; il nait dans l'intérieur même du grain! *docteur Cartereau.*

664. ÆCIDIUM Pers. (*Ecidium.*)

1869. Æcidium cancellatum Pers., Bot. Gall. 902. D. C. 2. 247. (*Ecidium en grillage.*)

Sur les feuilles du poirier commun; Bar-sur-Seine! *docteur Cartereau.*

1870. Æcidium cornutum Pers., Bot. Gall. 902. D. C. 2. 247. (*Ecidium cornu.*)

Sur les feuilles du sorbier-alisier; Bar-sur-Seine! *docteur Cartereau.*

1871. Æcidium berberidis Gmel., Bot. Gall. 903. (*Ecidium de l'épine vinette.*)

Sur les feuilles du *Berberidis vulgaris! docteur Cartereau.*

1872. Æcidium pini Pers., Bot. Gall. 903. D. C. 2. 237. (*Ecidium du pin.*)

Sur les feuilles du pin sylvestre; Bar-sur-Seine! *docteur Cartereau.*

1873. Æcidium bunii D. C. 5. 96. Bot. Gall. 904. (*Ecidium du bunium.*)

Sur les feuilles de diverses espèces d'ombellifères; Bar-sur-Seine! *docteur Cartereau.*

1874. Æcidium prenanthis Pers., Bot. Gall. 905. D. C. 2. 244. (*Ecidium du prenanthe.*)

Sur les feuilles du *Lactuca muralis*, du *Prenanthes purpurea;* Bar-sur-Seine! *docteur Cartereau.*

1875. Æcidium urticæ D. C. 2. 243. Bot. Gall. 905. (*Ecidium de l'ortie.*)

Sur les feuilles de l'ortie dioique !!

1876. ÆCIDIUM NYMPHOIDES D. C. 2. 597. Bot. Gall. 905. (*E. du faux nénuphar.*)

Sur les feuilles du *Limnanthemum nymphoïdes ! des Etangs.*

1877. ÆCIDIUM CLEMATIDIS D. C. 2. 243. Bot. Gall. 906. (*Ecidium de la clématite.*)

Sur les feuilles de la clématite des haies; Bar-sur-Seine! *docteur Cartereau.*

1878. ÆCIDIUM GROSSULARIÆ D. C. 5. 92. Bot. Gall. 906. (*Ecidium des groseilliers.*)

Sur les feuilles des groseilliers; Bar-sur-Seine! *docteur Cartereau.*

1879. ÆCIDIUM RUBELLUM D. C. 2. 241. Bot. Gall. 906. (*Ecidium rougissant.*)

Sur les feuilles de *rumex;* Bar-sur-Seine! *docteur Cartereau.*

1880. ÆCIDIUM TUSSILAGINIS Pers., Bot. Gall. 906. D. C. 2. 241. (*Ecidium du tussilage.*)

Sur les feuilles du *Tussilago farfara;* Bar-sur-Seine! *docteur Cartereau.*

1881. ÆCIDIUM EUPHORBIARUM D. C. 5. 91. Bot. Gall. 907. (*Ecidium des euphorbes.*)

Syn : *Æ. euphorbiæ* Pers., D. C. 2. 249. *Æ. euphorbiæ sylvaticæ* D. C. 2. 241.

Sur les feuilles de l'euphorbe-cyprès, verruqueux et des bois!! *docteur Cartereau.*

1882. ÆCIDIUM PERICLYMENI D. C. 2. 597. Bot. Gall. 907. (*Ecidium du périclymène.*)

Syn : *Æcidium xylostii* D. C. 2. 240.

Sur les feuilles du chèvrefeuille; Bar-sur-Seine! *docteur Cartereau.*

1883. ÆCIDIUM CICHORACEARUM D. C. 2. 239. Bot. Gall. 907. (*Ecidium des chicoracées.*)

Sur les feuilles de scorzonnère, de salsifis des prés; Bar-sur-Seine! *docteur Cartereau.*

1884. ÆCIDIUM LEUCOSPERMUM D. C. 2. 239. 5. 90. Bot. Gall. 907. *(E. à poudre blanche.)*

Sur les feuilles de l'anémone des bois; bois de Vaux !!

CXXIII. MUCÉDINÉES. (HYPHOMYCÈTES.)

665. CRONARTIUM Fries.

1885. CRONARTIUM VINCETOXICI Fic. et Schub., Bot. Gall. 909. *(C. du vincetoxicum.)*

Syn : *Cronartium asclepiadeum* Fries.

Sur les feuilles du *Vincetoxicum officinale ! P. Hariot.*

666. ERINEUM Pers. *(Erinéum.)*

1886. ERINEUM TILIACEUM Pers., Bot. Gall. 909. D. C. 2. 74. *(Erinéum du tilleul.)*

Syn : *Phyllerium tiliaceum* Fries.

Sur les feuilles du tilleul; Bar-sur-Seine ! *docteur Cartereau.*

1887. ERINEUM JUGLANDIS D. C. 5. 15. Bot. Gall. 910. *(Erinéum du noyer.)*

Syn : *Phyllerium juglandinum* Fries.

Sur la surface inférieure des feuilles du noyer; Bar-sur-Seine ! *docteur Cartereau.*

1888. ERINEUM ACERINUM Pers., Bot. Gall. 910. *(Erinéum de l'érable.)*

Syn : *Erineum platanoides* Pers.; *Phyllerium acerinum* Fries.

Sur les feuilles de l'érable; Bar-sur-Seine ! *docteur Cartereau.*

1889. ERINEUM VITIS D. C. 2. 74. Bot. Gall. 910. *(Erinéum de la vigne.)*

Syn : *Phyllerium vitis* Fries.

Sur la face inférieure des feuilles de la vigne !! *docteur Cartereau.*

1890. ERINEUM ALNEUM Pers., Bot. Gall. 911. D. C. 2. 592. *(Erinéum de l'aulne.)*

Syn : *Mucor ferrugineus* Bull. 514, f. 12.

Sur la surface des feuilles de l'aulne; Bar-sur-Seine! *docteur Cartereau.*

1891. ERINEUM AUREUM Pers., Bot. Gall. 912. D. C. 5. 14. (*Erinéum doré.*)

Syn : *Taphria populina* Fries.

Sur les deux surfaces des feuilles du peuplier noir; Bar-sur-Seine! *docteur Cartereau.*

667. EUROTIUM Linck. (*Eurotium.*)

1892. EUROTIUM HERBARIORUM Linck., Bot. Gall. 916. (*E. des herbiers.*)

Syn : *Mucor herbariorum* Wigg., D. C. 5. 100.

Sur la partie sciée d'un rondin de charme!!

668. SPORENDONEMA Desmaz. (*Sporendonème.*)

1893. SPORENDONEMA CASEI Desmaz., Bot. Gall. 925. (*Sporendomène du fromage.*)

Syn : *Ægerita crustacea* D. C. 2. 72.

Sur la croûte des fromages salés!!

669. RACODIUM Linck. (*Racodium.*)

1894. RACODIUM CELLARE Pers., Bot. Gall. 928. (*Racodium des celliers.*)

Syn : *Bissus cryptarum* D. C. 2. 67.

Dans les caves humides, sur les tonneaux! *docteur Cartereau.*

670. CLADOSPORIUM Linck. (*Cladospore.*)

1895. CLADOSPORIUM HERBARUM Linck., Bot. Gall. 930. (*Cladospore des herbes.*)

Syn : *Dematium herbarum* Pers. *Byssus herbarum* D. C. 5. 11.

Sur les tiges et les feuilles mourantes des grandes plantes herbacées! *docteur Cartereau.*

671. DEMATIUM Linck. (*Dematium.*)

1896. DEMATIUM GIGANTEUM Cheval., Bot. Gall. 933. (*Dematіvm gigantesque.*)

Syn : *Xilostoma giganteum* Tode. *Byssus gigantea.* D. C. 2. 67.

Cette production croît dans l'intérieur des arbres ; elle s'insinue entre leurs fentes et les remplit ; Bar-sur-Seine ! *docteur Cartereau.*

672. BYSSUS Humb. (*Bysse.*)

1897. Byssus floccosa Mart., Bot. Gall. 934. (*Bysse floconneuse.*)

Syn : *Hypha bombycina* Pers. Cheval., page 79.

Ce byssus croît dans les caves, sur les poutres. Chaque année, à la fin d'avril et au commencement de mai, il se reproduit dans ma cave. Il s'affaisse aussitôt qu'on le touche et forme un feutre serré, qui répand une forte odeur de champignon au moment de la récolte !! Cette production paraît être l'état jeune d'un physisporus.

1898. Byssus elongata D. C. 2. 67. Bot. Gall. 934. (*Bysse allongé.*)

Syn : *Hypha elongata* Pers. Cheval., 79.

On la trouve sur la terre, dans les caves ! *docteur Cartereau.*

673. OZONIUM Linck. (*Ozonium.*)

1899. Ozonium auricomum Linck., Bot. Gall. 934. (*Ozonium orangé.*)

Syn : *Ozonium fulvum* Pers. *Byssus orantiaca* D. C. 2. 68.

Sur un arbre à demi-pourri, au faubourg Sainte-Savine ! *M. Maison.*

CXXIV. ALGUES.

674. ULVA Lamour. (*Ulve.*)

1900. Ulva minima? Vauch., Bot. Gall. 958. D. C. 2. 8. (*Ulve naine.*)

Syn : *Ulva bulbosa ?* Agardh.

Dans les ruisseaux d'eau courante ; Sainte-Fontaine à Bar-sur-Seine ! *docteur Cartereau.*

675. NOSTOC Vauch. (*Nostoc.*)

1901. Nostoc commune Vauch., Bot. Gall. 960. D. C. 2. 3. (*Nostoc commun.*)

Syn : *Ulva ætherea* D. C. 5. 3.

Sur la terre, après les pluies, dans les allées des jardins, etc.; Bar-sur-Seine ! *docteur Cartereau*; Troyes !! etc.

676. BATRACHOSPERMUM Roth. *Batrachosperme.*

1902. Batrachospermum monoliforme Roth., Bot. Gall. 979. D. C. 2. 59. (*B. à collier.*)

Ruisseau de la Sainte-Fontaine à Bar-sur-Seine ! *docteur Cartereau ;* Villechétif ! *des Etangs.*

677. DRAPARNALDIA Bory. (*Draparnaldie.*)

1903. Draparnaldia glomerata Ag., Bot. Gall. 980. (*Draparnaldie en houppe.*)

Syn : *Batrachospermum glomeratum* Vauch., D. C. 2. 59.

Dans les eaux courantes, en hiver et au printemps ; elle adhère, par sa base, aux pierres des ruisseaux ; Bar-sur-Seine ! *docteur Cartereau.*

678. CONFERVA Agardh. (*Conferve.*)

1904. Conferva glomerata L. Bot. Gall. 982. (*Conferve pelotonnée.*)

Syn : *Chantransia glomerata* D. C. 2, 51. *Polysperma glomerata* Vauch.

Dans les eaux douces, adhérentes aux pierres ; Bar-sur-Seine ! *docteur Cartereau ;* Troyes !! etc.

TABLE ALPHABÉTIQUE

DES

FAMILLES MENTIONNÉES DANS LE CATALOGUE

Extrait des Mémoires de la Société Académique de l'Aube, tomes XLIV et XLV. — 1880 et 1881.

IMPRIMERIE DUFOUR BOUQUOT
TROYES

www.ingramcontent.com/pod-product-compliance
Ingram Content Group UK Ltd.
Pitfield, Milton Keynes, MK11 3LW, UK
UKHW020157250726
13967UKWH00003B/1106

9 782012 640306